21世纪资源环境生态规划教材
基础课系列

## Nature System of Landscape and Its Assessment:
### A Geoscience Foundation for Landscape Architecture

# 景观自然系统与评价
## ——景观设计地学基础

崔海亭　黄润华　编著

北京大学出版社
PEKING UNIVERSITY PRESS

**图书在版编目(CIP)数据**

景观自然系统与评价：景观设计地学基础/崔海亭，黄润华编著. —北京：北京大学出版社，2022.3
ISBN 978-7-301-32722-7

Ⅰ.①景… Ⅱ.①崔… ②黄… Ⅲ.①景观设计 Ⅳ.①TU983

中国版本图书馆 CIP 数据核字（2021）第 238363 号

| | | |
|---|---|---|
| 书　　　　名 | 景观自然系统与评价——景观设计地学基础 | |
| | JINGGUAN ZIRAN XITONG YU PINGJIA——JINGGUAN SHEJI DIXUE JICHU | |
| 著作责任者 | 崔海亭　黄润华　编著 | |
| 责 任 编 辑 | 王树通　赵旻枫 | |
| 标 准 书 号 | ISBN 978-7-301-32722-7 | |
| 审 图 号 | GS（2022）554 号 | |
| 出 版 发 行 | 北京大学出版社 | |
| 地　　　址 | 北京市海淀区成府路 205 号　　100871 | |
| 网　　　址 | http://www.pup.cn　　新浪微博:@北京大学出版社 | |
| 电 子 信 箱 | zpup@pup.cn | |
| 电　　　话 | 邮购部 010-62752015　发行部 010-62750672　编辑部 010-62764976 | |
| 印 刷 者 | 北京市科星印刷有限责任公司 | |
| 经 销 者 | 新华书店 | |
| | 787 毫米×980 毫米　16 开本　17 印张　400 千字 | |
| | 2022 年 3 月第 1 版　2023 年 2 月第 2 次印刷 | |
| 定　　　价 | 59.00 元 | |

# 前　言

"景观自然系统与评价"是景观规划与设计方向硕士研究生的一门专业课程。本教材是在讲授 10 年的课件基础上整理而成。

规划师的综合素质必须建立在广博知识的基础上。自然地理学是景观认知的基础,地质学、气象气候学、地貌学、水文学、土壤学和植被的基础知识,能够帮助学生了解自然界的基本规律,打开深刻理解景观的一扇窗户。设置"景观自然系统与评价"课程的初衷是基于景观的复杂性和多样性,更着眼于景观学与地理学的深厚渊源。

"师法自然,造化天然"是景观规划师的最高境界。怎样才能做到这一点呢？首先,要了解自然景观及其构成要素的多样性,它们是景观的本质特征;其次,要养成敬畏自然、尊重自然的品格,这是景观规划师的职业操守;最后,还要培养深厚的人文情怀,感悟自然的人文精神,这是景观规划师的文化底蕴。

我国的山水文化博大精深。清代学者魏源说:"游山浅,见山肤泽;游山深,见山魂魄。与山为一始知山,窅寐形神合为一。"

营造人类美好的家园是一切景观设计的归宿。而生态学和地理学在自然与社会之间架起了一道桥梁。景观设计深层次理念是尊重生命,致力于建设野生动植物与人类和谐相处的家园。

教材共分 7 章:第 1 章,景观地质系统;第 2 章,景观地貌系统;第 3 章,景观大气系统;第 4 章,景观水文系统;第 5 章,景观土壤系统;第 6 章,植被景观系统;第 7 章,区域自然景观系统。

前 6 章着重介绍地球表层的岩性和构造、地貌的多样性、大气运动与气候、水文现象的地理特征、土壤系统与植被系统的多样性,它们是形成景观多样性的基础。第 7 章着重讨论区域问题。区域是景观的集合,相互联系、共同起源的不同景观,构成了区域。区域是一切自然现象和人文现象相互作用的平台,同时又是景观生态安全的保障。

本教材编写遵循以下的原则:

重视基本知识、基本概念。对于非地理学背景的研究生不必求全,"急用先学",本书着重讲授最基本的概念和基本知识。

文字简明生动、富有启发性。本书配有大量景观照片和图片,以便提高教材的可读性,增加感性认识。

联系实际、重视应用。每章均列出思考题,联系我国实际增加思辨性,授课过程中建议组织适当的野外实习。

编写本教材的目的是为学生提供一本较为翔实的参考书。本书适合景观规划、园林规划和旅游规划方向的学生和工作人员学习参考。

　　如果说这本教材有什么特点的话,那就是从景观视角选材,从景观视角进行解析。希望我们奉上的教材能为培养合格的景观规划师添砖加瓦。

　　本书编写过程中,得到崔之久教授、肖笃宁教授、吴万里教授、刘鸿雁教授、贺金生教授、朱梅湘教授、胡金明教授、曾贻善教授、吕凤翥教授、沈泽昊教授、黄永梅教授、邵济安教授、吕培苓研究员、梁存柱教授、张培力副教授、唐志尧博士、李宜垠博士、吉成均博士、郑成洋博士、赵捷先生、刘远哲先生、金艳萍女士的无私帮助,在此一并致谢。

崔海亭　黄润华

2021 年夏于燕园

# 目　　录

# 第 1 章　景观地质系统

*仰观宇宙之大,俯察品类之盛。*

*——王羲之《兰亭集序》*

景观规划是一门综合性很强的应用学科,需要广博的基础知识,而地质知识是一个景观规划师不可或缺的科学素养之一。

2019 年 1 月 3 日 10 时 26 分,嫦娥四号着陆器降落在月球背面南极艾特肯盆地内的冯·卡门撞击坑内的天河基地,实现了人造航天器首次在月球背面软着陆。

人类的智慧已经伸向遥远的深空,但最美好、最安全的人类生存环境仍然是地球,它是迄今为止人类唯一的家园。地球是人类的摇篮,人类的起源、进化、发展和社会的进步都离不开地球。

地球表层最伟大的进化过程就是人类的出现,从此,地球成为有灵性的行星。人类与周围自然界的相互作用、相互影响,不仅促进了人类的进化,而且催生了人类文明的进步。"美是人类实践的产物,它是自然的人化。"[①]地球的运行、地球表层的万象更新、生生不息的万物是人类审美的源泉,无论哪一门艺术和技术,创造美、发现美的灵感都来自我们这个美丽的星球。景观是天造地设的产物,也是人类智慧的结晶,景观的塑造离不开地球的物质层面,地球是景观的物质基础、景观的载体,也是景观审美永不枯竭的源泉。

本章的目的不是要求读者深究地质学的原理,而是把地质知识作为认识大自然的一把钥匙,陶冶认知自然、敬畏自然和保护自然的高尚情操。

## 1.1　地球在宇宙中的位置

地球是我们赖以生存的行星,是人类的家园,它已经存在了 46 亿年。关于地球我们应当知道哪些知识呢?

### 1.1.1　地球是茫茫宇宙的一员

宇宙估计由 10 亿个以上的星系组成,地球是银河系中的一颗体积不大的行星,银河系由 1000 多亿颗恒星和银河星云组成,太阳作为银河系的一员,位于距银河系中心约 3.3 万光年处(图 1-1)。根据星云假说,太阳系是由星云演化而成,太阳及围绕它旋转的行星、小行星、彗星以及行星的卫星组成了太阳系,地球是太阳系的八大行星之一。

---

① 李泽厚. 美学三书[M]. 天津:天津社会科学院出版社,2003.

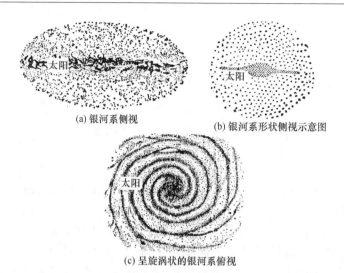

(a) 银河系侧视　　　　　　　　　(b) 银河系形状侧视示意图

(c) 呈旋涡状的银河系俯视

**图 1-1　银河系(显示太阳系在银河系中的位置)**

(据李凤麟、冯钟燕、厉大亮,2003)

## 1.1.2　太阳系

太阳系包括八大行星,其中靠近太阳的质量大、体积较小的为内行星,包括水星、金星、地球和火星;远离太阳的质量较小、体积较大的为外行星,有木星、土星、天王星和海王星(图 1-2)。过去认为冥王星也是太阳系的行星,现在天文学家认为冥王星是由气体、冰和岩石混合组成的矮行星。

**图 1-2　太阳系及其八大行星**

(据 Press and Siever,2001,略有修改)

# 1.2　地球的圈层结构

　　我们生活的地球是一个由各种成分相互作用的复杂的地球系统,它最显著的特征就是圈层结构。通俗地说,地球的结构是"里三层外三层"。"里三层"指地壳、地幔和地核;"外三层"指大气圈、水圈和生物圈(图 1-3)。

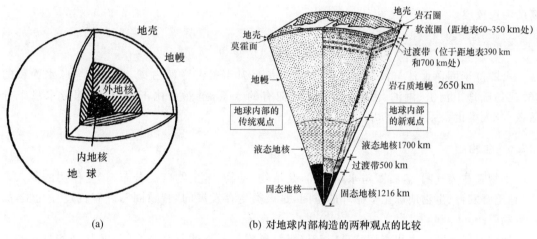

(a)　　　　　　　(b) 对地球内部构造的两种观点的比较

**图 1-3　固体地球的圈层结构**

(据李凤麟、冯钟燕、厉大亮,2003)

## 1.2.1　地壳

　　岩石圈的表层称为地壳,即地球外面一层坚硬的壳体,厚度约 40 km,在海洋底部厚度只有 8 km,在大陆部分平均厚度约 48 km,最厚的在青藏高原,厚度约 80 km。人类所能看到的各种地质作用,尤其是外动力地质作用,如风化、侵蚀、搬运、堆积等都发生在地壳的表层,内动力地质作用如断裂、褶皱、火山喷发等也都发生在地壳中。

## 1.2.2　地幔

　　地壳之下 40～2900 km 的部分称为地幔,其中 40～700 km 为上地幔,由富含铁、镁的硅酸盐物质组成。上地幔上层,距地面 60～350 km 范围内称为软流圈,因为这一部分地幔物质是高温熔融状态、柔软可塑性的。软流圈的表层是由刚性物质组成的岩石圈,厚约 60～150 km。700～2900 km 为下地幔,推测它由高密度的氧化物和富含铁、镁的硅酸盐矿物组成。

### 1.2.3　地核

深 2900 km 以下为地核,其中 2900～4640 km 为液态的外核,4640～5155 km 为过渡层,5155 km 以下为内地核,由固态的铁镍物质构成。

### 1.2.4　大气圈

大气圈即包围着地球的空气层。大气圈的空间范围,从地面往上分为对流层、平流层、电离层和逸散层。

### 1.2.5　水圈

水圈位于固体地球与大气圈之间。地球表面 70％被海洋所占据,海水占全球水面积的96.5％;陆地上河流、湖泊、沼泽、冰川等所拥有的水量,虽然占比不多,但这部分水量十分活跃,与人类的关系最为密切。

### 1.2.6　生物圈

生物圈在大气圈、岩石圈与水圈之间,是植物、动物、微生物广泛分布、相互作用的复杂系统,是土壤发育、生物地球化学循环的空间,是人类生存发展的"智慧圈",以有机过程为主,故称生物圈。

地球表层各圈层之间密切联系,相互作用,形成了开放的复杂巨系统,尤其是各自然圈层与人类生存的"智慧圈"相互作用,进一步增加了地球表层的复杂性(图 1-4)。

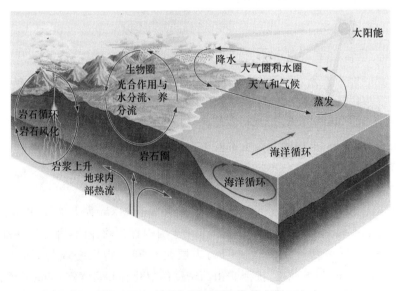

**图 1-4　地球圈层之间的相互作用**

(据 Press and Siever,2001)

# 1.3 建造地球的矿物与岩石

## 1.3.1 组成地壳的元素

已知的 118 种元素中,地壳中存在的天然元素有 94 种,其余 24 种是人造的放射性元素。根据元素的性质可分为金属元素和非金属元素两大类。118 种元素中有 85 种是金属元素。

各种元素在自然界的含量相差悬殊,例如,氧、硅、铝、铁 4 种元素,合计占地壳质量的 87.45%,氧、硅、铝、铁、钙、钠、钾、镁、钛、氢、磷 11 种元素合计占地壳质量的 99.29%(表 1-1),它们均以氧化物形式存在。

**表 1-1　地壳的平均成分**

| 名　称 | 离子符号和电价 | 离子半径/埃 | 质量分数/(%) | 名　称 | 化学式 | 质量分数/(%) |
|---|---|---|---|---|---|---|
| 氧 | $O^{2-}$ | 1.32 | 46.60 | — | — | — |
| 硅 | $Si^{4+}$ | 0.39 | 27.72 | 氧化硅 | $SiO_2$ | 59.26 |
| 铝 | $Al^{3+}$ | 0.57 | 8.13 | 氧化铝 | $Al_2O_3$ | 15.35 |
| 铁 | $Fe^{3+}$ | 0.67 | 5.00 | 氧化铁 | $Fe_2O_3$ | 3.14 |
| | $Fe^{2+}$ | 0.83 | | 氧化亚铁 | $FeO$ | 3.74 |
| 钙 | $Ca^{2+}$ | 1.06 | 3.63 | 氧化钙 | $CaO$ | 5.08 |
| 钠 | $Na^+$ | 0.98 | 2.83 | 氧化钠 | $Na_2O$ | 3.81 |
| 钾 | $K^+$ | 1.33 | 2.59 | 氧化钾 | $K_2O$ | 3.12 |
| 镁 | $Mg^{2+}$ | 0.78 | 2.09 | 氧化镁 | $MgO$ | 3.46 |
| 钛 | $Ti^{4+}$ | 0.64 | 0.44 | 氧化钛 | $TiO_2$ | 0.73 |
| 氢 | $H^+$ | 1.54 | 0.14 | 水 | $H_2O$ | 1.26 |
| 磷 | $P^{5+}$ | 0.35 | 0.12 | 五氧化二磷 | $P_2O_5$ | 0.28 |
| 合　计 | | | 99.29 | 合　计 | | 99.23 |

注:据李凤麟、冯钟燕、厉大亮,2003。1 埃 = $10^{-10}$ 米。

## 1.3.2 形成岩石的矿物

矿物是地质作用形成的具有相对固定的化学成分、具有确定的晶体结构的均质固体。每一种矿物具有一定的物理特性和化学成分。矿物是组成岩石的基本单元。

**1. 矿物的分类**

矿物的种类很多,约有 4000 种。根据它们的化学成分与晶体结构进行分类,例如:

① 自然元素:如自然金(Au)、自然硫(S,图 1-5)、金刚石(C)、石墨(C)。

② 硫化物及其类似化合物:如方铅矿(PbS)、闪锌矿(ZnS)、黄铁矿($FeS_2$,图 1-6)。

③ 氧化物和氢氧化物:赤铁矿($Fe_2O_3$)、氢氧化镁[$Mg(OH)_2$]。

④ 卤化物：食盐(NaCl)。

⑤ 含氧盐：包括硅酸盐类，如镁橄榄石($Mg_2SiO_4$)；碳酸盐类，如方解石($CaCO_3$)；硫酸盐类，如石膏($CaSO_4$)；磷酸盐类，如氟磷灰石[$Ca_5(PO_4)_3F$]；钨酸盐类，如白钨矿($CaWO_4$)；硼酸盐类，如硼砂($Na_2B_4O_7 \cdot 10H_2O$)。

图 1-5　自然硫

（资料来源：北京大学地质博物馆，崔海亭摄）

图 1-6　黄铁矿与石英晶簇

（资料来源：北京大学地质博物馆，崔海亭摄）

**2. 矿物的物理性质**

物理性质是矿物易于识别的稳定特征，如颜色、光泽、解理、硬度、比重、条痕等。

① 颜色：如绿色的孔雀石，蓝色的蓝铜矿，红色的赤铁矿，黑色的磁铁矿等。

② 光泽：即矿物表面的反光性质，如长石的玻璃光泽，石英的油脂光泽，黄铁矿的金属光泽等。

③ 解理：矿物受外力作用，沿一定结晶方向裂成的光滑平面称为解理，如云母的底面解理，萤石的八面体解理，方铅矿的立方体解理。

④ 硬度：一般指通用的莫氏硬度，是以 10 种矿物的硬度作标准的。金刚石硬度为 10，刚玉硬度为 9，黄玉硬度为 8，石英硬度为 7，正长石硬度为 6，磷灰石硬度为 5，萤石硬度为 4，方解石硬度为 3，石膏硬度为 2，滑石硬度为 1。

⑤ 比重：如石英的比重为 2.7，橄榄石为 3.4。

⑥ 条痕：呈现矿物粉末的颜色，将矿物在条痕板上划擦得到条痕，如赤铁矿的条痕为樱红色。

**3. 主要造岩矿物**

大量存在于普通岩石中的矿物称为造岩矿物，如石英、长石、辉石、角闪石、云母、方解石、白云石和黏土矿物（图 1-7、图 1-8）。

① 石英：化学成分为 $SiO_2$，晶体呈六方柱状，一般无色透明、无解理，具有玻璃光泽，非晶体的石英具油脂光泽，硬度为 7。

② 长石：化学成分为钾、钠、钙的铝硅酸盐，呈肉红色（正长石）或灰白色（斜长石），具玻璃光泽，硬度为 6。

A. 长石;B. 云母;C. 辉石;D. 石英;E. 橄榄石。

**图 1-7 硅酸盐造岩矿物**

(据 Press and Siever,2001)

A. 岩盐;B. 尖晶石;C. 石膏;D. 赤铁矿;E. 方解石;F. 黄铁矿;G. 方铅矿。

**图 1-8 非硅酸盐造岩矿物**

(据 Press and Siever,2001)

③ 辉石:化学成分是钙、钠、镁、铁、铝等的铝硅酸盐矿物,晶体呈短柱状,黑色至黑绿色,具玻璃光泽,硬度为 5~6。

④ 角闪石:化学成分是含氢氧根($OH^-$)的镁、铁、钙、钠、铝等的铝硅酸盐矿物,晶体呈长柱状,绿色至黑绿色,具玻璃光泽,硬度为 5~6。

⑤ 云母:化学成分是具氢氧根($OH^-$)的钾、铝、锂、镁及铁的铝硅酸盐矿物,晶体常呈假六方片状或鳞片状,颜色随成分而异,具玻璃光泽,硬度为 2~3。

⑥ 方解石:化学成分为 $CaCO_3$,晶体常呈扁三角面体及菱面体,无色或乳白色,具玻璃光泽,硬度为 3。其致密集合体即为石灰岩。

⑦ 白云石:化学成分为 $CaMg(CO_3)_2$,常见晶体为菱面体,通常灰白色,具玻璃光泽,硬度为 3.5~4。

⑧ 黏土矿物：指晶粒非常微细的铝、铁、锰、镁等的含水铝硅酸盐矿物，如高岭石、蒙脱石、伊利石和蛭石等。

**4. 具有经济价值的矿物——矿石矿物**

具有经济价值的矿物叫矿石矿物，例如磁铁矿、方铅矿、黄铜矿，可分别提炼铁、铅、铜。

凡颜色鲜艳美观、折射率高、光泽强、透明度好、硬度高、化学性质稳定的矿物都可作宝石，具有极高的观赏价值和科学价值。如金刚石、红宝石、蓝宝石、祖母绿、蛋白石等（图1-9至图1-11）。

图1-9　钻石
（崔海亭摄）

图1-10　淡蓝宝石
（崔海亭摄）

图1-11　蛋白石
（崔海亭摄）

### 1.3.3　岩石的类型

岩石是一定地质环境的自然产物，是由一种或多种矿物组成的固态集合体。根据岩石的形成过程和形成条件，分为火成岩、沉积岩和变质岩。

**1. 火成岩**

火成岩（igneous rock）指高温熔融的岩浆在地壳深部或喷出地表冷凝而成的岩石，所以又叫岩浆岩。深部的岩浆沿着岩石裂隙向地壳浅部运移和聚集，并且温度逐渐降低。一部分岩浆在地下凝结，形成结晶较好的侵入岩，如花岗岩、闪长岩（图1-12）；另一部分岩浆喷出地表，形成结晶程度较差的喷出岩，如流纹岩（图1-13）、玄武岩（图1-14）。

图1-12　侵入岩：花岗闪长岩
（崔海亭摄）

图1-13　喷出岩：流纹岩
（崔海亭摄）

图1-14　喷出岩：玄武岩火山弹
（崔海亭摄）

火成岩常根据以下两方面的特征进行分类(图 1-15)：

① 矿物种类及相对含量。例如，依据 $SiO_2$ 的含量将火成岩分成四类，$SiO_2$ 含量超过 66％的为酸性岩，含量 55％～66％的为中性岩，含量 45％～55％的为基性岩，含量低于 45％ 的称为超基性岩。

② 产出的状况，即产状。如花岗岩多产于深部的巨大侵入体，石英斑岩产自浅部的小侵入体，流纹岩和玄武岩则是喷出岩。由于形成环境不同，它们的结构、构造不同。

花岗岩是深成酸性岩浆岩的代表，主要由石英、长石和少量暗色矿物组成，颜色较浅，常为灰白色和肉红色，具等粒状结构和块状构造。花岗岩坚硬美观，是优良的建筑材料。我国的许多名山由花岗岩类构成，如黄山、华山、三清山、九华山等。

流纹岩由花岗岩成分的酸性岩浆喷出地表形成，常呈灰红色、紫色和绿色，岩石结构极细，具有流纹构造，在我国东南沿海一带分布广泛，如雁荡山即为流纹岩形成的风景区。

玄武岩由辉长岩成分的基性岩浆喷出形成，呈黑色和深灰色，晶体细小，多由橄榄石或辉石构成，常有气孔构造。玄武岩除了形成壮观的火山地貌之外，也广泛用作建筑材料。

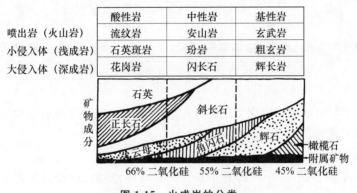

| | 酸性岩 | 中性岩 | 基性岩 |
|---|---|---|---|
| 喷出岩（火山岩） | 流纹岩 | 安山岩 | 玄武岩 |
| 小侵入体（浅成岩） | 石英斑岩 | 玢岩 | 粗玄岩 |
| 大侵入体（深成岩） | 花岗岩 | 闪长石 | 辉长岩 |

图 1-15　火成岩的分类

(据李凤麟、冯钟燕、厉大亮，2003)

## 2. 沉积岩

沉积岩(sedimentary rock)是成层堆积于陆地或海洋中的碎屑、胶体和有机物等疏松物质，经压实、固结而成的岩石(图 1-16)。

形成沉积岩的物质来自岩石风化物、火山喷发沉降物(主要是火山灰)、生物有机体和宇宙尘(每年大约沉降 1 万～10 万吨)等。

(1) 沉积岩的类型

① 碎屑沉积岩：是从其他岩石的碎屑沉积形成的岩石。

② 化学沉积岩：矿物质溶解于水，或以胶体溶液形式被搬运，后在过饱和状态下发生沉淀形成岩石，如 $CaCO_3$、$CaSO_4$、$NaCl$ 等。

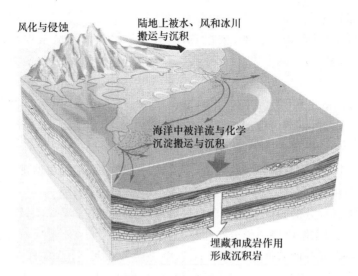

风化与侵蚀

陆地上被水、风和冰川搬运与沉积

海洋中被洋流与化学沉淀搬运与沉积

埋藏和成岩作用形成沉积岩

**图 1-16　沉积岩的形成**

（据 Press and Siever,2001）

③ 生物沉积岩：主要由生物遗体堆积而成,如介壳、珊瑚、藻类、植物体等,形成生物灰岩和煤层。

（2）成岩作用

成岩作用是沉积岩形成的物理与化学过程,包括胶结（碎屑物被胶结物胶结）、压实固结、重结晶和新矿物生成等。

（3）常见的沉积岩

① 根据碎屑物粒径的大小,碎屑沉积岩分为:砾岩、砂岩、粉砂岩和泥岩（包括页岩和黏土岩,图 1-17）;按沉积物矿物成分分为:石英砂岩、长石砂岩、杂砂岩等;按胶结物分为:钙质胶结、硅质胶结、铁质胶结等沉积岩。

② 根据沉积物的化学成分,化学沉积岩分为:石灰岩、石膏、岩盐和深海锰结核等（图 1-18）。

③ 根据生物遗体的类型,生物沉积岩分为:介壳灰岩（图 1-19、图 1-20）、硅藻土和煤炭等。

（4）沉积岩的特征

① 层状构造,具有明显的层理,像一部天然书卷,完整地记录下沉积过程（图 1-21）。

② 在一些生物成因的沉积岩中多埋藏化石,成为记录生命演化和地球历史的珍贵证据。

③ 在沉积成岩过程中,还会产生次生矿物,埋藏地质遗迹,如砂岩中的黄铁矿结晶（图 1-22）和波痕、泥裂、交错层等。

沉积岩约占地壳体积的 8%,但它却是地表分布最广的岩石,覆盖了地表的 75%。沉积岩中泥岩约占 80%,砂岩约占 15%,石灰岩约占 5%,其他沉积岩所占比例极小。

图 1-17 (a) 砾岩;(b) 角砾岩;(c) 砂岩;(d) 页岩
(据 Tarbuck and Lutgens,1987)

图 1-18 (a) 石灰岩;(b) 石膏;(c) 岩盐;(d) 燧石
(据 Press and Siever,2001)

图 1-19　球形石生物灰岩(贵州安龙)
(崔海亭摄)

图 1-20　含三叶虫化石的生物灰岩(贵州)
(崔海亭摄)

图 1-21　砂岩的沉积层理
(据 Press and Siever,2001)

图 1-22　砂岩中的黄铁矿晶体
(崔海亭摄)

**3. 变质岩**

　　早先形成的岩石(包括火成岩、沉积岩)在基本保持固态的条件下,受温度、压力、应力或化学活动性流体等因素的改造形成的岩石称为变质岩(metamorphic rock)。

　　(1) 变质作用

　　变质作用是固态原岩因温度、压力和化学作用改变导致矿物成分、化学结构与岩石构造发生变化的总和。在变质作用过程中,一些矿物因化学反应而被消耗,同时形成新的矿物(变质矿物),另一些矿物仅形态大小发生改变,在受到挤压时矿物排列方向一致,形成定向构造。

　　① 热变质(接触变质)指炽热的岩浆对周围岩石的烘烤作用,使原岩中的某些组分发生再结晶。如砂岩中的石英晶粒相互嵌合,石英砂岩就变成了石英岩;纯石灰岩,其中的方解石重结晶,就变成了大理岩。

　　② 动力变质(应力变质)是地壳内伴随强烈运动而产生的。动力变质促使岩石产生片状、板状或条带状构造,页岩中细小的片状矿物(云母、绿泥石等)垂直应力排列,页岩变成板岩,随着变质程度的加深,板岩变成容易剥裂的片岩。

（2）变质岩的主要特征

变质岩大多具结晶构造、定向构造（片理、片麻理等），除原有造岩矿物外，还含有变质作用产生的特征变质矿物，如金刚石（金伯利岩）、红柱石（红柱石片岩）、蓝晶石（蓝晶石片岩）、绢云母、绿泥石（绿泥石片岩）等。

（3）常见的变质岩

① 板岩：变质程度较低的片理化的变质岩，很容易劈成薄片，由页岩变质而成。

② 千枚岩：介于片岩与板岩之间的变质岩，以石英和绢云母为主要成分，解理面上细小的云母晶体带有丝绢光泽。

③ 片岩：具有片状构造的岩石，如云母片岩、绿泥石片岩、角闪石片岩、滑石片岩等。

④ 片麻岩：粗粒状区域变质岩，含石英、长石、黑云母、角闪石等矿物，经变质作用，矿物排列成平行条带状，称为片麻状构造，常见的如黑云母片麻岩、角闪片麻岩。

⑤ 大理岩：石灰岩与白云岩在热力与压力共同作用下形成的变质岩，常具有重结晶的糖粒状结构。

⑥ 石英岩：白色块状、十分坚硬的变质岩，由石英砂岩变质而成，石英颗粒经重结晶过程互相嵌合在一起。

几种常见的变质岩见图 1-23。

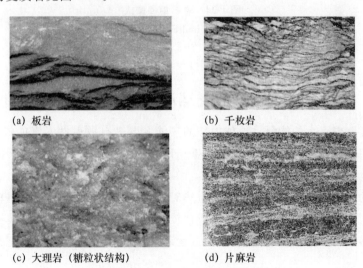

(a) 板岩      (b) 千枚岩

(c) 大理岩（糖粒状结构）     (d) 片麻岩

**图 1-23 几种常见的变质岩**

（崔海亭摄）

**4. 岩石旋回**

火成岩、沉积岩和变质岩之间是可以相互转化的。火成岩在地表经过风化、侵蚀、搬运沉积，形成沉积岩；沉积岩经变质作用，形成变质岩；变质岩在地壳深处熔融，形成岩浆，岩浆冷凝重新形成火成岩。这些转化构成了岩石旋回（图 1-24）。

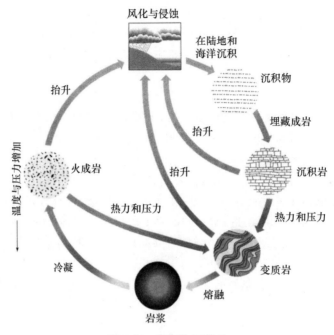

**图 1-24　岩石旋回图式**

（据 Press and Siever，2001）

# 1.4　地壳运动及其影响

地球内部蕴藏着巨大的能量。地球内部的热能主要来自放射性元素的蜕变，也来自地球形成过程中体积收缩由重力转化的热能，地壳和地幔中的化学物质相互化合和结晶过程中也会产生热能。

地壳内部的热能使上地幔的软流圈产生热对流，软流圈不断运动，"浮"在软流圈上的岩石圈被拖动，开裂部分被岩浆灌注，喷出地表或在较浅部位冷凝，成为新地壳；被拖向下的岩石圈进入软流圈被熔融。如此往复，产生地壳构造运动，即由地球内能驱动的地壳各部分的相互运动的总称。

## 1.4.1　全球构造：板块构造学说

人类从诞生之日起就在仰望星空、俯瞰大地，但在古代只能产生幻想和神话。随着近代科学的发展，人类逐步加深了对地球的了解。

1912 年德国气象学家魏格纳提出，中生代以前地球表面存在一个联合的古大陆，由较轻的硅铝质岩石组成，它"漂浮"在较重的硅镁质岩石之上，周围是辽阔的海洋。后来，可能是在天体引力和地球自转离心力作用下,古大陆发生分裂、漂移和重组,大陆之间被海洋分割,形成了今天的海陆格局,这就是大陆漂移假说。当时古生物学的证据也支持魏格纳的大陆漂移假说(图1-25)。

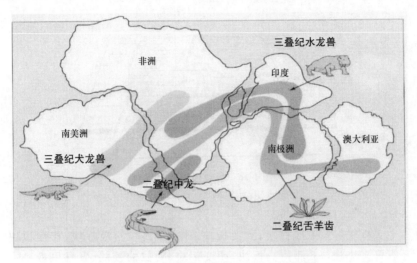

**图1-25 大陆漂移假说的古生物学证据**

(据 Hamblin,1992)

魏格纳的学说经过后人不断完善,终于在20世纪60年代引发了一场地质学的革命。地质学和地球物理学的新发现证实:大洋中脊两侧地磁条排列存在对称性及地磁异常现象;大洋地壳岩石类型为玄武岩;大洋中脊岩石年龄最年轻,愈往两侧年龄愈老,最老的年龄为2亿年。

洋底扩张说导致全球构造学说——板块构造学说的创立。这一新地球观被认为是与达尔文的进化论、爱因斯坦的相对论以及宇宙大爆炸理论和量子论并列的伟大的科学进展。

板块构造学说全面统一地解释了地球的许多地质过程,如洋底扩张、板块碰撞、俯冲与造山运动等。

板块构造学说认为:地球最外层是坚硬的岩石圈,构成了地壳和上地幔。坚硬地壳是浮在较软的、部分熔融的软流圈之上的,被加热的地幔物质上涌,产生对流是板块运动的驱动力。以深海沟、扩张脊和转换断层为界,将全球分为许多构造板块,板块之间的边界有离散型边界、汇聚型边界和转换型边界三类(图1-26)。

离散型边界:即岩石圈发生分裂和拉张的地方,是洋底扩张的策源地,随着地幔物质不断上涌、喷出,形成新洋壳,包括大洋中脊和大陆裂谷,而后者被认为可能发育成新的洋盆。

汇聚型边界:沿此边界相邻板块相向挤压,老的洋壳在这里俯冲或消失,强烈的挤压运动引发地震、火山活动与构造变形。

转换型边界:这一类边界既不增生也不消失,相邻板块通过转换断层平移滑动,引发地震和火山活动。它既可与离散型大洋中脊相伴,也可与俯冲型海沟相邻。

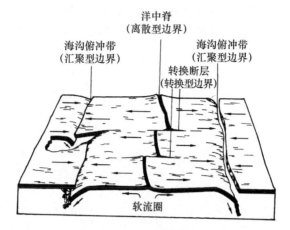

**图 1-26　板块边界的类型**

（据李凤麟、冯钟燕、厉大亮,2003）

　　全球分为七大板块:太平洋板块、欧亚板块、印-澳板块、南极板块、非洲板块、北美板块、南美板块。还有许多小板块:菲律宾板块、印度板块、阿拉伯板块、索马里板块、纳斯卡板块、加勒比板块、胡安·德富卡板块、科科斯板块、安纳托利亚板块等。如图 1-27。

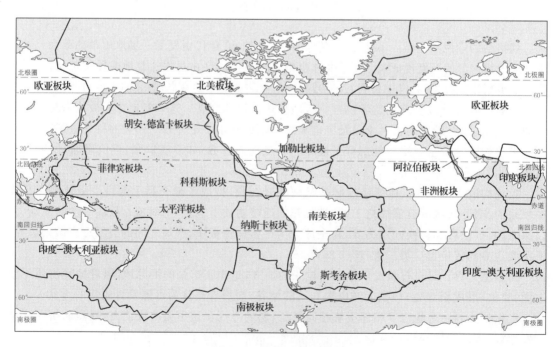

**图 1-27　全球板块构造图**

（据 Press and Siever,2001 改绘）

### 1.4.2 构造运动的类型

沉积岩的产状若不发生构造变动,应当是水平的;如若发生水平运动或垂直升降运动,岩层会产生形变。

地质学家根据沉积岩层的空间几何特征确定产状,产状由走向、倾向和倾角三个要素决定(图 1-28)。

**1. 褶皱构造**

岩层产生弯曲,仍保持连续性称为褶皱构造。岩层向上弯曲的褶皱构造称为背斜,岩层向下弯曲的褶皱构造称为向斜(图 1-29)。褶皱构造影响地形的发育,通常情况下,背斜为岭、向斜为谷称为正地形;如果背斜中心的岩层软弱,容易被侵蚀,形成谷地,相反,向斜中心坚硬的岩层抗侵蚀,形成山岭,称为地形倒转。在野

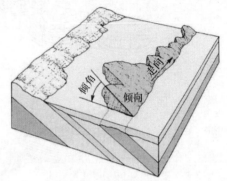

**图 1-28 岩层产状**

(据 Press and Siever,2001)

外,常见许许多多的背斜与向斜的复式组合,称为复式背斜与复式向斜(图 1-30)。

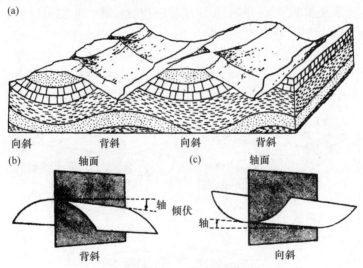

(a)

向斜　　　背斜　　　向斜　　　背斜

(b)　　　　轴面　　　(c)　　　　轴面

倾伏　　轴

背斜　　　　向斜

**图 1-29 背斜与向斜**

(据李凤麟、冯钟燕、厉大亮,2003)

**2. 断裂构造**

岩层受到拉张或挤压应力发生断裂、产生位移,称为断裂构造。断裂构造分为断层、节理、裂隙等。

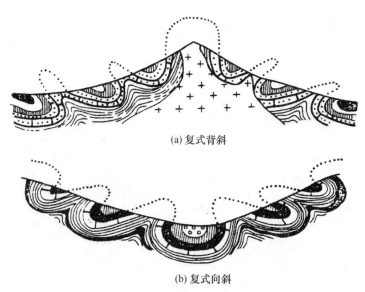

(a) 复式背斜

(b) 复式向斜

**图 1-30　构造组合：复式背斜与复式向斜**

（据李凤麟、冯钟燕、厉大亮，2003）

　　断层的判定主要根据断层面、断距、断层线和断层破碎带。断层面以上的断块称为上盘，断层面以下的断块称为下盘，根据上下盘的运动方式可判断断层的性质，若上盘下降，下盘上升，即为正断层；若上盘上升，下盘下降，即为逆断层；若两盘沿断层面相对平移，称为平移断层（图 1-31）。断层常呈组合状态，如阶梯状断层、地堑与地垒（图 1-32）；断层的规模不尽相同，有的很小，有的达到上千千米。

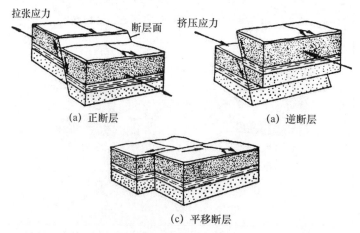

(a) 正断层　　　　　　　　　　(a) 逆断层

(c) 平移断层

**图 1-31　断层的类型：(a) 正断层；(b) 逆断层；(c) 平移断层**

（据李凤麟、冯钟燕、厉大亮，2003）

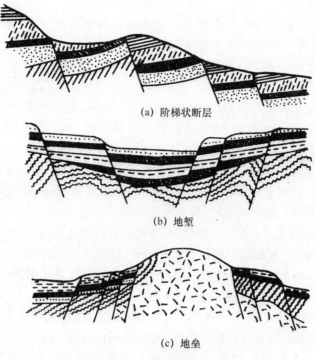

(a) 阶梯状断层

(b) 地堑

(c) 地垒

**图 1-32　断层的组合**

(据李凤麟、冯钟燕、厉大亮，2003)

　　岩石自然产生的裂缝，没有发生位移的称为节理。如花岗岩常产生三组节理——垂直节理、水平节理和斜交节理，石灰岩具有发达的垂直节理。节理的存在对于岩石的风化、崩解，以及地貌的塑造有很强的影响。

# 1.5　行星尺度的地球景观

　　宇航科学的发展为人类提供了从外太空观察地球的工具，全球构造就像大写意的画作，让我们领略了大自然的无比雄浑，正如庄子在《逍遥游》中所描写的："鹏之徙于南溟也，水击三千里，抟扶摇而上者九万里。"今天我们可以从月球上观察地球，可以从航天器上观察大地和海洋。

## 1.5.1　地球是一个蓝色的星球

　　从月球回望地球，一个蓝色的星球悬浮于太空，它是那样的耀眼，因为地球表面 71% 为海洋。北半球海洋面积占 60.7%，陆地面积占 39.3%；南半球海洋面积占 80.9%，陆地面积仅占 19.1%。所以，从外太空观察到的地球表面，除气象万千的云系之外就是蓝色的海洋。

世界的大洋如下。

太平洋：南北长 15 900 km，东西宽 19 900 km，总面积为 $1.7868 \times 10^8$ $km^2$，是世界最大、最深、边缘岛屿最多的一个大洋，平均深度 3957 m。

大西洋：南北长 16 000 km，东西最窄处仅 2400 km，总面积 $9.1655 \times 10^7$ $km^2$，为世界第二大洋，平均深度 3597 m。

印度洋：总面积为 $7.6174 \times 10^7$ $km^2$，为世界第三大洋，平均深度 3711 m。

北冰洋：是世界最小、最浅的大洋，总面积 $1.4788 \times 10^7$ $km^2$，平均深度 1097 m。

## 1.5.2　壮观的洋底地貌

在波涛汹涌的大洋底下隐藏着一个远比陆地表面更复杂、起伏更大的洋底地貌。主要分为大洋盆地、大洋中脊（又称中央海岭）和大陆边缘。

图 1-33 中最显眼的莫过于大洋中脊，它是地球上最长（总长度 $8 \times 10^4$ km）、最宽（数百至上千千米）的环球性山脉，一般高出两侧洋底 $2 \sim 3$ km，脊顶水深 $2.5 \sim 2.7$ km。大西洋中脊呈 S 形，位于大西洋正中，将大西洋等分为二，南端与印度洋中脊的西支相接；太平洋的中脊偏东南（又称东太平洋海隆），北起北美大陆西侧，蜿蜒向南，然后折向西，在大洋洲东南部与印度洋的中脊相接；印度洋的中脊呈人字形，西与大西洋中脊连接，东与太平洋中脊相连。大洋中脊顶部发育纵向延伸的巨型洼地——裂谷。大洋中脊又被许多横向的断层截断，形成断崖、海岭和海槽。

大洋盆地位于大洋中脊与大陆边缘之间，平均深度 $4 \sim 5$ km，大洋盆地往往被海岭、海隆、群岛和海底山脉分割成若干海盆，海盆底部有深海平原、深海丘陵和深海高原等地形。太平洋以深海丘陵占优势，大西洋中脊两侧以深海平原为主。

大陆边缘包括大陆架（深 $0 \sim 130$ m）、大陆坡（深 $130 \sim 3000$ m）、大陆隆（深 $3000 \sim 4000$ m）、海沟（深 $6000 \sim 11\,000$ m）和岛弧。

## 1.5.3　碰撞造山运动

陆地上最长的山脉是纵贯南、北美洲的科迪勒拉山系，北起白令海峡，南至德雷克海峡，长度超过 1.5 万 km。科迪勒拉山系的隆起是太平洋板块、南极板块与北美板块和南美板块碰撞形成的褶皱山系，大陆西侧发育了一系列的海沟，沿岸有许多巨大的断裂带。北美洲科迪勒拉山系以落基山脉最为高大，东西宽 500 km，海拔多在 4000 m 以上；南美洲科迪勒拉山系即安第斯山脉，平均在 3000 m 以上，个别高峰超过 6000 m，其中阿空加瓜峰海拔 6964 m，为美洲第一高峰（北美洲没有比它高的山峰！）。科迪勒拉山系属于环太平洋火山地震带，有许多活火山。

印度板块向欧亚板块俯冲、碰撞形成了世界最高大的喜马拉雅山脉和青藏高原（图 1-33）。喜马拉雅山脉平均海拔超过 6000 m，数十座高峰超过 7000 m，超过 8000 m 的高峰 11 座，其中包括世界第一高峰珠穆朗玛峰（海拔 8848.86 m）。青藏高原平均海拔在 4000 m 以上，面积 $2.5 \times 10^6$ $km^2$，号称"世界屋脊"。

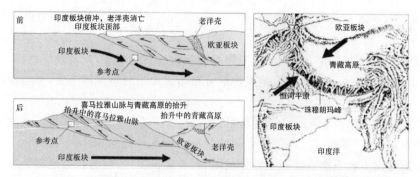

**图 1-33    印度板块向欧亚板块俯冲与喜马拉雅山脉和青藏高原的形成**
（据 Kious and Tilling,1996）

### 1.5.4  "撕裂"的地壳：裂谷系

不仅海洋中脊有裂谷系,陆地上也存在许多裂谷系。地球上最大的裂谷系是东非裂谷带和阿拉伯半岛两侧的裂谷带。非洲板块与印度板块的分离,使亚非大陆分别被向东、向西拉张力"撕开",形成红海—苏伊士湾和亚喀巴湾—死海两个裂谷带。

非洲大陆上的东非大裂谷带,是非洲板块与索马里板块之间分离的结果。北起亚丁湾,南至莫桑比克,形成长度超过 3000 km 的裂谷带,沿裂谷带有许多火山,裂谷中形成一系列狭长的湖泊,如艾伯特湖、维多利亚湖、坦噶尼喀湖、马拉维湖等。

贝加尔湖是全球储量最大、最深的淡水湖,南北长度约 636 km,平均宽度 48 km,平均深度 730 m,淡水储量 $2.36 \times 10^{13}$ $m^3$。它是欧亚大陆内部著名的活动性裂谷,是欧亚板块与阿穆尔板块不断分离形成,至今还在缓慢地拉张,也是地震多发带。贝加尔湖东岸地势较和缓,西岸地势陡峭(图 1-34),具有海拔 1000~2000 m 的山地,岸线平直、断崖连续,更具裂谷的地貌特征。

**图 1-34    远望贝加尔湖平直、陡峭的西岸**
（崔海亭摄）

### 1.5.5  板块构造与地震

地震就是大地的快速震动或颤动。当岩石沿着断层突然断裂,就会发生地震,一般分为构造地震、火山地震和人工诱发地震。地震带的分布与火山带分布大体一致,并与板块的边界相吻合。

地震所释放的能量极大,一次 8.5 级地震相当于 $10^{11}$ kW·h 电的能量。一次 5 级地震释放的能量相当于 1945 年投在广岛的原子弹的能量。因此,地震的破坏力极大!

多数地震是由于岩石圈或地壳刚性体的断裂、错动而发生,称为构造地震。有的地震沿平移断层发生,如 1906 年旧金山地震,系沿着圣安德列斯断裂带作平移运动,加利福尼亚州保利纳斯的栅栏被平移错开近 3 m。1976 年 7 月 28 日唐山大地震(7.8 级)也有类似现象,市区的甬道发生水平错位(图 1-35)。2011 年 3 月 11 日日本东北部地震,导致日本西北部海岸向东推移了 5 m。

**图 1-35  唐山地震甬道水平错位**
(吕培苓摄)

有的地震沿着断裂带发生垂直错动,如 2008 年 5 月 12 日的汶川特大地震,发震断层为逆断层,断层的下盘相对上升,最大垂直位错量 6.4 m,最大水平位错量 5.5 m,地表破裂带沿北东向映秀—北川断裂带(属于龙门山断裂带)展布,总长度在 200 km 以上。

火山活动也会产生地震,如 2018 年 12 月 22 日 21 时左右,印度尼西亚巽他海峡的喀拉喀托火山发生剧烈喷发并引发地震,随后数十分钟内在海峡两侧均监测到 0.4～1.2 m 的海啸,又适逢天文高潮,造成一次局地海啸灾害。

海底地震常引发海啸,如 2004 年印度尼西亚亚齐省 9 级地震,引发特大海啸,海岸带遭受严重破坏,超过 13 万人丧生。2011 年日本"3·11"地震、海啸损失更为严重,不仅造成人员、经济重大损失,同时引发核泄漏事故。

　　地震产生岩层断裂、地裂缝、沙土液化、喷砂冒水等现象,并引发其他次生灾害,如诱发滑坡、泥石流、崩塌物堵塞河道可形成堰塞湖等,造成更大损失。

## 思 考 题

**1.1** 地球在太阳系中的位置? 作为行星的地球有何特点?

**1.2** 什么是矿物? 主要的造岩矿物有哪些?

**1.3** 岩石分类型及其景观学意义。

**1.4** 如何判断褶皱构造与断裂构造?

**1.5** 简述板块构造对塑造地球景观的意义。

# 第 2 章　景观地貌系统

登高壮观天地间,大江茫茫去不还。

——李白《庐山谣寄卢侍御虚舟》

人类为了生存,从蒙昧时代就知道利用地形了,如山顶洞人利用石灰岩洞作为栖风避雨的住所;新石器时代的聚落和耕地多选在高河漫滩和河流阶地上;古人为了守卫和防御,巧妙地选择居高临下的有利地形。

现代人的生活、生产更离不开地貌知识,规划、设计、施工必须正确选址,正确利用地形,旅游开发、文学艺术创作也有赖于对地貌条件的深刻理解。

(1) 地貌是景观安全的基础

景观安全主要指景观系统的可持续性和人的安全。例如,如果建设项目选在洼地、断裂带或泥石流多发区,违背了自然规律,就失去了景观安全的前提。2010 年 8 月 7 日甘肃舟曲特大泥石流灾害,除地质地貌条件、气候因素之外,有些重灾地段与建筑选址不当有关,楼房建在泥石流沟口,造成了人民生命财产的重大损失。

(2) 地貌是一种美学资源

中国的山水文化源于中国地貌的多样性。地貌是灵感的源泉,当代美学家杨辛登泰山四十余次,创作了《泰山颂》:

高而可登,雄而可亲。

松石为骨,清泉为心。

呼吸宇宙,吐纳风云。

海天之怀,华夏之魂。

建筑学家吴良镛基于中国传统文化,追求建筑设计的意境,提出了"天地居吾庐"的理念。我国古代不乏建筑与景观结合的典范,如武当山道观、麦积山石窟、恒山悬空寺等宗教建筑,构思精妙,达到了天人合一的境界。

(3) 地貌是生命的家园

地貌是包括人类在内的生命的家园。人与自然和谐是景观设计的根本追求。因此,景观学家应从天人合一的视角深刻理解地貌。如广西崇左的峰丛地貌,山体顶部的石芽地貌为白头叶猴提供了游憩场(图 2-1),中部、下部的悬崖洞龛为白头叶猴提供了安居场所,人类则占据着溶蚀谷地和溶蚀盆地,山脚崩塌堆积物上的丛林则是人类和野生动物共同利用的生态资产,人类采集薪材、野果等,白头叶猴则吃树上的叶子,各得其所,和谐共生。

图 2-1　广西弄官人与白头叶猴和谐共生
(潘岳提供)

## 2.1　地貌与地貌过程

### 2.1.1　什么是地貌

"地"指地表,"貌"指外貌。地貌(landform)指地表外貌及其成因类型。地貌学是阐明地表外貌的多样性及其形成过程的学科。1949 年以前,在我国统称地形学,20 世纪 50 年代以后改用地貌学(geomorphology)。

地形与地貌是同义语,然而许多人不能正确使用这个术语。在许多文章和文件中习惯使用"地形地貌"字样,其实,地形就是地貌,不可放在一起使用。

相关的名词还有地势(relief),仅指地表的起伏、走势,如中国的地势西高东低,呈三级阶梯逐级下降。另一名词地形测量(或地形测量学,topography),专指用测量数据表达的某个地方的地表特征,如形状、高度、坡度等。

### 2.1.2　地貌过程

地貌形成是一个缓慢的过程,平常所说的"沧海桑田""十年河东,十年河西""滴水穿石"等都是地貌过程的生动写照。

美国著名地貌学家戴维斯说:"地貌是构造、营力和发育阶段的函数。"内外力共同作用,决定着地表的面貌。内外营力共同作用于地表或亚地表,引起形态、结构变化的过程称为地貌过程。地貌过程又分为内动力(内力)地貌过程和外动力(外力)地貌过程(图 2-2)。

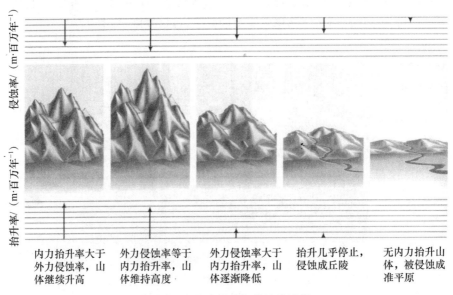

侵蚀率/（m·百万年⁻¹）

抬升率/（m·百万年⁻¹）

| 内力抬升率大于外力侵蚀率，山体继续升高 | 外力侵蚀率等于内力抬升率，山体维持高度 | 外力侵蚀率大于内力抬升率，山体逐渐降低 | 抬升几乎停止，侵蚀成丘陵 | 无内力抬升山体，被侵蚀成准平原 |

**图 2-2　内外力作用下的地貌过程**

（据 Press and Siever，2001）

### 1. 内动力地貌过程

内动力地貌过程指地壳升降、褶皱、断裂、火山喷发等引起的地貌形成过程。如山脉的隆起、火山喷发、熔岩流塑造的大尺度地貌。

### 2. 外动力地貌过程

外动力地貌过程指流水、波浪、冰川、风力等流体作用下的地貌形成过程。如长江三角洲、黄河三角洲和珠江三角洲都是河流携带的泥沙冲积而成的。

## 2.2　内动力地貌

地质构造决定大地貌单元的轮廓。对中国山脉格局产生最大影响的几次造山运动是印支运动（发生在距今 2.5 亿年至 2.27 亿年的早中三叠纪）、燕山运动（发生于距今 2.05 亿年至 0.65 亿年的侏罗纪、白垩纪）和喜马拉雅运动（发生于距今 6500 万年以来的古近纪末至新近纪）。中生代中晚期的燕山运动奠定了中国地貌的宏观骨架。

### 2.2.1　中国山系的格局

中国西部古生代褶皱山脉，如天山山脉、昆仑山脉、阿尔泰山脉、阿尔金山脉、祁连山脉等，在燕山运动中都重新活动、强烈上升。西南地区的藏北、滇西、川西一带，分别在印支运动和燕山运动中褶皱隆起，喀喇昆仑山脉、念青唐古拉山脉和横断山脉也形成于这一时期。

上新世(距今 5300 万年至 2600 万年)晚期以来,欧亚板块、太平洋板块和印度板块相互作用下,中国大陆产生强烈的差异性升降运动,使喜马拉雅山脉和青藏高原大幅抬升。

受上述构造运动影响,中国山脉的总体格局如下:大致以贺兰山、六盘山、龙门山、哀牢山一线为界,西部大多数山脉为近东西走向,东部形成一系列 NNE 向或 NE 向褶皱断裂山地(图 2-3)。

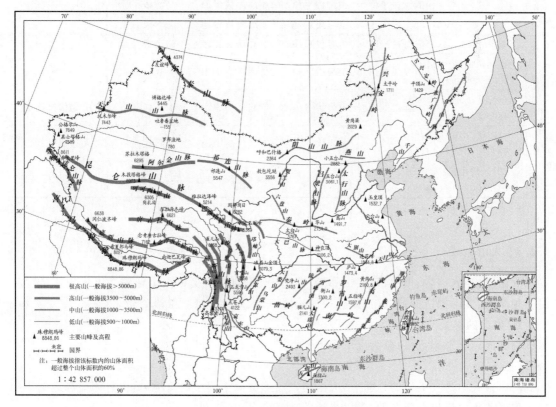

**图 2-3　中国山系格局及主要山峰**

(据大百科全书总编辑委员会、《中国地理》编辑委员会、中国大百科全书出版社编辑部,1993 改绘)

新生代以来,中国山系继续受到新构造运动的影响,如全新世(距今 1 万年至今),昆仑山脉以南的青藏高原仍在继续大幅度整体隆升。珠穆朗玛峰地区是抬升的中心,全新世以来大约上升了 1200 m(李吉均、文世宣、张青松,1979),最近 30 年上升速率更达到 37 mm·年$^{-1}$(施雅风、崔之久、苏珍,2006)。

## 2.2.2　中国陆地地貌的基本类型

我国陆地地貌的基本类型分为平原、台地、丘陵、小起伏山地、中起伏山地、大起伏山地和极大起伏山地(详见表 2-1)。基本类型表中没有高原,其实高原可以看作抬高的平原,或称之为高海拔平原。

表 2-1　中国陆地地貌基本类型

| 地貌类型 | | 海　拔/m | | | | |
|---|---|---|---|---|---|---|
| | | 低海拔<br><1000 | 中海拔<br>1000~2000 | 亚高海拔<br>2000~4000 | 高海拔<br>4000~6000 | 极高海拔<br>>6000 |
| 平原 | 平原 | 低海拔平原 | 中海拔平原 | 亚高海拔平原 | 高海拔平原 | |
| | 台地 | 低海拔台地 | 中海拔台地 | 亚高海拔台地 | 高海拔台地 | |
| 山地 | 丘陵(<200 m) | 低海拔丘陵 | 中海拔丘陵 | 亚高海拔丘陵 | 高海拔丘陵 | |
| | 小起伏山地<br>(200~500 m) | 小起伏低山 | 小起伏中山 | 小起伏高中山 | 小起伏高山 | |
| | 中起伏山地<br>(500~1000 m) | 中起伏低山 | 中起伏中山 | 中起伏高中山 | 中起伏高山 | 中起伏极高山 |
| | 大起伏山地<br>(1000~2500 m) | | 大起伏中山 | 大起伏高中山 | 大起伏高山 | 大起伏极高山 |
| | 极大起伏山地<br>(>2500 m) | | | 极大起伏高中山 | 极大起伏高山 | 极大起伏极高山 |

注：据郑度，2015。

## 2.2.3　火山地貌

火山喷出物(熔岩、火山灰、火山弹等)塑造、堆积的地貌统称火山地貌。火山地貌的分布是有规律的，多沿构造的薄弱带，如板块的边缘、深大断裂带或大陆裂谷带。

**1. 火山的类型**

根据成因和形态，火山分为以下类型。

(1) 玛珥式火山

玛珥式火山是在平坦的地面上，火山喷发后形成一个锅形的负地形，没有明显高起的火山口。玛珥式火山最早发现在德国，以当地的地名命名。

我国典型的玛珥式火山是广东湛江的湖光岩，发育在平坦的玄武岩台地上，形成于新第三纪，火山口积水成湖，湖盆中沉积了更新世以来的沉积物。

(2) 维苏威式火山

维苏威式火山为复式火山，即在老的火山口中又生出新的火山口，此类火山以意大利那不勒斯附近的维苏威火山为典型。

(3) 夏威夷式火山

夏威夷式火山以夏威夷岛的火山为典型，属于黏滞性较小的玄武岩流不断堆叠而成的高大盾状火山。

(4) 泥火山

泥火山是地下的热水、热气携带泥浆喷出地表形成的，多形成小型锥体，如我国台湾南部的泥火山群。

**2. 我国火山的分布**

我国的新生代火山地貌主要分布在东北、内蒙古、华北、云南西南部和台湾等地。最著名的有长白山火山群、五大连池火山群、阿尔山火山群、达里诺尔火山群、大同火山群、腾冲火山群和卡尔达西火山群。

全新世以来喷发的火山称为活火山。我国的活火山主要有长白山(1597年、1668年、1702年三次喷发)、五大连池火烧山和老黑山(1719年、1920年喷发)、吉林龙岗火山、卡尔达西火山(其中一座1951年喷发过)、黑石北湖火山、腾冲马鞍山、海南岛北部一些火山、彭佳屿火山(1916年、1927年两次喷发)、大屯火山群中的七星山和纱帽山。

**3. 火山地貌的类型**

(1) 熔岩地貌

中心式喷发形成火山锥,裂隙式喷发多形成平坦宽阔的熔岩台地或熔岩高原。大尺度地貌有火山锥、火山口、火口湖(火山口湖)、熔岩堰塞湖、熔岩台地;小尺度火山地貌如熔岩隧道、绳状熔岩地面、喷气堆叠锥、喷气孔等。图2-4说明了火山地貌形成的机制和主要类型。

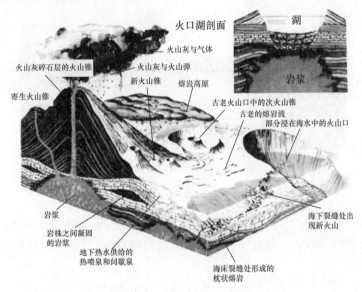

**图 2-4　火山作用与火山地貌**

(周新民提供)

① 火山锥:是由中心式喷发的熔岩或固体碎屑堆积而成的锥状地貌,根据组成物质分为熔岩火山锥、碎屑火山锥和复合火山锥。

高大的火山总有一种神秘的色彩,因为它们可能在顷刻间爆发,天崩地裂、灰飞烟灭。因此,那些高大的火山锥,往往被所在地的人民奉为神山。如乞力马扎罗山(5895 m)被称为"上帝的殿宇",富士山(3776 m)是日本的名片,长白山(2749 m)是满族和朝鲜族的圣山。

②　火山口：顾名思义即火山的喷发口，是熔岩或碎屑喷发物喷发之后形成的漏斗形的地貌。长白山为我国最高的火山，海拔 2749.2 m，是国内保存最为完整的新生代多成因复合火山。火山地貌类型齐全，集火山锥、火口湖、熔岩台地、熔岩洞穴、瀑布、温泉群、火山沉积地貌等于一体。火山学研究认为：长白山火山群及其附近的龙岗火山群是我国大陆地区唯一与太平洋板块活动有关的活火山带。

③　火口湖：即火山口积水成湖，如长白山天池，是我国最大、最深的火口湖，面积 8.92 km²，平均深 204 m（最深处 373 m）。长白山天池是一个休眠火山口，距今最近的两次喷发活动分别在 1668 年和 1702 年。

④　熔岩堰塞湖：即熔岩流阻塞河谷、积水形成的湖泊。镜泊湖是我国最大的熔岩堰塞湖，还有黑龙江省五大连池市的五大连池（图 2-5）。

**图 2-5　熔岩堰塞湖：镜泊湖**
（崔海亭摄）

⑤　熔岩台地：多由裂隙式喷发的玄武岩岩浆溢流形成，分布面积大、表面平坦，边缘有明显的陡坎，呈高台状地貌，如内蒙古锡林郭勒盟的辉腾锡勒、广东雷州半岛和海南海口一带的熔岩台地（图 2-6）。

长白山、五大连池、腾冲等火山群保存着完整的火山地貌，除火山锥、火口湖、熔岩堰塞湖外，还有形态各异的小尺度地貌，俨然是一座火山地质博物馆。

⑥　熔岩隧道：熔岩流表层冷却硬结，内部仍呈熔融状态，流动后形成隧道（图 2-7）。

⑦　熔岩丘：熔岩流动过程中，伴随着气体活动的小股熔岩涌出地面形成的矮小丘状地貌（图 2-8）。

⑧　绳状熔岩地面：熔岩流沿平缓地表运动过程中前后推涌、阻挡形成的绳状构造（图 2-9）。

⑨　喷气堆叠锥（"翻花石"）：熔岩流在气体膨胀作用下推挤、堆叠成型的小尺度地貌（图 2-10）。

**图 2-6　锡林郭勒盟平顶山的玄武岩台地**

（崔海亭摄）

图 2-7　镜泊湖的熔岩隧道

（崔海亭摄）

图 2-8　阿尔山的熔岩丘

（宋尚周摄）

图 2-9　五大连池的绳状熔岩地面

（谢凝高摄）

图 2-10　五大连池的喷气堆叠锥

（邵济安摄）

⑩ 喷气孔：喷气孔周围一般有熔岩溢出形成的小环状凸起(图 2-11)。

图 2-11　五大连池的喷气孔

(邵济安摄)

(2) 火山沉积地貌

① 火山碎屑岩地貌：火山灰、火山砂、火山弹等碎屑物质沉积下来，形成松散的堆积层，进一步胶结，形成火山碎屑岩。由于火山碎屑岩比较松软，易受外力侵蚀。如长白山西坡的火山碎屑岩，经流水侵蚀形成奇特秀丽的地貌景观(图 2-12)。

② 火山灰堆积地貌：在活火山周围，火山灰沉积物上发育的土壤富含矿物质，适于各种农作物生长。如印度尼西亚的爪哇岛的火山灰土壤(图 2-13)盛产优质稻米。

图 2-12　长白山的火山碎屑岩地貌

(肖笃宁摄)

图 2-13　大同火山群的火山弹

(崔海亭摄)

(3) 与火山、地热活动有关的地貌现象

此类地貌现象是指地下深处被岩浆加热的地下水或深断裂带地表水在深循环中被加热，再以热水、热气形式出露地面产生地热现象。与地热活动有关的地貌有：

① 水热爆炸坑：地下热水、热气以爆炸形式喷出地表所形成的锅形地貌(图 2-14)。

② 热泉：地下水通过深循环被加热，以热水形式涌出地面。有的为间歇泉，如黄石公园的"老忠实泉"、西藏的达格架间歇热喷泉，定时喷出蒸汽和热水(图 2-15)。

③ 热泉华:热水中所含的各种矿物质在地表沉淀堆积而成的小尺度的泉华地貌(图 2-16)。

图 2-14 西藏普兰水热爆炸坑
(朱梅湘 摄)

图 2-15 西藏的达格架间歇热喷泉
(朱梅湘 摄)

图 2-16 腾冲"大滚锅"热泉
(朱梅湘 摄)

【扩展阅读】

## 天然火山博物馆

火山的喷发,使一望无际的大平原上出现了高低不同、疏密有致的 14 座火山,丰富了大地的形态。而岩浆的流淌,又把白龙河截成 5 段,形成了 5 个火山堰塞湖,像一串闪光的珍珠,环绕在群山之间。14 座火山有规律地排列于北东和北西方向断裂构造线及其交叉点上,两组构造线的交角为 80°。这些现象反映了火山活动的规律性。

火山喷发、岩浆奔流、熔岩冷凝等过程中,又形成种种火山地貌,造型奇特,蔚为大观。这种喷发还引起了地壳变动,产生地下水的矿化作用,从而形成矿泉水。五大连池的矿泉水,不但能饮,饮之治病,而且能浴,浴之去病。因而成了"圣水",扬名天下。

　　五大连池的火山地貌非常丰富而完整。主要火山地形如火山锥、火山口、熔岩台地（盾形台地、波状台地和石龙台地）都具备。石龙台地异常壮观，如药泉泡以南，一条宽 1 km、长达 8 km 的熔岩流滚滚向南宛如长龙，谓之石龙。在老黑山和火烧山也都有石龙回流。站在石龙台地上，可以见到各种熔岩流动痕迹和流动构造。有的如沸水翻腾的翻花石，远远看去无边无际，犹如波涛汹涌的大海。混沌初开的大地，寸草不长，故称石海。近看则怪石嶙峋，锋利如剑。有石如象鼻吸水、巨蟒盘眠、瀑布奔泻，有石如绳索、麻花等。由于这些造型地貌都是熔岩流动冷凝而成，所以极富动态感。石海之上有许多喷气嘴，如宝塔挺立。石龙之下往往有深邃迷离的熔岩洞。种种宏观和微观的火山地貌，不仅是研究火山活动的凭据，也是非常动人的游览对象。因此，五大连池火山群，具有三种特有的价值，即科学研究价值、疗养价值、游览观光价值。

（摘自：谢凝高. 中国的名山［M］.上海：上海教育出版社,1987）

## 2.3　主要造景岩石地貌

　　岩石是形成景观特色的基础，是中国山水文化的原型。地质地貌条件不仅是自然风景的组成部分，而且是塑造丰富多彩景观的物质基础，进而影响着地方的文化底蕴。"南秀北雄"反映的是南方与北方地貌过程与地貌特征的差异。清代学者魏源在《衡岳吟》中写道："恒山如行，岱山如坐，华山如立，嵩山如卧，惟有南岳独如飞。"这是对五岳地貌特征最精辟的概括，蕴含着不同岩性、不同气候和植被的影响，同时反映出中国山水审美的取向。

### 2.3.1　甲秀天下的喀斯特地貌

#### 1. 喀斯特地貌的成因

　　喀斯特地貌是可溶性岩石在地下水（为主）和地表水（为辅）共同作用下，以溶蚀（因水中含 $CO_2$）为主、兼有崩塌形成的地貌类型。

　　Karst 为斯洛文尼亚伊斯特拉半岛的一个地名，那里为石灰岩地层，形成独特的奇峰异洞地貌景观。1893 年学者斯维伊奇（J. Cvijic）对它进行研究，并以地名命名，从此，喀斯特便成了石灰岩溶蚀地貌的通用术语，在我国又称岩溶地貌。

#### 2. 影响喀斯特地貌发育的因素

（1）气候因素

　　温度升高，溶蚀率增加；降水增多，地表水与地下水交换活跃，溶蚀率增加；若温度不变，$CaCO_3$ 在水中的溶解度随大气压升高而增加；若压力不变，$CaCO_3$ 溶解度随温度升高而减小。

（2）生物因素

　　水热条件优越，生物活动加强，土壤 $CO_2$ 含量增加，地下水中碳酸浓度升高，促进 $CaCO_3$ 的溶解；藻类生长产生的酸类、动物的粪便都有一定溶蚀作用。

（3）地质因素

岩石成分（$CaCO_3$含量）、岩石的结构（结晶颗粒、孔隙度）和构造（裂隙、节理、产状）等都会影响溶蚀过程。

（4）水文因素

地下水的流量、流速、流态（湍流、层流）和水位的变化，都会影响溶蚀率。实际上溶蚀作用主要是在地下环境进行的，有些喀斯特地貌形成后又被厚厚的红土风化壳所覆盖，随着地壳抬升、流水侵蚀，逐渐剥露出来。

岩溶地貌过程是一个地表与地下紧密联系的水-岩系统，流水在地表和地下不断进行溶蚀，但以地下溶蚀为主，形成各种溶蚀地貌。地表的地貌现象有溶蚀坑、落水洞、溶洞、天坑、断头河、地下河、泉和溶蚀河谷等；地下的地貌现象有溶洞、地下河等（图 2-17、图 2-18）。

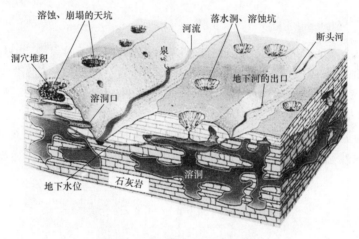

**图 2-17　喀斯特地貌发育模式**

（据 Press and Siever，2001）

**图 2-18　地表水溶蚀形成的微型溶蚀穴**

（崔海亭摄）

**3. 地上喀斯特地貌**

喀斯特地貌被称为"最美的岩石地貌",集雄、奇、秀、美于一体,尽显奇峰异洞之奥秘。韩愈有"江如青罗带,山如碧玉簪"的赞叹,明代廖学古有"一色翠屏开宝障,人家都在图画中"的诗句,徐悲鸿用水墨勾勒出了漓江的诗情画意。

（1）石芽

石芽是微尺度溶蚀地貌,流水沿节理溶蚀、侵蚀产生沟槽,岩石被分割成一个个石芽。在我国南方石芽地面被称为"石漠化"。笔者认为:在汉语的语境中荒漠、寒漠,系指极端干旱、极端寒冷环境的荒芜景观,石漠是荒漠的一个类型,专指干旱区岩石裸露的地貌景观。另外,应区分现代侵蚀与地质侵蚀的差别,南方湿润地区的"石漠化"所反映的不是现代土壤侵蚀过程,更非气候干旱所致,而是长期地质侵蚀(溶蚀)的结果,因此改称"石化"更为确切,应把"漠"字留给干旱区。

（2）石柱

石柱是一类小尺度岩溶地貌。流水沿垂直节理溶蚀,产生垂向沟槽,沟槽的扩展分割形成柱体,进一步溶蚀发育成孤立石柱。如云南石林世界地质公园的"母子偕游"(图 2-19)、"阿诗玛"(图 2-20)、"漫步从容"等栩栩如生的造型地貌都属于石柱。

（3）溶蚀漏斗

溶蚀漏斗为流水沿节理溶蚀,形成的漏斗状的洼地,下部往往连着落水洞。如云南罗平落水洞被溶蚀残余物堵塞后不再渗漏,于是开发成了水田。造型犹如螺壳,故名"螺壳田"(图 2-21)。

**图 2-19　云南石林:"母子偕游"**
（崔海亭摄）

**图 2-20　云南石林:"阿诗玛"**
（崔海亭摄）

**图 2-21 云南罗平在溶蚀漏斗上的"螺壳田"**
（水利部天津水利勘测研究院提供）

（4）溶蚀洼地

溶蚀洼地为在风化、流水溶蚀、崩塌等外力共同作用下，形成的小型洼地，进一步扩大为溶蚀盆地（图 2-22）。溶蚀洼地具有重要的科学价值，如世界最大的 500 米口径球面射电望远镜（Five-hundred-meter Aperture Spherical radio Telescope，FAST）"天眼"就是建在贵州平塘绿水村一个巨大的溶蚀坑上的。

**图 2-22 贵州安龙锥状峰林与溶蚀洼地**
（崔海亭摄）

（5）溶蚀盆地

在地下水与地表水作用下，溶蚀洼地不断扩大、夷平，最终形成溶蚀盆地（图 2-23）。

**图 2-23　贵州安龙石灰岩溶蚀盆地**
（崔海亭摄）

（6）峰丛

经长期溶蚀、侵蚀和地壳抬升，形成下部连体、上部分开的锥状尖峰地貌称为峰丛（图 2-24）。

**图 2-24　贵州安龙峰丛地貌**
（崔海亭摄）

（7）峰林

峰丛进一步侵蚀切割，发育成分离的锥状或柱状山峰，称为峰林。柱状峰林是漓江山水的特点，锥状峰林是黔西南岩溶地貌的特征（图2-25）。

**图 2-25　桂林的峰林地貌与溶蚀平原**

（据杨景春、李有利，2005）

（8）溶蚀平原

溶蚀平原即经过流水长期溶蚀形成的宽阔平地，伴有松散沉积物堆积的平原。

（9）天生桥

地下河溶蚀形成的洞穴，由于地壳抬升，出露地表，崩塌后形成天生桥。

（10）天坑

天坑由巨大的溶洞崩塌形成，也可以由竖井不断溶蚀、崩塌形成，下面往往与地下河相连接。天坑的规模一般较大，有巨大的旅游景观价值和科考探险价值。

**4. 地下喀斯特地貌**

"奇峰异洞"常用于形容喀斯特地貌，实际上地下的喀斯特地貌（图2-26、图2-27）比地表的更精彩，深藏于地下的小尺度地貌千姿百态、如梦如幻。主要有以下类型：

（1）石钟乳

沿着裂隙下渗的碳酸氢钙溶液在溶洞顶板上淀积，形成下垂的锥体，称为石钟乳。

（2）石笋

溶洞顶板滴下的碳酸氢钙溶液，在底板上淀积形成的锥状体称为石笋。

溶洞中除了石钟乳、石笋之外，还派生出许多精彩的微地貌形态。

（3）石柱

石柱为石钟乳和石笋缓慢地相向生长、相互连接而成。

（4）石幔

石幔为沿洞壁流淌的碳酸氢钙溶液,不断淀积、形成帷幔状的堆塑体。

图 2-26　石钟乳、石柱与石笋

（崔立农摄）

图 2-27　溶洞中的石幔

（崔立农摄）

**5. 泉华地貌**

泉华地貌为饱含碳酸氢钙溶液的泉水,在生物(轮藻、树枝)的参与下在地表淀积,形成扇形、阶梯状、水池状的泉华台和泉华池。泉华地貌与茂密的植被结合,碧水青山,倒影涟涟,美如瑶池仙境(图 2-28、图 2-29)。

图 2-28　黄龙的泉华台

（崔海亭摄）

图 2-29　九寨沟泉华堤坝与泉华池

（洪克敏摄）

【专栏】

## 喀斯特地貌赏析要点

簪山、带水钟灵秀：簪山、带水、幽洞、奇石被称为岩溶地貌的"四绝"。"漓江山水不相离，山自多情水自痴"（李白）；"江如青罗带，山如碧玉簪"（韩愈）；"碧莲玉笋世界"（徐霞客）；"群峰倒影山浮水，无山无水不入神"（吴迈）。这些诗中有画、画里有诗的名句，将中国山水审美提升到出神入化的境界。

奇峰异洞文脉长：岩溶地貌与历史文化融合，是中国特有的文化景观。历代题刻、岩画、摩崖造像、古建筑等丰富的历史文化遗产深藏于山水洞石之间，如崇左花山岩画、桂林伏波山、桂林七星岩、肇庆七星岩等等，都是自然景观与历史人文景观深度融合的典范。

天坑地缝藏奥秘：天坑、地下河中分布着特有的生物，如地下河里的盲鱼、透明的鱼类、天坑底部的野芭蕉群落，北京溶洞中生活着亚热带区系的蝙蝠，还有洞穴堆积层中的古人类化石、古生物化石和钟乳石，记录着古气候古环境演变的信息。

### 2.3.2 山海交融的海岸地貌

波涛汹涌的大海空阔无边，山海交融的海岸带最能激发诗人的情怀。毛泽东的《浪淘沙·北戴河》写道："大雨落幽燕，白浪滔天，秦皇岛外打鱼船。一片汪洋都不见，知向谁边？往事越千年，魏武挥鞭，东临碣石有遗篇。萧瑟秋风今又是，换了人间。"

海浪是最活跃的外动力之一，它日复一日以万钧之力拍打着海岸的岩石，又以滔天巨浪携卷着泥沙，改造着近岸带的地貌。海岸地貌分为海岸侵蚀地貌和海岸堆积地貌。

#### 1. 海岸侵蚀地貌

海浪分为涌浪与破浪，当水深小于海浪波长的1/2时便产生破浪，破浪对海岸带的破坏力更大（图2-30）。海浪与被海浪压缩的空气对岸边风化的岩石产生撞击、切磨、溶蚀等破坏作用，形成了各种侵蚀地貌类型。

**图 2-30　破浪比涌浪具有更大的破坏力**

（金艳萍摄）

（1）浪蚀沟槽与浪蚀平台

海浪携带着泥沙，对沿岸岩石反复切磨，形成小的浪蚀沟槽（图 2-31）与浪蚀平台（图 2-32）。坚硬的花岗岩会形成较为完整的浪蚀平台。侵蚀、磨蚀的平台，有时形成特殊的造型，如我国台湾野柳的烛台石极富观赏性（图 2-33）。

图 2-31　广东深圳盐灶的浪蚀沟槽

（崔海亭摄）

图 2-32　辽宁熊岳的浪蚀平台与海蚀崖

（吕凤霭摄）

图 2-33　台湾野柳的浪蚀平台与烛台石

（刘远哲摄）

（2）海蚀崖

破浪不断冲击海岸的岩石，撞击、切磨、溶蚀，逐渐产生陡坎，崖壁崩塌，岸线后退，最终形成海蚀崖（图 2-34）。

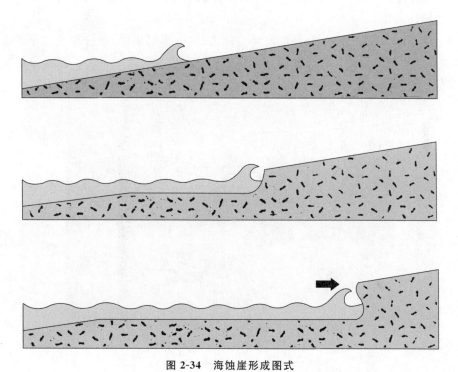

**图 2-34　海蚀崖形成图式**

（据 Plummer、McGeary、Carlson,1999）

（3）海蚀洞、海蚀岩穹

　　海浪鼓动空气,产生巨大的破坏力,击碎风化的岩石,在海蚀崖基部产生海蚀洞。长期浪蚀,岩石不断崩塌,海蚀洞不断扩大,海蚀洞击穿后便形成了海蚀岩穹(图 2-35)。

**图 2-35　大连金石滩的海蚀洞与海蚀岩穹**

（据杨景春、李有利,2005）

（4）海蚀柱

海蚀柱为近于水平的岩层，经长期的海浪侵蚀，岩穹顶部崩塌，被分割成一个个孤立的岩柱，如澳大利亚南部被称为"十二圣徒"的海蚀柱（图 2-36），我国三亚的天涯海角的花岗岩海岸石林也属于海蚀柱。

图 2-36　澳大利亚南部的海蚀柱

（金艳萍摄）

（5）岩滩

岩滩为节理发育或松软的岩石，经长期海浪侵蚀，海蚀崖不断后退，在潮间带形成破碎的礁石滩。礁石上长满了牡蛎，形成特有的景观（图 2-37）。

图 2-37　广西三娘湾砂岩形成的岩滩

（崔海亭摄）

**2. 海岸堆积地貌**

海浪和沿岸流的搬运和堆积作用,常形成与岸线平行的水下沙坝、沙滩和滩涂等地貌。

(1) 水下沙坝

冬季,短波长、高能量的海浪冲向海岸,剩余的能量形成底流将泥沙向海搬运,堆积在近岸带,形成与岸线大致平行的水下沙坝[图 2-38(a)、图 2-39]。

(2) 沙滩

夏季,长波长、低能量的海浪携带泥沙,冲向最大高潮线,能量耗尽后,将泥沙堆积在岸边,形成了沙滩[图 2-38(b)、图 2-40]。

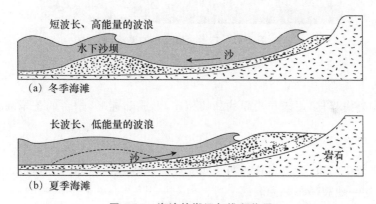

**图 2-38　海浪的搬运与堆积作用**

(据 Plummer、McGeary、Carlson,1999)

**图 2-39　昌黎黄金海岸的水下沙坝**

(崔海亭摄)

**图 2-40　三亚亚龙湾的沙滩**

(崔海亭摄)

(3) 滩涂

海浪前进方向与海岸斜交,可产生沿岸流,携带泥沙在沿岸堆积,便形成了滩涂(图 2-41)。

(4) 沙嘴

凸形海岸,波浪在此转折时发生泥沙堆积,形成一头连着陆地、一头伸向海洋的沙堤,称为沙嘴。

图 2-41　广西大风江口的滩涂
（崔海亭摄）

（5）陆连岛

沙嘴不断向外海延伸，逐渐与沿岸的岛屿相连，形成陆连岛，烟台的芝罘岛就是一个典型的陆连岛。

（6）潟湖

泥沙质海岸或小河口，相向发育的两条沙嘴逐渐靠近，形成半封闭的咸水湖，低潮时海水不能自由进出，这一地貌形态称为潟湖。

**3. 生物型海岸**

生物是海岸地貌建造的参与者，热带与南亚热带发育珊瑚礁海岸与红树林海岸。前者发育在清洁、透明度高的热带海域，后者主要分布在热带、亚热带淤泥质、泥沙质海岸的河口湾地区。

（1）珊瑚礁海岸

造礁珊瑚在清洁的海水中生长并形成礁盘，由于海岸抬升、侵蚀形成珊瑚礁海岸（图 2-42）。珊瑚礁海岸广泛分布在南海地区，我国台湾垦丁发育有五级珊瑚礁海岸台地。

图 2-42　海南三亚的珊瑚礁海岸
（崔海亭摄）

（2）红树林海岸

热带、亚热带淤泥质海岸带、河口湾生长的红树林，对于维持生物多样性具有重要作用，同时能够促进淤积，过滤污染物，保护海岸带的生态安全（图2-43）。

**图2-43　深圳福田的红树林海岸**
（崔海亭摄）

【专栏】

## 研究海岸地貌的意义

城市连绵区：海岸带是世界人口最集中、城市化水平最高的地区，世界200万人口以上的大城市，有一半分布在沿海。人口和城市向海岸带集中，沿海带经济发展水平超过内陆地区，如我国东部沿海区拥有全国人口的40％，约占全国GDP的60％。

生态安全的敏感带：全球变化背景下，海洋温度升高，海平面上升，台风、风暴潮发生的频率和强度有所增加。快速城市化带来海洋污染、海水倒灌等严峻生态环境问题。每年台风给东南沿海造成上百亿元的重大损失！近千万人口受灾！

黄金旅游带：海岸带拥有丰富的旅游资源，海岛游、邮轮观光游开发潜力巨大。

亟待保护的生态失衡带：我国以杭州湾为界，以北基岩港湾海岸与淤泥质或沙砾质平原海岸交替分布；以南以基岩港湾海岸为主。南亚热带与热带还有红树林海岸。

海岸带的生物多样性、海岸景观、水环境以及生态安全受到人类活动的干扰。如珍稀海洋哺乳动物儒艮由于海草床的日渐丧失已经很难见到，华南沿海的白海豚（图2-44）也受到人类活动的强烈胁迫！

**图2-44　白海豚的生存正在受到威胁**
（潘岳提供）

### 2.3.3　雄秀兼备的花岗岩地貌

花岗岩常以规模不等的侵入岩体产出。地下深处的岩浆,在冷凝的过程中产生不同方向的节理,一般产生垂直、水平和斜交 3 组节理,密集的节理有利于风化。在不同地质-气候条件下形成各具特色的地貌景观。

在南方湿热的气候条件下,经过长期的化学风化,形成深厚的红土风化壳,节理发达的花岗岩通过球状风化形成石蛋地貌或各种侵蚀形态,被埋藏于红土风化壳之下,随着地体缓慢抬升,红土风化壳被剥蚀,形成奇峰错列、万壑纵横的花岗岩地貌。

在北方寒冷干燥气候条件下,以物理风化为主,在暴晒、寒冻、风蚀等外力作用下,也会产生形态各异的花岗岩地貌。

**1. 石蛋地貌**

节理密集的花岗岩更容易产生球状风化,当红色风化壳被剥蚀后,出露石蛋地貌(图2-45)。南方有许多著名的石蛋地貌,如厦门的日光岩、水操台,三亚的天涯海角(图2-46),巨大的石蛋或垒叠于海岸,或矗立于海中,十分壮观;北方的石蛋地貌也是地质历史上湿热气候下的产物,如内蒙古达尔罕茂明安联合旗的吉木斯泰的石蛋地貌尺度虽小,却妙趣横生(图 2-47)。

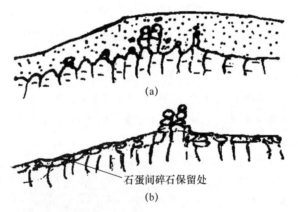

(a)

石蛋间碎石保留处

(b)

**图 2-45**　**(a) 埋藏于风化壳之下的石蛋地貌;(b) 剥离后的石蛋地貌**

(崔之久提供)

**2. 奇峰错列的花岗岩地貌**

"黄山天下奇""三清天下秀",何以称奇?何以为秀?密集的垂直节理、长期的风化、巨大的构造抬升幅度是 3 个重要的形成条件(图2-48)。湿热气候下形成的风化壳,大约始于新近纪的中上新世,延续至第四纪前期。然后是缓慢的构造抬升过程,束状、排状侵蚀地貌逐渐被剥离出来。

图 2-46 三亚天涯海角的石蛋地貌

（崔海亭摄）

图 2-47 内蒙古吉木斯泰的石蛋地貌

（崔海亭摄）

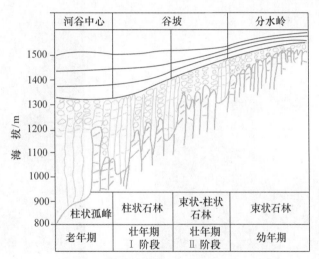

图 2-48 三清山不同地貌部位的地貌类型与发育阶段

（崔之久提供）

由于地壳抬升幅度、发育阶段和花岗岩特性的差异，分水岭、谷坡、河谷中心形成不同的造景地貌。分水岭形成束状石林，谷坡形成柱状或束状-柱状石林，谷地中心形成柱状孤峰（图 2-49 至图 2-52）。

**3. 断块抬升的花岗岩地貌**

"泰山天下雄"，历代帝王的封禅活动将泰山推上了至高无上的地位。泰山的雄伟是由于山体被近南北向和东西向两组断裂构造分割、断块抬升的结果。相对高差达 1371 m，山体高大宏伟、拔地而起，这是它称雄华夏的原因。

图 2-49　黄山西海的花岗岩尖峰
（崔海亭摄）

图 2-50　分水岭束状花岗岩石林
（崔之久摄）

图 2-51　谷坡束状-柱状石林
（崔之久摄）

图 2-52　谷中心柱状孤峰
（崔之久摄）

"华山天下险"，皆因东西向的大断裂通过关中平原的南缘，华山断块抬升，相对高差 1740 m（华阴市海拔 360 m，华山主峰海拔 2160 m），使华山巨峰一座昂然天外，险峻挺拔，独冠五岳。

## 2.3.4　浓墨重彩的丹霞地貌

"碧水丹山""赤壁丹崖""色渥如丹，灿若明霞"，上述形容丹霞地貌景观的美丽词句里的"赤"和"丹"系指红色的岩层。丹霞地貌是岩石地貌类型之一，并没有特别的含义，但在我国它却被赋予了特有的地貌景观内涵。

**1. 什么是丹霞地貌?**

首先,丹霞是地层的名称。1928 年地质学家冯景兰将广东仁化丹霞山上白垩统陆相红色砂砾岩层命名为丹霞层(后称为丹霞群)。大多数学者认为形成丹霞地貌的地层应有岩性和时代限制,即中生代晚期至新生代早期的陆相红色碎屑岩。

其次,它是我国学者提出的地貌景观的名称。1935 年陈国达正式提出了丹霞地形的名称,即"丹霞山式的地貌",为其他地区类似的地貌提供了参照。

最后,它是在湿润、半湿润气候条件下流水侵蚀加崩塌形成的地貌。发育在极干旱或寒冻地区的红层地貌不属于丹霞地貌。

《地质辞典》认为:"厚层、产状平缓、节理发育、铁钙质混合胶结不匀的红色陆相砂砾岩,在差异风化、重力崩塌、侵蚀、溶蚀等综合作用下形成的城堡状、宝塔状、针状、柱状、棒状、方山状或峰林状的地形。赤壁丹崖是丹霞地貌的典型特征,以广东仁化丹霞山最为典型,并以此命名。"

丹霞山长约 3 km,宽约 300 m,集赤壁丹崖、石堡、石墙、峰林、石柱等地貌于一体,是丹霞地貌的命名地和典型地区。

**2. 丹霞地貌的类型**

我国有许多著名的丹霞地貌景观,除广东仁化丹霞山之外,还有福建武夷山、四川青城山、湖南崀山、贵州赤水、江西龙虎山、安徽齐云山等。它们因自然条件的差别各具风采,又因承载着不同的文化景观而愈加精彩。

(1) 城堡状的丹霞地貌

厚层、产状水平的红色碎屑岩,由于构造抬升和流水切割较弱,形成整体性体量较大的平台状地貌,如浙江天台的赤城山(图 2-53),断壁红崖,庙宇依崖修建,山顶宝塔耸立,宛若一座山城。

(2) 方山型丹霞地貌

产状水平的厚层红色砂岩,受流水中度切割加崩塌,形成一座座大小不等的方山,百丈红崖,深涧飞瀑,峡谷幽洞,配以茂密的亚热带森林植被,形成大笔触的天然园林,秀美如画,如贵州赤水的佛光岩景区(图 2-54)、四川乐山的乐山大佛景区均属方山型丹霞地貌。

(3) 笋状、柱状丹霞地貌

福建武夷山的岩层为缓倾斜的单斜构造,受流水强烈切割加崩塌,形成三十六峰、九十九岩,九曲碧水萦绕、奇秀深幽的景观。从不同方向观察,一峰多姿,奇峰如笋,层层叠叠,变幻莫测。湖南的崀山也有类似的成因,粗壮的笋体,高低错落,蔚为壮观。浙江江郎山的水平岩层长期受流水强烈侵蚀和差别风化,形成粗细不同、两侧对称的擎天岩柱,为典型的柱状丹霞地貌。

图 2-53　浙江天台赤城山
（宋举浦摄）

图 2-54　赤水佛光岩丹霞地貌
（宋举浦摄）

【扩展阅读】

## 丹霞地貌名称的滥觞与泛化

近年来旅游业的迅猛发展,国人有机会游览国内外的名山大川,有关丹霞地貌的图文报道也屡见不鲜。丹霞地貌是由我国学者提出的地貌术语,原来在学术界没有多大的分歧,但近年来出于旅游开发和地质公园建设的需要,全国各地纷纷打出丹霞地貌的旗号,一时间各地出现650处丹霞地貌[1],丹霞地貌的概念产生了混乱。人们开始疑问,到底什么是丹霞地貌?

### 一、丹霞地貌的定义

《地质辞典》[2]的定义:厚层、产状平缓、节理发育、铁钙质混合胶结不匀的红色陆相砂砾岩,在差异风化、重力崩塌、侵蚀、溶蚀等综合作用下形成的城堡状、宝塔状、针状、柱状、棒状、方山状或峰林状的地形。

《地理学名词(第二版)》[3]的定义:由陆相红色砂砾岩构成的具有陡峭坡面的各种地貌形态。形成的必要条件是砂砾岩层巨厚,垂直节理发育。因在广东省北部仁化县丹霞山有典型发育而得名。

上述两个定义相同之处:第一,强调陆相红色砂砾岩的岩相特点和岩层巨厚、垂直节理发育;第二,强调地貌特征必须具有陡峭的坡面,或者说必须具有"赤壁丹崖"。

两个定义也有不同之处:前者指出形成丹霞地貌的外营力为流水侵蚀、溶蚀和重力崩塌,后者则缺少这方面的限定。

彭华等给出的定义是:丹霞地貌是以赤壁丹崖为特色的红色陆相碎屑岩地貌。与《地理学名词》的定义相近。

上述定义均未对构成丹霞地貌的地层时代加以限定。

《地貌学辞典》[4]的定义比较全面:岩石地貌的一种,侏罗纪、白垩纪、老第三纪钙质胶结的红色砂岩、砾岩上发育的方山、奇峰、岩洞和石柱等特殊地貌称为丹霞地貌,是一种典型的岩石地貌。以中国广东北部仁化县丹霞山最为典型,因此得名。较大范围出露的陆相钙质胶结的碎屑沉积岩具有一定的刚性,并较易脆裂为节理裂隙。当遭受较强的侵蚀作用时,顺裂隙进入的流水既有冲蚀作用,又有溶蚀作用,从而一起生成块状的高地,深邃的沟谷岩缝(一线天)以及红颜色的崖壁,有的块状高地被进一步分割成堡状残峰、石墙、石柱等奇异的残丘岩岗,有的地方还在岩壁上顺岩层层面发育一连串的岩洞。

2013年出版的《旅游地学大辞典》[5]对丹霞山型地貌景观的释义则更为详尽:砂岩地貌景观中的一种代表性类型。在中国华南亚热带湿润区域内,以中上白垩统红色陆相砂砾岩地层为成景母岩,由流水侵蚀、溶蚀、重力崩塌作用形成的赤壁丹崖、方山、石墙、石峰、石柱、峡谷、嶂谷、石巷、岩穴等造型地貌的统称。以广东丹霞山为代表。是碎屑岩红层地貌的一种类型。此类地貌最早由地质学家冯景兰先生在1928年发现,并进行了地貌上的描述。1939年由陈国达先生提出"丹霞山地形"名词,后来被改称为"丹霞地貌"。

上述几种定义大体相近,并为国内地学界广泛认同。但近年来丹霞地貌的应用出现了"扩大化"和"泛化"的趋势。不少地理学家的定义比较宽泛,如刘尚仁认为:由砂砾岩为主的沉积岩受侵蚀所形成的赤壁丹崖群地貌称为丹霞地貌。他主张：用涵盖多种岩性、岩相的碎屑岩、碳酸盐岩和化学沉积岩等沉积岩替代目前常用的"陆相碎屑岩"，同时还界定了外国 50 多处的红层地貌为丹霞地貌[6]。另外一些地理学家将甘肃张掖多彩的砂岩地貌也称为丹霞地貌[9]。

**二、丹霞地貌名称的源与流**

**1. 根据命名优先的原则，尊重前人的科学创意**

丹霞地貌是由中国人提出的地貌术语，出现在科学文献中只有几十年历史。但是，作为一个文学用语，可以追溯到古代。古人曾用"色渥如丹，灿若明霞"形容广东仁化丹霞山的地貌景观。地质学家冯景兰将仁化丹霞山的上白垩统陆相红色砂砾岩层命名为丹霞层（后称为丹霞群），并盛赞丹霞地貌之美："峰崖崔嵬，江流奔腾，赤壁四立，绿树上覆，真岭南之奇观也"[8]。陈国达首次提出了"丹霞山地形"的名称[9]。但最早对丹霞地貌进行专门研究的是曾昭璇[10]。黄进对丹霞地貌进行了深入的研究[11]。

2009 年 5 月，在丹霞山召开首届丹霞地貌国际学术讨论会，丹霞地貌获得国际学术界认可。同时，我国将广东丹霞山、福建泰宁、福建武夷山、江西龙虎山、浙江江郎山、湖南崀山和贵州赤水等地的丹霞地貌捆绑到一起，成功申报世界自然遗产。

**2. 科学界定，区别对待**

随着国内旅游业的兴起，色彩鲜艳的岩层和造型奇特的地貌成为一种有利可图的旅游资源。有关旅游部门将凡是和红色相近、奇峰怪石的地貌，包括拱门、巨丘、石蛋、石蘑菇、劣地、土柱林等，都称为丹霞地貌。

每一种地貌类型都是一定地质条件的产物。我们认为：前辈学者对地层时代、沉积相、地貌营力的限定是有道理的。如果没有岩性、岩相的限定，不问地貌形成条件，不便于进行地貌分类，也不利于大众的景观认知。因此，大多数学者主张丹霞地貌的界定应加上"陆相碎屑沉积"的岩相特征和"中生代晚期至新生代早期"的地层时代限制。

对于丹霞地貌的泛化，国内一些学者早有批评意见，潘江、陈安泽[12]都曾著文进行专题讨论。我国有许多红色岩层形成的地貌，或因坡度过缓、缺乏丹崖，或因地层时代过老，或因为形成地貌的外营力不同，不能一概称之为丹霞地貌。华北元古代海相红色砂岩形成的红崖，有人称之为"假丹霞"地貌，与典型的丹霞地貌差别明显；青藏高原及其边缘高海拔山地的寒冻风化形成的红崖地貌与丹霞地貌的形成条件也不相同；西北干旱区干旱剥蚀、风蚀形成的地貌也不宜称为丹霞地貌。

有些游客和媒体看见红（丹）黄颜色相间、彩色斑斓（霞）的景色（例如甘肃张掖的彩丘），就望文生义地称之为丹霞地貌而不顾及其科学内涵，造成这一科学术语的滥用。

丹霞地貌名称"扩大化"和"泛化"的现象，和一些学者的主张不无关系。有些学者不断扩大丹霞地貌的定义，截至 1988 年，不同辞书、不同学者对丹霞地貌的定义达到 12 种之多，个别学者从 1988 年至 2004 年就提出了 4 种不同的定义，造成了"全国无处不丹霞"的现象[13]。

我们赞成已故地质学家潘江教授的建议[14]：

① 已列入世界自然遗产的广东仁化，湖南崀山，浙江江郎山，江西龙虎山，福建泰宁、武夷山，贵州习水、赤水，等，称为典型的丹霞地貌。

② 其他不同地质时代、不同沉积相、不同外营力的红崖地貌可称为丹崖地貌(图 2-55)。

③ 干旱区不具备典型特征、坡面平缓、色彩鲜艳的地貌称为丹丘或彩丘地貌(图 2-56)。

另外,丹霞地貌在我国具有典型性、代表性,得到了广泛认同,但在国际上尚未广泛采用丹霞地貌这一术语的情况下,不宜越俎代庖将外国的红层地貌称为丹霞地貌。

图 2-55 甘肃肃南干旱区的丹崖地貌
(宋举浦摄)

图 2-56 新疆的彩丘地貌
(李学亮摄)

**参考文献**

[1] 彭华,赵飞.浅论丹霞地貌类旅游区的文化开发[M]//地貌·环境·发展——2004 丹霞山会议文集.北京:中国环境科学出版社,2004.

[2] 地质矿产部地质辞典办公室.地质辞典[M].北京:地质出版社,1983.

[3] 全国科学技术名词审定委员会.地理学名词[M].2 版.北京:科学出版社,2006.

[4] 周成虎.地貌学辞典[M].北京:中国水利水电出版社,2006.

[5] 陈安泽.旅游地学大辞典[M].北京:科学出版社,2013.

[6] 刘尚仁.丹霞地貌概念与外国部分丹霞地貌简介[M]//地貌·环境·发展——2004 丹霞山会议文集.北京:中国环境科学出版社,2004.

[7] 李孝泽,董光荣,陈发虎.甘肃张掖马蹄寺丹霞地貌本体地层中的沙漠沉积及其意义[M]//地貌·环境·发展——2004 丹霞山会议文集.北京:中国环境科学出版社,2004.

[8] 冯景兰,朱翙声.广东曲江仁化始兴南雄地质矿产[J].两广地质调查所年报,1928(1).

[9] 陈国达,刘辉泗.江西贡水流域地质[J].江西地质会刊,1939(2):1-64.

[10] 曾昭璇.仁化南部厚层红色砂岩区域地形之初步探讨[J].国立中山大学地理季刊,1943(12):19-24.

[11] 黄进.中国丹霞地貌研究汇报[J].热带地貌,1992(增刊):1-36.

[12] 陈安泽.旅游地学与地质公园研究——陈安泽文集[M].北京:科学出版社,2013.

[13] 刘晶.西北有"丹霞"?[J].中国国家地理,2009(10):134.

[14] 潘江.中国早期脊椎动物及地层——潘江地质文选[M].北京:中国大地出版社,2008.

(本文原载《中国科技术语》2017 年第二期)

### 2.3.5　千峰竞秀的砂岩峰林

我国两处最美的峰林地貌：一处是漓江两岸的石灰岩峰林；另一处就是张家界的砂岩峰林，它被称为武陵奇观。峰林地貌由产状水平的泥盆纪中厚层钙质石英砂岩构成，垂直节理极为发育，在地壳运动、流水侵蚀、重力崩塌、生物风化等内外营力共同作用下形成。

数以千计的峰林，"如柱如塔、如屏如墙、如楼如阁"，被誉为"三奇"——谷底奇奥，绝壁奇险，峰顶奇秀。张家界不仅峰峰奇秀，而且处处有奇松，青松与峰林竞长，千峰披翠，如入画境。张家界的造景地貌类型多样，主要有以下几类：

**1. 方山(平台)**

方山地貌是水平岩层由于构造抬升、流水切割，形成砂岩柱体尚未分离的块状平台地貌(图 2-57)，多分布于沟谷的上游地段。

**图 2-57　张家界的方山地貌**
（崔海亭摄）

**2. 峰墙**

方山在流水侵蚀、溶蚀、崩塌作用下，形成的单列相对高度不大的连体山峰，称为峰墙地貌(图 2-58)，多分布在沟谷的两侧。

**图 2-58　张家界的峰墙地貌**
（崔海亭摄）

### 3. 峰丛

峰墙进一步分割,上部呈分离的尖峰,下部仍然连体,形成峰丛(图 2-59),多分布于靠近沟谷近中心处。

图 2-59　张家界的峰丛地貌

(崔海亭摄)

### 4. 残余峰林

峰丛进一步发育,形成分离的柱状群峰,称为残余峰林(图 2-60),多分布于沟谷的中心地带。

图 2-60　张家界的残余峰林地貌

(崔海亭摄)

### 5. 天生桥、石天窗、石门

由于泥盆纪石英砂岩垂直节理和水平节理都十分发达,极易产生崩塌,天生桥(图 2-61)、石天窗等均由溶蚀加崩塌形成。

图 2-61 张家界的天生桥地貌
（崔海亭摄）

# 2.4 河 流 地 貌

流水是大自然的"雕刻刀"，它既能移山填海、荡涤大地、营造大美，也能"精雕细刻"。世界的大江大河都是人类文明的摇篮，它们孕育了尼罗河文明、两河文明、恒河文明、黄河文明和长江文明，承载着民族的历史，因而被称为"母亲河"。

河流地貌指流水的侵蚀作用与堆积作用共同塑造的地貌类型，它是外动力地貌过程的典型代表（图 2-62）。

图 2-62 西西伯利亚的河流地貌：河曲、牛轭湖
（崔海亭摄）

### 2.4.1 河流的侵蚀、搬运和堆积过程

#### 1. 侵蚀过程

风化作用(物理风化、化学风化、生物风化等)产生碎屑物质,为外力侵蚀创造了前提。河流的侵蚀过程是指在水流的冲刷下,岩石碎屑、土壤颗粒和溶解物被携带转移的过程。流量愈大、流速愈大,侵蚀力愈强。

#### 2. 搬运过程

流水搬运过程的形式包括推移(沉积物顺水底滑动)、跃移(沉积物在水中弹跳)和悬移(沉积物,如粉砂、黏粒,悬浮在水中,随水移动)。

#### 3. 堆积过程

堆积过程是指河水携带的沉积物,在水量减少、流速减缓、坡度变小或河流拐弯等情况下堆积下来。实际上河流的侵蚀、搬运、堆积是一个过程的不同侧面,它们是相伴而生的。河水在河槽中转弯时,在凹岸发生侵蚀作用,在凸岸发生堆积作用,并形成迂回扇(图 2-63)。

图 2-63　深圳大沙河侵蚀与堆积地貌雏形
(崔海亭摄)

由于水量与流速的改变,可能产生如下情形:

水动力弱,沉积/搬运比(重量比)>1,发生泥沙堆积;

水动力中等,沉积/搬运比≈1,河流处于冲淤平衡状态;

水动力强大,沉积/搬运比<1,清水冲刷力强,河流下切加强。

### 2.4.2 河流侵蚀地貌

#### 1. 面蚀与沟蚀

流水侵蚀是从坡面侵蚀开始的,随着水流增大,进一步发生沟蚀。图 2-64、图 2-65 可以观察到代表不同侵蚀程度的纹沟、细沟、凹沟和冲沟。

图 2-64　山西阳城坡面侵蚀地貌
（崔海亭摄）

图 2-65　台中火焰山砂砾岩经强烈侵蚀形成劣地
（崔海亭摄）

**2. 河谷的发育过程**

流水沿一定坡度流动，产生两个分力：下切力和横向摆荡。下切力导致河谷加深；横向摆荡引起河谷展宽。这是一个连续的过程，反复作用形成了河谷（图 2-66）。

图 2-66　流水侵蚀与河谷的形成
（崔海亭摄）

**3. 河曲与牛轭湖的形成**

在河谷的塑造过程中，河流拐弯时，外侧（凹岸）发生侵蚀，内侧（凸岸）发生堆积[图 2-67(a)]；强力的水流在两岸往复运动，河道在加深的同时不断摆荡，河曲随之不断弯曲[图 2-67(b)(c)]；当泥沙淤积了河曲的掐口，主河道裁弯取直，河曲便形成牛轭湖[图 2-67(d)]。

**4. 河流纵剖面的特征**

上游坡度大、水量小，以侵蚀作用为主；中游坡度变缓、水量加大，以搬运作用为主；下游河床纵向比降很小，以堆积作用为主（图 2-68）。

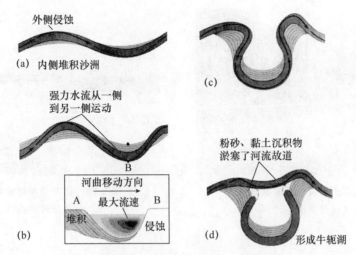

**图 2-67　河曲与牛轭湖的形成**

（据 Press and Siever, 2001）

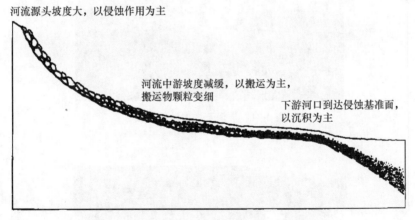

**图 2-68　河流上游、中游、下游的侵蚀堆积情况**

（据 Montgomery, 1986）

**5. 河流上游、中游、下游的地貌特征**

　　上游盛行侵蚀作用，常形成峡谷地貌（图 2-69）；中游侵蚀堆积较为均衡，形成坡缓的宽谷地貌（图 2-70）；下游进入平原，河谷展宽，河流摆荡，形成辫流，地势和缓（图 2-71）。

**6. 裂点**

　　河流纵剖面上坡度的突变点称为裂点。河流的溯源侵蚀、构造运动与岩层坚硬均可导致裂点的形成，裂点处常形成壮观的跌水、瀑布（图 2-72）。如黄果树瀑布、德天瀑布等成为壮丽的地貌景观。

**图 2-69　长江上游金沙江虎跳峡峡谷**
（崔海亭摄）

**图 2-70　黄河中游喇嘛湾的宽谷**
（崔海亭摄）

**图 2-71　淮河下游的地貌特征**
（崔海亭摄）

**图 2-72　贵州打帮河的瀑布群**
（崔海亭摄）

### 7. 壶穴

携带砾石的垂直涡流,在岩质河床上旋转、磨砺,形成口小、腹大的锅形地貌,称为壶穴。壶穴的形成条件是:相对较软的岩质河床;湍急落差较大的水流;对基岩产生磨砺的砾石。

壶口瀑布是一处巨大的壶穴(图2-73),奔腾咆哮的黄河一壶尽收,形成汹涌澎湃、气壮山河的地貌景观,象征着中华民族不屈的精神。

**图 2-73　壶口瀑布——壶穴**
(崔海亭摄)

## 2.4.3　河流堆积地貌

### 1. 冲积扇

河流流出山口,坡度骤降,水流分散,所携物质快速、大量堆积,形成一个扇形堆积体,称为冲(洪)积扇。扇形体上部(靠近山口的部分)沉积物颗粒粗大,向下游沉积物逐渐变细。

### 2. 冲积平原

河流在构造沉降区盛行堆积作用,大量沉积物长期堆积所造成的平缓地形,称为冲积平原,如东北平原、华北平原、黄淮海平原等(图2-74)。

**图 2-74　从空中俯瞰阡陌纵横的黄淮海平原**
(崔海亭摄)

### 3. 三角洲

在河口区,由于堆积作用超过侵蚀作用,河流携带的泥沙大量沉积,形成伸向水下的扇形体,平面形态多呈三角形,故称三角洲。

## 2.4.4 河流侵蚀-堆积地貌

### 1. 河流阶地

由于构造运动(地体的升降)、气候变化(降水和流量变化)、侵蚀基准面下降或河流袭夺,致使河流下切,原来的谷底的冲积平原被切割,形成高出洪水位的阶梯状地形,称为阶地。根据阶地的级数,大致可以判断一个地区的新构造运动抬升的次数。阶地的排列顺序是自下而上:Ⅰ级阶地最低,依次向上为Ⅱ级、Ⅲ级等。阶地构成要素:阶地面、阶地陡坎、阶地前缘和阶地后缘等。阶地的形成过程见图 2-75,(a)为河流摆荡,泥沙淤积,形成泛滥平原;(b)为地壳抬升,河流下切,老泛滥平原在沿河带形成高出于洪水位的阶地,河谷里又形成新的泛滥平原。

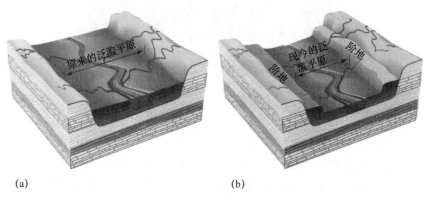

(a)　　　　　　　　　　　　　　(b)

**图 2-75　阶地的形成过程**
(据 Press and Siever,2001)

### 2. 阶地的类型

(1) 侵蚀阶地

侵蚀阶地为构造抬升,河流下切、侧蚀,再次抬升,继续下切,在原来基岩的河床上形成的阶地(图 2-76)。

(2) 堆积阶地

堆积阶地为原来河谷的松散沉积物形成泛滥平原,被侵蚀下切,形成高于洪水位的阶梯状地貌(图 2-77)。

(3) 侵蚀-堆积阶地

河流的侵蚀与堆积作用是相伴而生的,构造抬升与堆积作用交替进行,在两种地貌过程的共同作用下,形成侵蚀-堆积阶地(图 2-78)。

(4) 基座阶地

基座阶地上层由松散沉积物构成,下层由基岩构成,常见于构造强烈抬升地区(图 2-79)。

**图 2-76　黄河壶口的侵蚀阶地**

（崔海亭摄）

**图 2-77　滹沱河下游的堆积阶地**

（崔海亭摄）

**图 2-78　长江忠县段的侵蚀-堆积阶地**

（崔海亭摄）

**图 2-79　祁连山中的基座阶地**

（崔立农摄）

【扩展阅读】

## 保护母亲河

大河是人类文明的摇篮。尼罗河、恒河、幼发拉底河、底格里斯河、黄河、长江等大河孕育了早期的农业文明，因此，世界许多大的河流均被称为"母亲河"。

奔腾不息的江河，滋润着人们的心灵，产生了不同的文明。黄河文明和长江文明是中华文化之根，也是中华民族上善若水大智慧的源头。

中华民族的五千多年历史，始终与水安全相联系，从大禹治水到大运河的开凿，从三峡工程到南水北调，从大江大河的梯级开发到"红旗河"的争论，都是围绕这同样的主题。不同学科、决策层与科学家应当通过交流达成共识，才能保证国家的水安全。

河流是生生不息的生态系统。忽视河流的生态完整性和生态系统健康不是个别的现象。河流是有生命的，但我国的河流"未老先衰"，已经不堪重负！

农业文明时期,人、水基本上保持着和谐状态。但工业文明时期,人类不合理的开发活动,使大河断流、湿地萎缩、河道污染、珍稀生物濒临灭绝！据中国科学院水生生物研究所调查:1991 年有江豚 2700 多头,2006 年约有 1800 头,2011 年不足 1000 头！2018 年 7 月估算约有 1012 头,属于极危种。大型水利工程建设、非法捕捞、过度航运和非法污染影响江豚的生存,仅 2018 年就死亡 50 头。

河流的生命在于流畅,以广州珠江为例,汉代珠江宽达 4000 m,现在只有 261 m,白鹅潭深水河段百年来缩小一半！有的学者呼吁:"不要让珠江变为珠涌！"全国许多城市内涝为患,源于自然排水系统遭到破坏,城市排洪系统的标准太低。

河流寄托着一个民族的兴衰,面对大小河流的尴尬,我们不能无动于衷。河之殇乃国之殇！一定要保护好母亲河。

# 2.5　极端环境下的地貌景观

## 2.5.1　黄土地貌

黄土、黄河是中华民族的根脉和灵魂。毛泽东在《沁园春·雪》中写道:"北国风光,千里冰封,万里雪飘。望长城内外,惟余莽莽;大河上下,顿失滔滔。山舞银蛇,原驰蜡象,欲与天公试比高。须晴日,看红装素裹,分外妖娆。"

这是迄今为止描写黄土高原的最恢宏的诗篇,不仅从历史的视角诠释了北国大地,更以雄浑的笔触渲染了黄土高原的自然景观。

**1. 黄土高原风堆成**

黄土物质主要来自亚洲中部内陆干旱区,是经风力吹扬、搬运、堆积作用形成的粉尘堆积物,黄土堆积的年代主要在更新世,是在东亚季风系统形成后,西伯利亚反气旋强大的冷空气将粉尘卷至高空,形成沙尘暴,长距离搬运,在下风向的山间盆地中沉积下来,形成黄土地层。我国黄土总面积为 $6.35 \times 10^5$ km$^2$,黄土堆积一般厚度 100 m,最厚处厚度超过 300 m。

**2. 黄土的特性**

黄土以粉砂粒级为主,富含碳酸盐矿物;黄土疏松多孔隙、垂直节理发育,渗水性强,易被侵蚀、溶蚀和潜蚀。

**3. 黄土地貌类型**

"千沟万壑"常用来形容黄土高原的地貌特征,黄土作为第四纪疏松的土状堆积物极容易发生侵蚀。

塬、梁、峁是描述黄土地貌的术语,它们是黄土高原人民创造的科学名词,后被学术界所接受。黄土地貌主要有以下类型:

（1）黄土冲沟

黄土高原地区多暴雨,季节性流水冲刷力极强,沟谷下切迅速,黄土的垂直节理又容易崩塌,形成沟壁陡峭的线状负地形,为黄土冲沟。沟壑系统的平面形态往往呈树枝状（图 2-80）。

**图 2-80 陕西周原的黄土冲沟**
（崔海亭摄）

（2）黄土塬

黄土塬为黄土堆积而成的顶面平坦的台原，虽有不同程度的沟蚀，但总体仍保持着平坦的塬面。黄土塬是黄土高原宜耕土地集中分布、农业发达的地区（图 2-81）。

**图 2-81 陕西吴堡附近的黄土塬**
（崔海亭摄）

（3）黄土梁

黄土塬进一步被沟谷侵蚀、分割，谷坡随之变缓，沟谷之间呈长条状、缓倾斜、有明显的主脊的地形称为黄土梁（图 2-82）。

**图 2-82　甘肃灵台的黄土梁**
（崔海亭摄）

（4）黄土峁

黄土梁被进一步侵蚀、分割,形成浑圆状的孤立或连续的黄土丘陵,称为黄土峁。

（5）黄土喀斯特地貌

黄土透水性强,容易发生潜蚀、溶蚀和崩塌,往往形成黄土碟形地、黄土陷穴、黄土天生桥（图 2-83）、黄土柱等黄土喀斯特地貌。

**图 2-83　黄土天生桥**
（张天曾摄）

（6）黄土滑坡

由于地下潜蚀,导致黄土塌陷、滑坡;或因黄土层下面有不透水的红土层,土体充水,沿着黄土与红土的界面发生块体运动,引起黄土滑坡（图 2-84）。黄土滑坡往往给交通和人民生命安全带来重大损失。

**图 2-84 黄土滑坡**
(袁宝印摄)

### 2.5.2 荒漠地貌

"轮台九月风夜吼,一川碎石大如斗,随风满地石乱走。"唐代岑参的上述描写让人如临其境,如今在新疆多风地区飞沙走石的场面仍是经常发生的。2006 年 4 月 9 日 T70 次列车遭特大风沙袭击,拳头大的石块飞进车窗;2007 年夏天,大风刮倒了开往南疆的列车。

**1. 荒漠风蚀地貌**

风力具有很强的吹扬与磨蚀作用。风携带着沙砾旋转磨蚀,足可以将风化的岩石凿穿!

(1) 雅丹地貌

雅丹地貌(风蚀垄槽)是干旱区较软的岩层,在常向风吹蚀下,形成相对高度不大、垄槽相间的地貌。风蚀垄槽在维吾尔语中被称为"雅丹"。

**图 2-85 库姆塔格的雅丹地貌**
(据库姆塔格沙漠综合考察队,2012)

（2）风蚀洼地

风蚀洼地是地面被常向风吹蚀，形成长轴与主风向一致、上风向被刨深、下风向稍浅的簸箕形洼地。敦煌的月牙泉，即属于风蚀洼地地貌（图 2-86）。

**图 2-86　额济纳旗的风蚀洼地**
（曾贻善摄）

（3）风蚀城堡

风蚀城堡（"废墟"）是干旱区松软的水平岩层，由于风蚀、崩塌形成城堡状的地貌。如新疆乌尔禾的"魔鬼城"。

（4）风蚀窝穴、风蚀天生桥

风携带沙粒对风化岩层表面冲击、磨蚀，岩石崩解，产生风蚀窝穴（风蚀龛），进一步磨穿后形成穿洞，穿洞崩塌形成风蚀天生桥。

（5）风蚀柱、风蚀蘑菇

风蚀、崩塌形成的孤立石柱称为风蚀柱。风携带着沙粒，对柱体进一步磨蚀，形成上部大、下部小的风蚀蘑菇。

（6）风蚀残丘

干旱区强劲的常向风不断吹蚀与物理风化共同作用下，形成风蚀槽谷。风蚀槽谷不断扩展，相对坚硬的岩层便形成孤立的残余低丘，称为风蚀残丘（图 2-87）。

**图 2-87　锡林郭勒盟红格尔的风蚀残丘**
（崔海亭摄）

**2. 荒漠风积地貌**

"贺兰烽火接居延,白草黄云北到天。一片城头青海月,十年沙碛伴人眠。"明代高岱的《凉州曲》,写出了沙漠景观的空寂与荒凉。

起沙的风速约在 $4\sim5\ m\cdot s^{-1}$,风沙流的运动形式是贴近地面向前搬运,绝大部分的沙集中在近地面 $0\sim10\ cm$ 高度,如遇障碍物即在附近发生堆积。

(1) 新月形沙丘、新月形沙丘链

在风力吹扬下,沙被搬运,遇到物体阻挡即停积下来,形成沙丘,向风坡缓、背风坡陡,两臂向前张开,平面形态呈新月形。经风力改造,单个新月形沙丘连接起来成为新月形沙丘链。

(2) 金字塔形沙丘

一种具有明显棱面、形似金字塔的高大沙丘,见于我国昆仑山北麓和巴丹吉林沙漠深处。在这里,当北风和西北风前进时,受山地干扰,形成巨大旋涡,同时又受山前地带的西南风等局部气流影响,风向复杂,相互干扰,将沙吹扬、堆积下来,形成金字塔形沙丘,高度可达 $100\sim200\ m$ 以上(陈安泽,2013)。

(3) 纵向沙垄

两个风向合力作用下堆积的线状沙丘,又受垂直方向风力的改造,形成特殊的羽毛状的纵向沙垄,见于库姆塔格沙漠(图 2-88)。

**图 2-88 库姆塔格的纵向沙垄**
(据库姆塔格沙漠综合考察队,2012)

**3. 荒漠地貌景观的主要类型**

荒漠是一种景观,一个特征是在极干旱、干旱气候条件下,以温度变化剧烈、物理风化盛行,发育了一系列干燥剥蚀和风成地貌;另一个特征是植被极端稀疏、基质裸露。根据不同基质,分为岩漠、砾漠、壤漠、盐漠(盐壳)和沙漠。

（1）岩漠

岩漠是在荒漠地区，干燥剥蚀作用形成的基岩裸露的地面，多呈起伏的残丘状（图 2-89）。

**图 2-89　巴丹吉林沙漠中的岩漠**
（崔海亭摄）

（2）砾漠

极干旱、干旱气候条件下，强风吹蚀，细粒物质被吹走，地表留下砾石，由于受常向风携带的沙砾的磨蚀，形成三棱形、烙铁状砾石，表面布满风蚀麻坑，称为风棱石（图 2-90）。蒙古族人民把植被稀疏、开阔平坦、布满风棱石的地表景观称为戈壁，即砾漠（图 2-91）。

**图 2-90　河西走廊戈壁的风棱石**
（崔海亭摄）

**图 2-91　达尔罕茂明联合旗北部的砾漠景观**
（崔海亭摄）

（3）沙漠

沙质河湖沉积物，在干旱荒漠气候条件下，经风力改造形成沙丘起伏的地貌景观，称为沙漠，如准噶尔沙漠、塔里木沙漠、巴丹吉林沙漠。在半干旱草原气候条件下，风沙堆积地貌称为沙地，如科尔沁沙地、浑善达克沙地（图 2-92）、毛乌素沙地等。

**图 2-92　浑善达克沙地的半固定沙丘**
（崔海亭摄）

### 2.5.3　寒冻气候地貌

**1. 地球的冰冻圈**

地球表层每年至少部分时间温度在 0℃ 以下，形成各种类型的天然冰体和冻土层的圈层，称为冰冻圈。这是一个三维的圈层，包括高纬度和高海拔地区的冰川和多年冻土。

中国冰冻圈的核心影响区位于青藏高原，影响范围集中在高纬度和高海拔地区。

**2. 冰川的形成**

雪线以上，温度低于 0℃，冰雪的补给量大于消融量，才能形成冰雪的积累。首先，新雪在粒雪盆堆积，新雪经重结晶形成粒雪；其次，粒雪不断加厚形成冰川冰；最后，厚厚的冰川冰在重力作用下发生位移，便形成了冰川。冰川在移动的过程中对基岩产生挤压、碎裂和刨蚀。

**3. 冰川侵蚀地貌**

（1）冰斗

粒雪盆受冰川侵蚀，形成后壁陡峭呈围椅形、底部深刨、出口狭窄的冰斗（图 2-93），基岩上常见冰川磨光面，出口处有一岩坎，下接较短的冰川谷。

**图 2-93　加拿大落基山的冰斗**
（金艳萍摄）

（2）冰蚀谷地

冰蚀谷地是冰川长期侵蚀形成的谷地，横断面呈 U 字形，又称 U 形谷（图 2-94）。但不能单凭形态判定是否是冰川地貌，必须结合其他证据，如冰川磨光面、冰碛物等。

图 2-94 加拿大落基山的冰蚀谷地
（金艳萍摄）

（3）刃脊和角峰

随着冰斗的不断扩大，后壁不断侵蚀，冰斗之间形成刃脊，几个冰斗后壁交汇处的尖峰称为角峰（图 2-95）。

图 2-95 四川理县的冰斗、角峰、刃脊
（曾贻善摄）

（4）羊背石

大陆冰川覆盖地区，在冰床上基岩被侵蚀成许多突出的小丘，称为羊背石（图 2-96）。根据羊背石上的冰川擦痕可以判断冰川运动的方向。

**图 2-96　美国新英格兰地区的冰蚀平原与羊背石**
（Baufold 提供）

（5）冰川湖泊

冰蚀谷地被终碛堤堰塞成湖，称为冰川堰塞湖（图 2-97）；冰斗冰川消融后，积水成湖，称为冰斗湖。

**图 2-97　加拿大落基山的冰川堰塞湖**
（金艳萍摄）

**4. 冰川堆积地貌**

（1）冰碛物的类型

冰碛物就是冰川携带的碎屑物，这些碎屑物堆积在冰川体的不同部位，便有不同的名称，如：① 堆积于冰川末端的称为终碛（图 2-98）；② 堆积于冰川体两侧的称为侧碛；③ 冰川体中部拖移堆积的称为中碛；④ 冰川体内部的沉积称为内碛，等等。

（2）其他冰川堆积地貌

① 冰碛物的粒径大小相差悬殊，冰碛物中平躺的石块遮挡了阳光，保护了石块之下的冰

柱,便形成了冰蘑菇(图 2-99);② 大陆冰川消融,冰水堆积物大小混杂,有砂砾组成的蛇形丘;③ 也有巨大的冰川漂砾(图 2-100)。

图 2-98　天山 1 号冰川的终碛堤

（刘耕年摄）

图 2-99　冰碛物中的冰蘑菇

（张臣提供）

图 2-100　加拿大落基山的冰川漂砾

（金艳萍摄）

### 5. 冻土地貌

极地地区、亚极地地区和中纬度高山高原地区,在较强的大陆性气候条件下,年平均温度低于 0℃、降水稀少,地表无常年积雪,形成多年冻土,只在夏季表层融化。多年冻土区以冻融作用为主形成的特殊地貌称为冻土地貌。在冰川外围地区也能形成冻融作用地貌,所以,冻土地貌又称冰缘地貌。

（1）冻融侵蚀地貌

岩石缝隙含水,在寒冷气候下极易产生冰冻崩解,经寒冻风化剥蚀,进而形成:① 冰缘岩柱(岩突,tor,图 2-101);② 冰缘石林和冰缘城堡,等等。另一种情况是:③ 冻融泥流(又称土溜)的侵蚀作用,通过冻融蠕动和滑塌过程,形成光裸的坡面(图 2-102)。

图 2-101 新疆天山的冰缘城堡、冰缘岩柱
（崔海亭摄）

图 2-102 新疆天山的冻融侵蚀坡地
（崔海亭摄）

（2）冻融堆积地貌

① 石海：石海与冰缘岩柱同时存在，寒冻崩解的石块，沿着小于 10°的缓坡，受冻融蠕动作用向下拖移堆积而成，由于搬运距离短，石块多为棱角状（图 2-103）。

② 石环：寒冻风化的石块，在冻胀作用下，大石块移向冻胀小丘的周围，就形成了石环（图 2-104）。

图 2-103 大兴安岭南段的石海
（据田明中 等，2007）

图 2-104 斯瓦尔巴德群岛的石环
（沈泽昊摄）

③ 泥流舌、石河：高寒地区坡面的土状堆积物，在夏季表层消融，沿坡面滑动（土溜），形成泥流舌（图 2-105）；高山带寒冻风化的碎石，在冻融蠕动和坡面流失的共同作用下下移，形成石河（图 2-106）。

④ 多边形土、沙楔：含水土体在极端寒冷气候下的冻胀裂隙常呈多边形，形成多边形土（图 2-107）；水在裂隙中形成冰楔，冻胀裂隙纵剖面呈楔形，冰楔消融后被后来的堆积物充填形成沙楔（图 2-108）。多边形土多分布在地势低平处，冻胀的裂隙宽窄视寒冻程度而定。

图 2-105　青藏高原的冻融泥流舌
（张臣提供）

图 2-106　五台山的石河
（崔海亭摄）

图 2-107　大青山灰腾锡勒的多边形土
（崔海亭摄）

图 2-108　包头市北部的古沙楔
（崔海亭摄）

# 2.6　灾　害　地　貌

　　自然或人为因素引发的破坏性地貌现象称为灾害地貌，如地震、火山、滑坡、泥石流、地面塌陷和沉降等，我国目前统称地质灾害。

　　灾害地貌往往造成人民生命财产重大损失，据不完全统计，我国发生崩塌、滑坡和泥石流灾害平均每年接近 3 万起，给国民经济造成的损失每年约为 200 亿元。

## 2.6.1　影响灾害地貌的因素

### 1. 气候条件

　　特大暴雨是引发泥石流的主要原因，如 2010 年 8 月 7 日甘肃舟曲突降特大暴雨，40 min 降雨量达 97 mm，产生特大山洪，引发特大泥石流。

**2. 地质、地貌条件**

新构造运动活跃区、岩性松软区、坡度陡峭地区的坡面物质在水分饱和后,极容易滑塌,产生滑坡、泥石流。地震也会诱发崩塌、滑坡和泥石流。

**3. 人为因素**

人为破坏植被,道路施工新开挖断面岩体失去平衡,容易引起崩塌与滑坡;矿山采空区容易导致地面塌陷、地裂缝;水库的长期浸泡、水体巨大的重量也会诱发滑塌,甚至诱发局地地震。

### 2.6.2 灾害地貌的类型

**1. 崩塌**

坡面上的岩屑和块体,在重力作用下,向下快速移动称为崩塌。根据崩塌物的类型可将其分为崩积物崩塌和基岩崩塌;根据移动形式可分为散落型崩塌、滑动型崩塌和流动型崩塌。这类灾害地貌多因暴雨、地震等因素诱发,给交通和聚落造成重大损失。

**2. 山洪与泥石流**

泥石流是斜坡上的松散物质被暴雨或积雪、冰川强烈消融的水所饱和,在重力与水的作用下沿山坡或沟谷流动的特殊洪流。

泥石流灾害具有突发性和规模大的特点,如 2010 年 8 月 7 日甘肃舟曲特大泥石流长达 5 km,平均宽度 300 m,平均厚度 5 m,总体积 $7.5\times10^6$ m$^3$,导致 1557 人遇难。

**3. 滑坡**

滑坡是斜坡上大块岩(土)体由于地下水、地表水和重力的影响,沿滑动面整体向下滑塌。如 2019 年 9 月 8 日 17 时至 9 日 14 时,甘肃通渭县李家店乡降水量达 72.6 mm,由于降水的渗入,引发斜坡失稳并蠕滑变形,最终发生巨大滑坡灾害。该滑坡体东西长约 1000 m,南北宽约 500 m,滑坡高差约 50 m,滑坡体约 $1.3\times10^7$ m$^3$。

## 思 考 题

2.1 什么是地貌? 地貌学与景观规划的关系?

2.2 什么是地貌过程? 地貌过程有哪些类型?

2.3 火山地貌的主要类型有哪些?

2.4 河流阶地是怎样形成的? 有哪些类型?

2.5 河流与人类的关系是怎样的? 河流与文化的关系是怎样的?

2.6 简述岩溶地貌发育的条件。

2.7 岩溶地貌的主要类型有哪些?

2.8 花岗岩造景地貌的主要类型有哪些?

2.9 丹霞地貌的主要类型有哪些?

**2.10**  砂岩峰林地貌的主要类型有哪些?

**2.11**  简述岩石地貌的景观学价值。

**2.12**  黄土地貌的主要类型有哪些?

**2.13**  风蚀地貌的主要类型有哪些?

**2.14**  风积地貌的主要类型有哪些?

**2.15**  沙漠与沙地有何区别?

**2.16**  冰川地貌的主要类型有哪些?

**2.17**  冻土地貌的主要类型有哪些?

**2.18**  简述泥石流发生的主要条件。

# 第3章 景观大气系统

天之偏气,怒者为风;地之含气,和者为雨。阴阳相薄,感而为雷,激而为霆,乱而为雾。阳气胜则散而为雨露,阴气胜则凝而为霜雪。

——《淮南子·天文训》

寒来暑往,晴雨变幻。古人试图从阴阳五行的学说,解释各种天气现象。随着现代科学技术的进步,人类对气象气候变化的规律,逐渐有了更深入的了解。本章所介绍的就是景观大气系统的结构和运行规律,这也是景观设计必须涉及的内容。

大气是指包围地球的气态物质。大气的总体称为大气圈,其上界在大约800 km的高空,逐渐弥散到宇宙空间,下界包括土壤和岩石空间中的气体。

大气圈对生物和人类的存在至关重要,它使地球表面免受星际物质的轰击,免受有害的宇宙辐射,它还满足生命对阳光、温度和水的需要。

## 3.1 大气的组成与大气圈的结构

### 3.1.1 干洁空气

地球大气是干洁空气、水汽和大气颗粒物的混合物。

干洁空气的主要组分为氮气($N_2$)、氧气($O_2$)和氩($Ar$),三者合计占大气容积的99.7%,大气圈最下层大气"分子量"约为29。大气主要组分的性质如下。

氮气:占大气组成的78%,属于不活泼气体,但能被根瘤菌固定。

氧气:占大气组成的21%。氧元素除气态外,还以固态和液态存在于土壤和岩石中的硅酸盐、氧化物和水中。氧气是动植物生存必要条件,它在紫外线作用下生成臭氧($O_3$)。大气圈中臭氧的含量很少,只占大气体积的$10^{-8} \sim 5 \times 10^{-8}$,但是,在距地表$16 \sim 40$ km的高空,臭氧浓度相对集中,浓度最大处出现在$25 \sim 30$ km的地方,达到$n \times 10^{-6}$,形成一个臭氧层。臭氧层的存在对地球生命十分重要,它吸收了太阳紫外辐射的99%,使地球生命免遭伤害。

二氧化碳($CO_2$):占大气组成的0.03%,它能吸收太阳辐射使地表空气升温,所以有"温室气体"之称。20世纪以来,它的浓度有明显上升趋势。

水汽($H_2O$):占大气组成的$0 \sim 4$%,而且随时间和地点变化,有液态、气态和固态三相的变化,并积极参与天气变化与能量的交换过程。

大气颗粒物：包括降尘（粒径＞30 μm）和飘尘（粒径＜10 μm），前者可被人的鼻腔过滤，后者即可吸入颗粒物（inspirable particles，简写为 IP），技术上标作 PM10。粒径更小，＜2.5 μm者，即 PM2.5，可以自由进入并积聚在人类肺泡，成为近年来备受重视的污染物。不过大气颗粒物是水汽的凝结核，对降水形成起着重要作用。古语云，"水至清则无鱼"，也可以说，"气至清则无雨"。

## 3.1.2　大气圈的结构

大气圈的总质量约为 $5.2 \times 10^{15}$ t，相当于地球质量的百万分之一，而且其垂直分布极不均匀，其中 50% 集中在距地表 5 km 以下，75% 集中在 10 km 以下，99% 集中在 36 km 以下。

大气作用于地球表面或上空任何高度上的压力称为大气压，实质上就是单位表面积上面空气柱的重量，所以其压力随高度增加而减小。大气压的单位用百帕斯卡（hPa）表示。海平面的大气压为 1000 hPa，5500 m 海拔为 0.5 hPa，9000 m 海拔仅为 0.002 hPa（图 3-1）。

虽然大气垂直分布不均匀，但一般可以把 85 km 以下视为均质层，而 85 km 以上为非均质层。

目前世界各国普遍采用的分层方法是 1962 年世界气象组织（WMO）执行委员会正式通过的国际大地测量和地球物理联合会（IUGG）所建议的分层系统，即根据大气温度随高度垂直变化的特征，将大气分为对流层、平流层、中间层、热成层和逸散层。

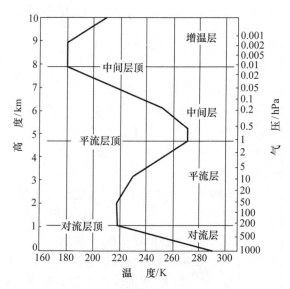

**图 3-1　大气圈垂直温度与气压剖面**

（据汤懋苍，1989）

**1. 对流层**

对流层是大气圈的最下层,其平均厚度约为 12 km,是大气中最活跃的一层,存在着强烈的垂直对流作用,同时也存在着较大的水平运动。对流层里水汽和尘埃较多,雨、雪、霰、云、雾、雹、霜、雷、电等主要的天气现象与过程都发生在这一层。对流层大气对人类的影响最大,通常所指的大气污染就是对此层而言。尤其是在靠近地面 1~2 km 的范围内,受地形、生物等因素影响,局部空气运动更是复杂多变。

对流层内大气温度随高度的增加而下降,其平均温度递减率约为 $6.5℃ \cdot km^{-1}$。

对流层顶的实际高度随纬度位置和季节而变化,从赤道向两极减小,平均而言,在低纬度地区约为 18 km,中纬度地区约为 11 km,高纬度地区约为 8 km。

对流层相对于整个大气圈的总厚度来说是相当薄的,但它的质量却占整个大气总质量的 3/4 以上。

**2. 平流层**

从对流层顶以上到大约 50 km 的高度叫平流层。平流层的下部有一很明显的稳定层,温度不随高度变化或变化很小,近似于等温,因此平流层又称同温层。但在大约 20 km 高度以上,随着高度增加,温度又有明显的上升。其原因是氧气及臭氧对太阳辐射吸收加热,使大气温度上升。这种温度结构抑制了大气垂直运动的发展,只有水平方向的运动。

平流层中水汽和尘埃含量很少,没有对流层中那种云、雨等天气现象,非常适宜于飞机的飞行。

在平流层之上,距地面大约 50 km 的地方温度达到了最高值,这就是平流层顶。

**3. 中间层**

平流层顶以上到大约 80 km 的一层大气叫作中间层。这一层的温度随高度增加而下降。在中间层顶,气温达到极低值,低至 −83℃ 以下,是大气圈中最冷的一层。

在中间层内,大气又可以发生垂直对流运动。该层水汽浓度很低,但由于对流运动的发展,在某些特定条件下仍能出现夜光云。在大约 60 km 的高度上,大气分子在白天开始电离。因此,在 60~80 km 之间是均质层转向非均质层的过渡层。

**4. 热成层**

在中间层顶之上的大气层称为热成层,也称作暖层、热层、增温层或电离层。在热成层中大气温度随高度增加而急剧上升。到大约 300 km 高空,白天气温可达 1000℃ 以上。由于太阳和其他星球各种射线的辐射作用,该层中大部分空气分子发生电离,成为原子、离子和自由电子,所以这一层也叫电离层。

在热成层中由于太阳辐射强度的变化,致使各种成分离解过程表现出不同的特征。因此大气的化学组成也随高度增加而有很大的变化。这就是非均质层的由来。

**5. 逸散层**

在热成层之上的大气层称为逸散层,也称外大气层。是大气圈的最外层,大约在 800 km 以上。在外层,大气极为稀薄,地心引力微弱,大气质点之间很难相互碰撞。有些运动速度较快的大气质点有可能完全摆脱地球引力而进入宇宙空间。

### 3.1.3 大气的组成

地球大气的主要成分是氮气和氧气,这种大气化学组成在太阳系的八大行星中非常特殊。离地球最近的两颗行星——金星和火星的大气化学组成就与地球大气完全不同,其主要成分是二氧化碳,氧气含量极少,几乎不存在(图 3-2)。

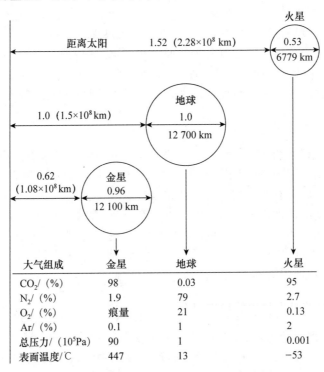

**图 3-2 地球与最邻近行星大气组成比较**

(据 Borkin and Keller,1982)

| 大气组成 | 金星 | 地球 | 火星 |
|---|---|---|---|
| $CO_2$/(%) | 98 | 0.03 | 95 |
| $N_2$/(%) | 1.9 | 79 | 2.7 |
| $O_2$/(%) | 痕量 | 21 | 0.13 |
| Ar/(%) | 0.1 | 1 | 2 |
| 总压力/($10^5$Pa) | 90 | 1 | 0.001 |
| 表面温度/℃ | 447 | 13 | −53 |

地球大气的成分除主要气体氮气和氧气外,还有氩和二氧化碳,上述四种气体占大气圈总体积的 99.99%。此外还有氖(Ne)、氦(He)、氪(Kr)、氙(Xe)、氢气($H_2$)、甲烷($CH_4$)、一氧化二氮($N_2O$)、一氧化碳(CO)、臭氧、水汽、二氧化硫($SO_2$)、硫化氢($H_2S$)、氨($NH_3$)和气溶胶等微量气体(表 3-1)。

**表 3-1 大气的组成**

| 成 分 | 体积混合比 | 寿 命 |
|---|---|---|
| 氮气($N_2$) | 0.780 83 | 约 $10^6$ 年 |
| 氧气($O_2$) | 0.209 47 | 约 $5 \times 10^3$ 年 |
| 氩(Ar) | 0.009 34 | 约 $10^7$ 年 |
| 二氧化碳($CO_2$) | 0.000 35 | 5～6 年 |

| 成　分 | 体积混合比 | 寿　命 |
|---|---|---|
| 氖(Ne) | $1.82 \times 10^{-6}$ | 约 $10^7$ 年 |
| 氦(He) | $5.2 \times 10^{-6}$ | 约 $10^7$ 年 |
| 氪(Kr) | $1.1 \times 10^{-6}$ | 约 $10^7$ 年 |
| 氙(Xe) | $10^{-5}$ | 约 $10^7$ 年 |
| 氢气($H_2$) | $0.5 \times 10^{-6}$ | $6 \sim 8$ 年 |
| 甲烷($CH_4$) | $1.7 \times 10^{-6}$ | 约 10 年 |
| 一氧化二氮($N_2O$) | $0.3 \times 10^{-6}$ | 约 25 年 |
| 一氧化碳(CO) | $10^{-5}$ | $0.2 \sim 0.5$ 年 |
| 臭氧($O_3$) | $10^{-8} \sim 5 \times 10^{-8}$ | 约 2 年 |
| 水汽($H_2O$) | $2 \times 10^{-6} \sim 10^{-9}$ | 约 10 天 |
| 二氧化硫($SO_2$) | $3 \times 10^{-11} \sim 3 \times 10^{-8}$ | 约 2 天 |
| 硫化氢($H_2S$) | $6 \times 10^{-12} \sim 6 \times 10^{-10}$ | 约 0.5 天 |
| 氨($NH_3$) | $10^{-10} \sim 10^{-8}$ | 约 5 天 |
| 气溶胶 | $10^{-9} \sim 10^{-6}$ | 约 10 天 |

注：据王明星,1991。数据为 20 世纪 90 年代的资料。

在组成地球大气的多种气体中,包括稳定组分和可变的不稳定组分。氮气、氧气、氩、氖、氦、氪、甲烷、氢气、氙等是大气中的稳定组分,这一组分的比例,从地球表面至 90 km 的高度范围内都是稳定的。

二氧化碳、二氧化硫、硫化氢、臭氧、水汽等是地球大气中的不稳定组分。

另外,地球大气中还含有一些固体和液体的杂质。主要来源于自然界的火山爆发、地震、岩石风化、森林火灾等,以及人类活动产生的煤烟、尘、硫氧化物和氮氧化物等,这些也是地球大气中的不稳定组分。

地球大气圈的形成与演化,经历了漫长的地质时期。现在大气圈的面貌是地球各圈层(主要是生物圈)塑造的。生物圈各组分与大气之间保持着十分密切的物质与能量的交换,它们从大气中摄取某些必需的成分,经过光合作用、呼吸作用,生物残体的好氧分解或厌氧分解作用,又把一些气体释放到大气中去,使大气的组分保持着精巧的平衡。

如果大气组分的这种平衡遭到破坏,就会对许多生物甚至整个生物圈造成灾难性的生态后果。

就以大气组分中的二氧化碳而论,尽管它在大气圈中只占 0.04%(400 ppm)左右,但对地球上的生物却很重要。19 世纪工业革命以前,大气中二氧化碳的浓度一直保持在 0.028%(280 ppm)的水平。工业革命后,随着人口增加和工业发展,人类活动已经开始打破了二氧化碳的自然平衡。植被(尤其是森林)的破坏和大量化石燃料及生物体的燃烧,使生物圈向大气排放的二氧化碳量超过了它从大气中吸收的二氧化碳量,导致大气二氧化碳浓度逐年上升,至2017 年 4 月 18 日实测数据为 410.28 ppm。由于二氧化碳具有吸收长波辐射的特性,使地球表面温度升高,并因此导致一系列连锁反应,其中对人类影响较大的是温度上升会使极地冰帽和高山冰川融化、海平面上升,世界上许多地区将被淹没在海水之下。相反,如果二氧化碳含量减少,则会引起气温下降,这种温度下降的幅度即使很小,也会带来很大的影响。因为温度下降会使作物生长期缩短,从而导致农林业减产。

对于含量极少的甲烷,其浓度只要略有增高,在现有的氧气浓度下就会因闪电而自燃。而更重要的是,甲烷的温室效应比二氧化碳强 300 多倍,对全球变暖也起着重要作用。

对于生命活动至关重要的氧更是如此。大气中氧气浓度的降低或增高都会影响许多重要的生命过程,并产生一些意想不到的恶果。在三四千米的高地上,大气含氧量降低,人体可能出现因缺氧而造成的高原反应。相反,如果大气中氧气含量由现在的 21% 增高至 25%,则雷电就能把嫩枝与草地点燃,造成连绵不断的火灾。

# 3.2　大气热力状况

## 3.2.1　太阳辐射、大气辐射和地面辐射

### 1. 太阳辐射

太阳持续不断地向外辐射能量,到达大气圈上界的太阳辐射称为天文辐射,辐射能量的大小取决于地球的天文位置。

由天文辐射决定的地球气候称为天文气候,它反映了全球气候空间分布和时间变化的基本轮廓。地球接受天文辐射能量的大小取决于日地距离、太阳高度角和昼长。

地球所接受太阳辐射强度和日地距离平方成反比。地球每年 1 月 2 日—5 日经过近日点,7 月 3 日—4 日经过远日点。

太阳光线和地平面的夹角称为太阳高度角,它有日变化和年变化。高度角大,则太阳辐射强。

日出至日落之间的时间长度称为昼长。赤道上四季昼长无变化;纬度 40° 春分日、秋分日昼长 12 小时,夏至日昼长 14 小时 51 分、冬至日昼长 9 小时 9 分;高纬度 66°33′ 处及以上出现极昼和极夜现象。

因此,天文辐射形成这样的时空变化:夏季强冬季弱,夏季高温、冬季低温;赤道最强、极地最弱。这种差异导致不同纬度的气温差异,形成不同气候带。

太阳辐射进入大气圈后,大气对天文辐射产生吸收、散射和反射作用,从而削弱太阳辐射。

太阳辐射主要集中在可见光(400～760 nm)和紫外线(<400 nm),还有一部分红外线(>760 nm)。可见光、紫外线、红外线分别约占太阳辐射量的 50%、43%、7%。

太阳辐射进入大气圈时部分波长被大气吸收：紫外线几乎全部被吸收，红外波段也有强吸收带，唯有可见光吸收很少。这种选择性吸收对地球生物起着积极的作用。大气中对太阳辐射起吸收作用的物质包括氧气、臭氧、水汽和液态水，其次还有二氧化碳、甲烷、一氧化二氮和尘埃等。

大气对太阳辐射有散射和反射作用：云层的平均反射率为 0.50～0.55，一方面强烈吸收和散射太阳辐射，另一方面强烈吸收地面反射的太阳辐射，对地球起保温作用。

这样，太阳辐射就被削弱，到达地面的太阳直接辐射和散射辐射之和称为太阳总辐射，其全球平均值约为到达大气上界太阳辐射的 45%。但是，由于地球是一个接近球形的椭球体，太阳总辐射也产生时空变化：在空间上，它随纬度升高而减弱，随高度上升而增强；在时间上，中午前后最强，夜间为零，夏季强冬季弱。

**2. 地面辐射与大气辐射**

地面和大气吸热升温后向外辐射能量，波长 4～120 μm，属长波范围。地面辐射的大部分（75%～95%）被大气吸收，并向外辐射，其中一半指向地面的称为大气逆辐射，被地面吸收。大气辐射和地面辐射二者的总效应使地面增温，称为大气的保温效应，媒体常称为温室效应。

**3. 辐射差额**

辐射差额又称辐射平衡或净辐射，就是某系统在一定时段内各种辐射收入与支出的差值，其数值或为正或为负，一般不为 0。正值就是辐射能能量增加、温度升高；负值就是辐射能能量减少、温度下降。因此，辐射差额有日变化、年变化和地域差异。白昼为正值，夜晚为负值；夏季为正值，冬季为负值。在地域上，大体 35°N～35°S 之间为正值区，其南北方为负值区。这种差异是大气环流和海洋洋流产生的基本原因。

## 3.2.2 气温

**1. 气温的基本概念**

气温（空气温度）的技术性定义：距地面 1.5 m 高度百叶箱内的温度。温标为摄氏度（℃）。

观测时间：世界各地均按格林尼治标准时统一观测，落实到中国为北京时间 02、08、14、20 时。

日平均气温：4 次观测值的平均值。

月平均气温：各月每日平均气温的平均值。

年平均气温：一年内日平均气温的平均值，而不是 12 个月的平均值。

气温高低取决于辐射能的收支，还取决于对流（上下循环流动）和湍流（流体不规则运动）造成的热量输送（显热）以及水分蒸发和水汽凝结过程中的热量转换（潜热）。

**2. 气温的日变化和年变化**

一天之中正午 12 时、一年之中夏至日太阳辐射最强。

　　但由于热量积聚的滞后性,每日 14—15 时、每年 7 月(最热月)气温最高。同样地,每天日出前和每年 1 月(最冷月)气温最低。

　　不同纬度气温的年变化:纬度越高,变幅(年较差)越大;由于水的热容量大,所以海洋水温变化比陆地滞后一个月,8 月最高,2 月最低。

### 3. 气温的地理分布

　　地表气温受所处地理位置和海拔高度影响。按照各地实测气温资料,可以绘制实际温度分布图,一般用等温线图的形式呈现。

　　实际上,一地的气温还受当地海拔高度的影响,根据 $6.5℃ \cdot km^{-1}$ 的温度垂直递减率,可以把各地气温的实测值订正为海平面温度,编绘成海平面温度图(图 3-3、图 3-4)。

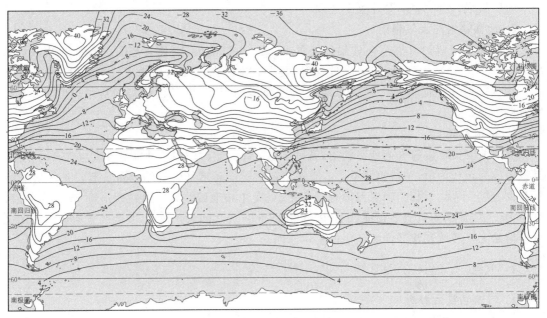

**图 3-3　世界 1 月海平面气温(℃)分布**

(据伍光和 等,2000 改绘)

　　从等温线图可以看出,全球各地气温总体上从赤道向两极渐次降低,但受海陆热力差异而发生弯曲,而且中纬度地区的等温线冬季密集、夏季稀疏,表明中纬度地区夏季气温的南北差异不大,相反,冬季南北差异显著。全球最冷的地方出现在南极高原,最高温度出现在利比亚的内陆沙漠地区。

### 4. 气温的垂直差异与大气稳定性

　　垂直温度梯度随地区、时间和高度不同而不同,夏季中午地面温度高达 50℃时,1.5 m 高度百叶箱温度可能仅为 30℃,可见近地层温度的垂直梯度很大。夜间近地层气温有时可能低于上层,称为逆温现象。

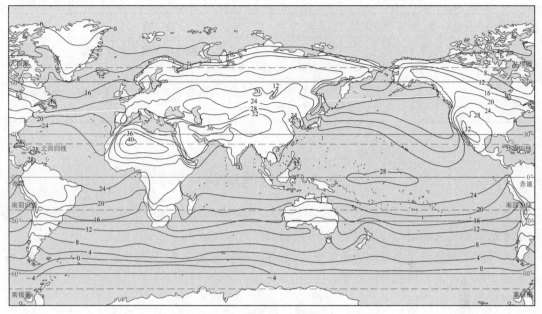

**图 3-4　世界 7 月海平面气温(℃)分布**

(据伍光和 等,2000 改绘)

　　温度的差异产生空气密度差,白昼下层空气温度高,密度小;上层空气温度低,密度大,向下沉降。与此同时,下层暖湿空气上升,到高空冷却,可成云致雨。而当出现逆温时,下层温度低密度大,上层温度高密度小,气层稳定,受污染空气难以消散,可导致污染事件。我国是一个多山国家,对谷地进行景观设计时应该考虑可能出现的逆温现象。

### 3.2.3　全球热量带

　　根据天文辐射的大小,可以将地球划分为 7 个热量带(南北半球共 13 个,见表 3-2)。

表 3-2　地球热量带

| 热量带 | 所处纬度 | 占全球面积/(%) | 特　点 |
|---|---|---|---|
| 赤道带 | 10°N～10°S | 17.36 | 太阳高度角大,昼夜大体相等。天文辐射日变化大,年变化小 |
| 热带 | 10°～25° | 12.45 | 天文辐射特征与赤道带相似 |
| 副热带 | 25°～35° | 7.55 | 变化大于赤道带和热带 |
| 温带 | 35°～55° | 12.28 | 天文辐射季节变化最显著,四季分明 |
| 副寒带 | 55°～60° | 2.34 | 温带向寒带的过渡带,昼夜温差大,无极昼和极夜现象 |

| 热量带 | 所处纬度 | 占全球面积/(%) | 特　点 |
|---|---|---|---|
| 寒带 | 60°～75° | 5.00 | 昼夜长度差别更大,极圈内有极昼和极夜现象。全年天文辐射总量显著减小 |
| 极地 | 75°～90° | 1.70 | 昼夜差别最大,两极点昼夜各半年。天文辐射日变化最小,年变化最大 |

# 3.3　大气的运动

地球上空大气层中大规模的气流运动称为大气环流,包括全球性环流和局地性环流、大气的水平运动和垂直运动,以及低层大气和高层大气内部的运动。

大气的运动造成了全球大气热量交换、水分输送和能量交换,是气候形成的主要因素,造成各地区气候状况不同和气候变化。

## 3.3.1　气压和风

气压就是大气的压强,即观测高度至大气上界单位面积上垂直空气柱的重量。定义表明,气压随高度减小,而且按指数律递减。现在通用气压的单位为帕(Pa),$1\ Pa = 1\ N \cdot m^{-2}$。过去也曾用大气压(atm)作为气压的单位,$1\ atm = 101\ 325\ Pa = 1013.25\ hPa$。

大气压的空间不均匀分布和变化造成了大气的运动。人体虽然无法直接感到气压的变化,但是气压在时空上的微小变化就能引起风、环流和天气的巨大变化。某一高度(如海平面)气压相同的点的连线称为等压线,在等压线图上,垂直于等压线单位距离内的气压差称为水平气压梯度,一般为 1 hPa/100 km,远小于垂直气压梯度。

在等压线图上,被等压线封闭的高值区称为高压区(高气压区),其向外延伸部分称为高压脊。同样地,被等压线封闭的低值区称为低压区(低气压区),其延伸部分为低压槽。两个高压和两个低压相对组成的中间气压区叫作鞍形气压区(图 3-5)。

地方气压随时间而变化,由于全球大气质量恒定,某地气压升高(质量增加)必然导致另一地气压降低(质量减少)。实质上是质量平衡关系。

空气从气压高处流向低处就形成风,即空气的水平运动,也就是空气在气压梯度力(单位质量空气在气压场中所受的作用力)作用下沿气压梯度力方向的运动。

地面风向用 16 个方位表示,每个方位各占 22.5°,北风(N)的范围是正北往西 11.25°与往东 11.25°之间(图 3-6)。高空风用 360°水平方位表示,从北起顺时针方向量度。风速单位时间内空气水平方向移动的距离($m \cdot s^{-1}$)表示。

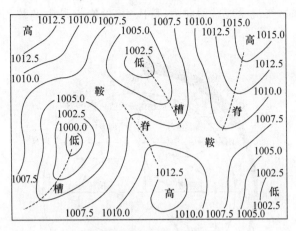

**图 3-5 气压场的几种形式**

（据伍光和 等,2000)

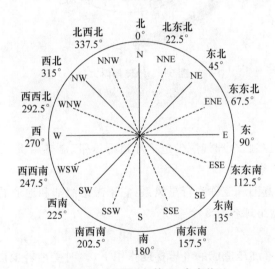

**图 3-6 地面风向的 16 个方位**

## 3.3.2 大气环流

大范围内具有一定稳定性的各种气流运行的综合现象称为大气环流。其水平尺度包括大的地区、半球和全球的环流。在垂直尺度上,包括对流层、平流层、中间层和整个大气圈的环流。在时间尺度上,包括日、月、季、年乃至多年平均的大气环流。

表现形式有全球环流、季风环流、局地环流、高空急流等。

大气南北向运动时,气流受地转偏向力(科氏力)的影响发生偏转,北半球偏向右,南半球偏向左(图 3-7)。

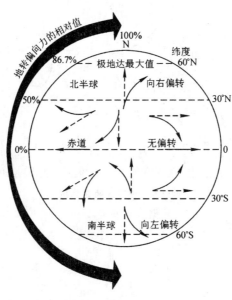

**图 3-7 地转偏向力**

(据 Strahler,1981)

#### 1. 全球环流

全球环流受气压带控制,全球气压带包括赤道低压带、副热带高压带、副极地低压带和极地高压带,南北半球共 7 个。

受气压带控制的大范围气流称为行星风系,它不考虑海陆和地形的影响,地面盛行的行星风系又称盛行风带,南北半球各有 3 个:

(1)信风带

在赤道低压和副热带高压造成的气压梯度作用下,同时受地转偏向力影响,在南北纬 30° 左右,形成北半球的东北信风带和南半球的东南信风带。风向和风力较稳定,故称"信风",因是助力古代商船的风,故又称"贸易风"。信风带处于高气压控制下,空气干燥少雨,在回归线附近形成荒漠景观,被称为回归荒漠带。南北信风在赤道会合,气流上升,风向微弱不定或无风,形成赤道无风带;对流旺盛,云量多,午后常有雷雨(图 3-8)。

(2)西风带

南北纬 35°~60°之间,副热带高压带部分空气流向副极地低压带,受地转偏向力影响,风向偏西,称为西风带。南半球洋面广阔,西风很稳定,风力强劲。

(3)极地东风带

极地高压带辐散的气流在地转偏向力作用下变成偏东风,形成极地东风带。

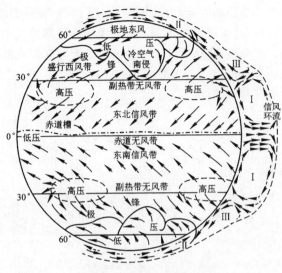

**图 3-8 全球大气环流图式**

（据伍光和 等,2000）

## 2. 季风环流

大陆与海洋之间以一年为周期随季节变化而方向相反的风系,简称季风。季风的形成是由于海陆间的热力差异。夏季陆地升温快,气流上升形成低压区;相反,海洋气温相对较低,形成高压区(图 3-9)。因此,夏季暖湿的热带海洋气团或赤道海洋气团吹向大陆;相反,冬季干冷的极地大陆气团吹向海洋。

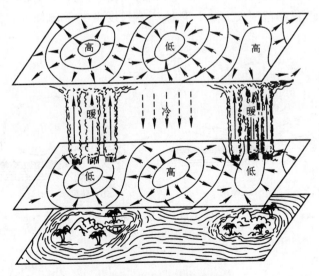

**图 3-9 季风环流的理想模式**

（据 Wallace et al.,1977）

　　由于海洋和大陆热力学性质的差异,大陆热容量小于海洋,夏季升温快,气流上升,气压减小,而海洋热容量高,升温慢,海面暖湿的热带海洋气团或赤道海洋气团流向大陆,这种暖湿的夏季季风往往带来降水。冬季则相反,大陆上干冷的极地大陆气团吹向海洋,这种干冷的冬季季风往往带来干燥晴朗的天气。世界上主要季风区位于 $35°N\sim25°S$、$30°W\sim170°E$ 的区域,以南亚次大陆和中国东南部最发达(图 3-10)。

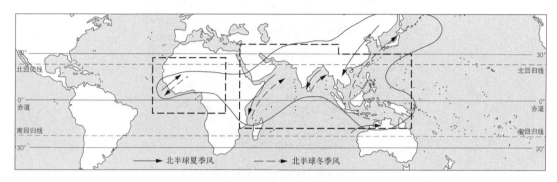

图 3-10　季风的地理分布

(据 Wallace et al. ,1977 改绘)

### 3. 局地环流

　　因地形起伏和地表受热不均等局部环境因素引起的小范围气流,称为局地环流,包括海陆风、山谷风、焚风等地方性风系。

　　(1) 海陆风

　　在滨海地带,由于海陆热力差异,白天气流由海向陆,称为海风;晚上由陆向海,称为陆风。海陆风以一天为周期,影响范围仅为数十千米,垂直尺度 $1\sim2$ km(图 3-11)。

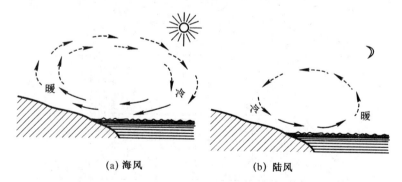

(a) 海风　　　　　　　(b) 陆风

图 3-11　海陆风环流

(据伍光和 等,2000)

　　(2) 山谷风

　　在山地和丘陵地区,由于坡面上空气升温、降温均较快,造成山坡和谷底之间的热力差异,白天地面风从山谷吹向山坡,称为谷风;晚上地面风从山坡吹向山谷,称为山风。

（3）焚风

暖湿气流翻越山坡后,沿背风坡向下运行时变为干热气流的现象,称为焚风。我国西南山区表现尤为明显。焚风效应常在背风坡形成干热气候,形成"雨影区",影响植被类型、成土过程和土壤类型(图 3-12)。

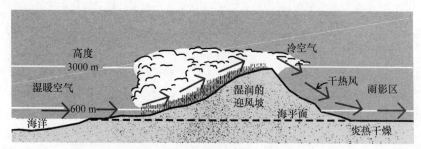

**图 3-12 焚风**

（据 Strahler,1981;桑鹏飞改绘）

### 3.3.3 气团和锋

**1. 气团**

气团就是广大区域内水平方向上,温度、湿度、铅直稳定度等物理性质较均匀的大团空气,气团内天气现象大体相同。气团的形成有两个必要的条件:大范围性质较均匀的下垫面和利于空气停滞或缓行的环流条件。

气团的水平范围可达 $n \times 10^2 \sim n \times 10^3$ km,垂直范围 $n \times 10^3$ m。

在较稳定的环流条件下形成某种气团,在环流条件改变时可能离开源地,在新的下垫面上改变其原有物理性质,获得新的属性,称为变性气团,影响我国的多属变性气团。

根据气团与所经下垫面的温度差异,区分为冷气团和暖气团。从低纬度地区移向高纬度地区的为暖气团;相反,从高纬度地区移向低纬度地区的为冷气团。冬季,从海洋移向陆地的为暖气团,从陆地移向海洋的为冷气团;夏季相反。气团的地理分类见表 3-3。

**表 3-3 气团的地理分类**

| 名 称 | 符 号 | 主要特征天气 | 主要分布地区 |
|---|---|---|---|
| 冰洋(北极、南极)大陆气团 | Ac | 气温低、水汽少,气层非常稳定,冬季入侵大陆时会带来暴风雪天气 | 南极大陆,65°N 以北冰雪覆盖的极地地区 |
| 冰洋(北极、南极)海洋气团 | Am | 性质与 Ac 相近,夏季从海洋获得热量和水汽 | 北极圈内海洋上,南极大陆周围海洋 |
| 极地(中纬度,或温带)大陆气团 | Pc | 低温、干燥,天气晴朗,气团低层有逆温层,气层稳定,冬季多霜、雾 | 北半球中纬度大陆上的西伯利亚、蒙古、加拿大、阿拉斯加一带 |
| 极地(中纬度,或温带)海洋气团 | Pm | 夏季同 Pe 相近,冬季比 Pe 气温高,湿度大,可能出现云和降水 | 主要在南半球中纬度海洋上,以及北太平洋、北大西洋中纬度洋面上 |

续表

| 名　称 | 符　号 | 主要特征天气 | 主要分布地区 |
|---|---|---|---|
| 热带大陆气团 | Tc | 高温、干燥,晴朗少云,低层不稳定 | 北非、西南亚、澳大利亚和南美一部分的副热带沙漠区 |
| 热带海洋气团 | Tm | 低层温暖、潮湿且不稳定,中层常有逆温层 | 副热带高压控制的海洋上 |
| 赤道气团 | E | 湿热不稳定,天气闷热、多雷暴 | 在南北纬 10°之间的范围内 |

注:据伍光和 等,2000。

　　我国处于亚欧大陆东岸,冬季受极地大陆气团控制,唯南方仍受热带海洋气团影响。到了夏季,极地大陆气团退居长城以北,以南受热带海洋气团控制。二者的进退交绥形成夏季多雨天气。气团和锋的地理分类见图 3-13。

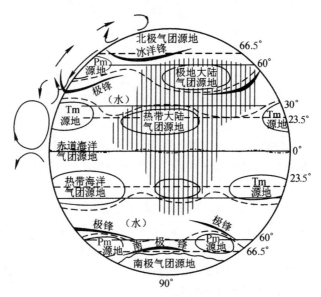

**图 3-13　气团和锋的地理分类**

(据伍光和 等,2000)

## 2. 锋

　　锋就是温度或密度差异很大的两个气团相遇形成的狭窄区域。其水平宽度为 $n \times 10^2 \sim n \times 10^3$ km,垂直范围 $10 \sim 100$ km。两个气团的交界面称为锋面,锋与地面的交界线称为锋线(图 3-14)。

　　冷气团向暖气团推进,形成的锋叫冷锋。冷锋又分为缓行冷锋和急行冷锋。缓行冷锋

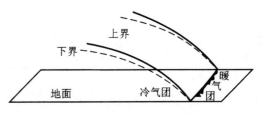

**图 3-14　锋面的空间结构**

(据伍光和 等,2000)

又称第一型冷锋[图 3-15(a)],冷暖空气交汇形成的降水一般出现在锋面后面,而且因为锋面推进速度较慢,降水持续时间较长。急行冷锋又称第二型冷锋[图 3-15(b)],形成的降水出现在锋面之前,而且持续时间较短。相反,暖气团向冷气团推进形成的锋叫暖锋(图 3-16),暖气团缓慢地爬升到冷气团之上,往往形成阴雨连绵的天气。此外,还有准静止锋和锢囚锋。

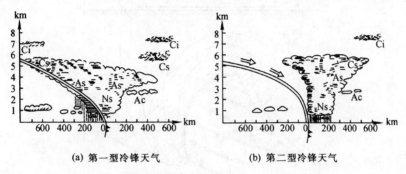

(a) 第一型冷锋天气　　　(b) 第二型冷锋天气

Ci. 卷云;Cs. 卷层云;Ac. 高积云;As. 高层云;Ns. 雨层云。

**图 3-15　冷锋天气**

(据伍光和 等,2000)

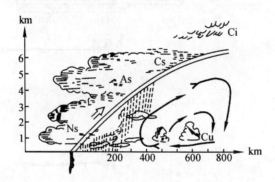

Ci. 卷云;Cs. 卷层云;As. 高层云;Ns. 雨层云;Cu. 浓积云。

**图 3-16　暖锋天气**

(据伍光和 等,2000)

## 3.3.4　气旋和反气旋

气旋和反气旋都是重要的天气系统,是高纬度和低纬度之间、海洋和大陆之间水汽和热量交换的途径,造成天气和气候的变化。

**1. 气旋**

气旋就是中心气压比四周低的水平空气涡旋,是气压系统中的低压。水平尺度 $200 \sim 1000 \text{ km}$,个别情况下可达 $3000 \text{ km}$(图 3-17)。地面最大风速 $30 \text{ m} \cdot \text{s}^{-1}$,中心气压 $970 \sim 1010 \text{ hPa}$(偶见 $935 \text{ hPa}$)。

　　温带地区常见锋面气旋,直径 1000～2000 km,在高空西风影响下自西向东运动,地面空气呈逆时针(南半球顺时针)方向旋转,北侧冷暖锋面相连。气旋活动实例见图 3-18。

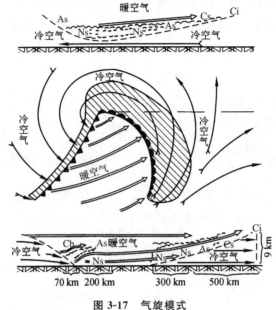

图 3-17　气旋模式

(据伍光和 等,2000)

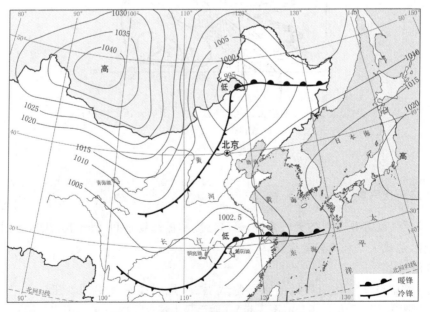

图 3-18　地面天气图气旋活动实例(hPa)

(据伍光和 等,2000 改绘)

**2. 反气旋**

反气旋就是中心气压比四周高的大型空气涡旋,气流从中心向四周顺时针(南半球逆时针)方向旋转,水平尺度大于气旋,中心气压 1020～1030 hPa,气压高,无锋面,中心气流下沉,天气晴好,在夏季形成酷热干旱的天气。

# 3.4 大气中的水分

## 3.4.1 大气湿度

大气湿度是指从陆地和水面因蒸发和蒸腾作用进入大气的水分,有时形成云雾和降水等天气现象。大气湿度可用绝对湿度和相对湿度衡量。绝对湿度就是单位容积空气所含水汽的质量,即水汽密度,单位 $g \cdot cm^{-3}$。相对湿度是大气水汽压与同温度饱和水汽压之比,用百分数表示。绝对湿度和相对湿度都受温度的影响。

## 3.4.2 大气降水

降水就是云层中降落到地面的液态或固态水,包括雨、雪、雹、霰(雪子、雪糁)等。

**1. 降水的成因类型**

降水的成因类型分为对流雨、地形雨、锋面雨(气旋雨)和台风雨等。

对流雨:近地层暖湿空气强烈对流上升形成的降水。多为暴雨且常伴有雷电,又称热雷雨,多见于夏季。

地形雨:暖湿空气沿山坡上升凝结致雨,迎风坡为多雨中心,而背风坡则成雨影区。

锋面雨(气旋雨):暖湿空气沿锋面上升(暖锋)或冷空气迫使暖空气上升(冷锋),水汽冷凝致雨。锋面雨常见于温带,由于暖空气爬升速度较慢,暖锋雨覆盖地域较广,降水持续时间较长,而冷锋雨历时较短。

台风雨:台风是强烈的热带气旋,产生强度极大的降水。台风雨多见于夏秋季节,我国东南沿海地区夏秋季节常有台风登陆,在造成很大灾害的同时,也带来强烈的降水。台风雨增加了夏秋两季的降水量,避免了回归荒漠带在江南地区的出现。所以总体上看,台风对于我国南方的影响利大于弊。

**2. 降水的日变化**

沿海和内陆地区降水日变化的共同特点,就是都有两个最大值和两个最小值。降水最大值中一个出现在午后,这时对流强盛,易形成对流雨;另一个出现在清晨,这时湿度较大,温度较低,水汽容易凝结致雨。两个最小值出现在夜间和午前,这两段时间气层比较稳定。

海岸型降水日变化的特点是有一个最大值和一个最小值,最大值出现在清晨,这时海陆温度差异最大,冷暖空气交绥造成降水。最小值出现在午后,这时海陆的温度差异最小,不容易形成降水。

**3. 降水的季节变化**

降水的季节变化随纬度、海陆位置和大气环流而不同,可分为几个不同的类型。

赤道型:处于南北纬 10°之间,特点是全年多雨,全年降水有两个高值和两个低值。两个高值出现在春分和秋分之后,多为对流雨;两个低值出现在夏至和冬至之后。

热带型:处于南北纬 10°~15°之间,仍有两个高值和两个低值,但在 15°附近逐渐变为一个高值和一个低值,夏季太阳直射时为雨季,冬季为干季。降水类型亦多为对流雨。

副热带型:全年降水有一个高值和一个低值,大陆东岸的高值出现在夏季,低值出现在秋冬季,这是季风气候的特点;大陆西岸的高值出现在冬季,低值在夏季,是地中海气候的特点。

温带及高纬型:大陆东岸与内陆地区夏季多雨,以对流雨为主;西岸以秋冬的气旋雨为主,9 月至翌年 1 月占全年降水量 50%。

**4. 降水的地理分布**

降水的地理分布也呈纬度地带性,年降水量低纬多,高纬少。同时受海陆位置、大气环流、天气系统和地形等因素制约。可分为 4 个降水带。

赤道多雨带:年平均降水量(MAP)2000~3000 mm。

回归少雨带:南北纬 15°~30°,受副热带高压控制,气流下沉,空气湿度小,降水稀少,MAP<500 mm,形成回归荒漠带。但有些地点受地方性因素影响,降水丰富,如全球最高 MAP 出现在喜马拉雅山南坡的乞拉朋齐,MAP 12 665 mm,绝对最高值达 26 461 mm(1860 年 8 月—1861 年 7 月)。我国受季风和台风影响,达 1500 mm 以上,成为回归荒漠带上的绿洲。

中纬多雨带:中纬地区是冷暖气团交绥的地方,容易出现锋面雨和气旋雨,我国中纬度地区还有季风雨,MAP 500~1000 mm。但大陆中心地区远离海洋,空气湿度小,出现荒漠。

高纬少雨带:气温低,蒸发弱,MAP<300 mm。不过由于气温低,蒸发量小,形成湿润的冻原气候。

**5. 中国降水概况**

我国多年平均降水量折合降水深度为 629 mm,特点是南方多北方少,东南半壁多西北半壁少,山地多平原少。全部降水的 56% 被土壤吸收、地表水体蒸发和植物蒸腾消耗,44% 形成径流。相形之下,我国降水量相对偏低,小于全球陆地年平均降水深度的 834 mm,也小于亚洲的 740 mm。

我国 MAP 的地理分布如图 3-19 所示,两广地区 MAP>1500 mm,1000 mm 等雨线大致在长江北岸。华北平原在 500 mm 左右,这些地区的降水基本上能满足农林业的需要,而西北内陆 MAP<250 mm,属于干旱区。降水量最多的地方在台湾基隆火烧寮,MAP=6558 mm;最少的地区是吐鲁番托克逊,为 5.9 mm,有时降水尚未到达地面就被蒸发了。

我国属于大陆东岸季风气候,降水季节变化明显,东部地区受季风影响,降水集中在夏季,北方尤为显著,如北京夏季降水占全年的 70%,且多暴雨,易造成水土流失和洪涝灾害。而且,我国降水年际变化大,常有大涝、大旱之年。北京 1891 年降水量仅为 168 mm,而 1959 年高达 1048 mm。

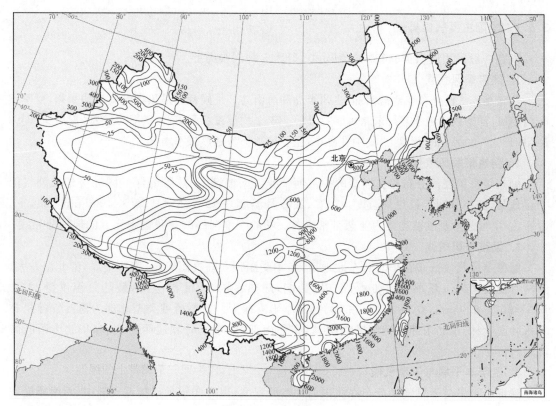

图 3-19 中国年平均降水量分布

（据赵济 等，2000 改绘）

# 3.5 气 候

气候是某一地区多年大气的一般状态及其变化特征，是长期的大气过程，而气象或天气是指瞬时或短期的大气状态。一地区的气候是在太阳辐射、大气环流与地理因素共同影响下形成的。

## 3.5.1 气候类型与气候区划

根据某些气候指标，把气候基本特征大体相同的地方归类，可以将全球划分为若干气候带和气候型。但是，研究者所用指标各异，目前这种划分尚处于各行其是的状态。

世界上比较通用的是柯本（W. Köppen）的气候带，将全球分为 5 个带：A—热带多雨带，B—干燥带，C—暖温带，D—冷温带，E—极地带。

气候型：是根据气候特征划分的类型。同一气候型具有较一致的气候要素特征。如按下垫面性质可划分出大陆气候（大陆性气候）、海洋气候（海洋性气候）、草原气候、荒漠气候和高原气候等。

### 3.5.2　中国主要气候类型

现在一般采用周淑贞的气候类型分类,分为 5 种气候类型。

**1. 热带季风气候**

热带季风气候分布在台湾南部、雷州半岛和海南岛。气候特点是热带气旋活动频繁,夏季盛行西南风(夏季风),冬季盛行东北风(冬季风)。年平均温度(MAT)>20℃,最冷月温度>18℃;MAP 1500~2000 mm 及以上,集中在夏季,主要植被类型是热带季雨林。

**2. 副热带季风气候**

副热带季风气候分布在我国秦岭—淮河一线以南地区,是热带海洋气团和极地大陆气团交绥地带,四季分明。最热月温度>22℃,最冷月温度 0~1℃,MAP 750~1000 mm 及以上,夏季占 70%。主要植被类型为亚热带常绿林。秦岭—淮河一线是我国南北方的地理分界线。

**3. 温带季风气候**

温带季风气候分布在华北和东北地区,冬季受温带大陆气团影响,寒冷干燥,南北温差大,最冷月温度<0℃;夏季受温带海洋气团影响,暖热多雨,南北温差小,最热月温度>22℃。MAP 500~600 mm,夏季 3 个月占 70%,冬季雨雪稀少。主要植被类型北部为落叶针叶松林和落叶阔叶林,东北东部为针阔叶混交林,东北南部(辽东半岛和辽西山地)和华北为落叶阔叶林。

**4. 温带半干旱与干旱气候**

温带半干旱与干旱气候分布在我国西部秦岭以北,离海洋较远或接近大陆中心,终年受大陆气团控制,夏季温度很高,而冬季严寒。半干旱气候地区 MAP 250~500 mm,植被为矮草草原。干旱气候地区 MAP<250 mm,为荒漠植被。

**5. 高地气候**

高地气候分布在青藏高原。高海拔地区随高度增加,空气变得稀薄,空气中二氧化碳、水汽和微尘减少,气压降低、风速增大,日照增强、气温降低。高原地区出现明显的垂直带性,从谷底到山顶,依次出现从当地基带到高纬度的各种景观带。

# 3.6　小　气　候

小气候是指近地面 1.5~2.0 m 以下大气层内的气候现象,受局部下垫面特性影响很大,短距离内温度和湿度的垂直梯度都很大。

与小气候相对的概念是大气候和中气候。大气候是因太阳辐射、大气环流、海陆分布、洋流、大地形和广大冰雪覆盖而形成的气候现象。其特点是气温的水平梯度和垂直梯度都较小(水平梯度<1℃/100 km,垂直梯度<1℃/100 m),局部下垫面特性对它影响较小。

中气候是指较小的气候形成因素,如森林、湖泊、中地形和大城市等形成的气候现象。其温度、湿度的水平梯度和垂直梯度是大气候的好几倍。又称为地方气候。

不过,上述三者之间尺度连续,无明显界限,因此,目前倾向于不划分中气候一级,把由于下垫面结构不均一性所引起的局地气候特点统称为小气候。

## 3.6.1 森林小气候

森林是地球上利用太阳辐射能制造有机物质的主体,而且在保护地球环境、涵养水源、净化大气、调节气候、美化环境和供人游憩等方面都起着不可替代的作用。

**1. 森林对太阳辐射的影响**

森林对太阳辐射的影响主要在林冠和林床两个作用面。林冠对太阳辐射有吸收和反射作用,而林床上的森林残落物对水分和热量有吸收和保存的作用。但这些作用的大小因森林类型与季相而不同,阔叶林透射入的太阳辐射较多,郁闭的针叶林较少。落叶季节入射强,盛叶期则阻挡了部分阳光的进入。例如,俄罗斯的森林4月树叶稀疏,晴天中午林中总辐射量相当于周围田野的89%;5月树叶茂盛,总辐射量降低到田野的12%。高度20～30 m的密林更降低到田野的2%～7%。

**2. 森林对温度的影响**

林下气温与土壤温度均较低,而且日变化和年变化较小。密林中白昼最高气温出现在林冠上,疏林中则在地表;夜晚林冠中的冷空气下沉,最低气温出现在林冠稍下处。

**3. 森林对湿度的影响**

由于林下土壤和森林本身水分的蒸发,而林中湍流交换作用较弱,所以林中空气湿度高于四周旷野,夏季白昼尤为明显,夜晚这种差别较小。森林中最大绝对湿度出现在林冠面,林冠以上20 cm处即明显降低;最大相对湿度在林冠稍下处。林下土壤受林冠保护,土壤湿度较高。

**4. 森林对降水的影响**

林冠对降水有截留作用,中纬度地区林冠截留的降水量平均达25%;热带森林茂密且层次多,截留的降水量有时达65%之多。不过,林冠对降水截留的多少因降水强度与持续时间长短而不同。

森林中湿度大的时候,水分会冷凝为雾、露和霜,凝结在林木的叶子上沿叶尖下滴,有如下雨,称为"水平降水",湿润地区有些森林的水平降水可达全年降水量的9%。

**5. 森林对风的影响**

森林能降低风速并形成森林与四周无林地之间空气的局地环流。在森林的迎风面,相当于林木高度10～20倍的地方风速开始减弱,在林缘相当于树高1.5倍的地方气流开始上升,林冠上风速加大,带动上方几百米的气流加速。气流越过林冠后,背风面50～60倍树高的水平距离上风速才开始减弱,这就是防风林对农田的保护作用范围(图3-20)。

晴朗无风或微风时,由于林中与周围无林地之间的温度差异,在森林与旷野之间形成气流的局地环流:白昼从森林流向旷野,夜晚从旷野流向森林。

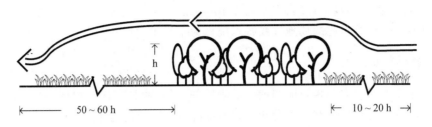

**图 3-20　防风林的保护作用**

（桑鹏飞绘）

总之,林带、林网和园林绿化可以改造近地层气候,改善城市大气环境质量。因此,绿地占有率成为现代化城市和高级住宅区的一个重要指标。

## 3.6.2　城市小气候

城市小气候是在城市特殊下垫面和人类活动影响下形成的一种有别于周围地区的局地气候。其形成的原因主要是大片建成区建筑物和硬化地面代替了原来的自然下垫面,加上大量物质与能量的输入和消费,以及大量废气和烟尘微粒进入大气层。

城市小气候的主要特点包括:

**1. 太阳辐射被削弱**

城市中建筑物密集,使太阳辐射减少 15%～20%。例如,加拿大蒙特利尔减少 9%,日本东京减少 9%,美国圣路易斯减少 3%。我国沈阳减少 17%,上海减少 15%,杭州减少 8%。

**2. 日照时数减少**

日照时数减少 5%～15%。

**3. 气温增高**

城市粗糙的下垫面使热量不易散发,温度高于郊区,形成一个温度较高的地区,称为"城市热岛"。据观测,城区与郊区的年平均温差,巴黎与莫斯科为 0.7℃,纽约为 1.1℃,上海为 0.8℃,北京为 1.4℃。瞬间温差可达 7～13℃。热岛效应有明显的日变化和年变化,因各地地理背景与城市特性不同而不同。城区与郊区的温差造成局地的气流循环。

**4. 降水增多但相对湿度减小**

城市热岛使气流上升,粗糙下垫面造成湍流,尘埃供给凝结核。三者联合作用有利于降水形成,湿润地区城市的降水量可增加 5%～15%,但干旱区则不明显。虽然降水有所增加,但大部分降水被城市下水管网排走,城市空气中水汽含量反而偏低约 5%,形成"城市干岛"。

**5. 风向风速变化复杂**

城区高大的建筑物阻挡了风的流动,年平均风速比郊区小 20%～30%,静风率增加 5%～15%。地面风速<5 m·s⁻¹ 时,由于街道的狭管效应,一些城区街道上的风速反而大于郊区;而地面风速>5 m·s⁻¹ 时,建筑物的阻挡作用使城区风速小于郊区。

### 3.6.3 谷地小气候

谷地地形对局地气候产生颇大的影响。一方面,谷地有不同的坡向。东西走向的谷地,北坡为阴坡,南坡为阳坡;南北走向的谷地,东坡为半阳坡,西坡为半阴坡,这点和山地相反。因为一天中最高温出现在 14 点至 15 点,因此,一天中的最高温出现在西南坡而不是正南坡。

另一方面,在当地水平气压场较弱的情况下,近坡面空气升温和降温均较快,造成热力差异,白天地面风从谷底吹向山坡,称为谷风[图 3-21(a)];晚上地面风从山坡吹向谷底,称为山风[图 3-21(b)]。不过,在当地水平气压场较强的情况下,山谷风不再存在。

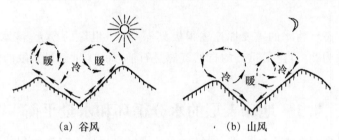

（a）谷风                （b）山风

**图 3-21 山谷风环流**

（据伍光和 等,2000）

冬夜谷底常积聚冷空气,暖空气被抬升到上方,形成谷地逆温,厚度可达几百米,可称为冷湖或冷岛,易成霜冻,谷底的植物反而比谷坡上容易受冻害。20 世纪 50 年代,在雷州半岛的谷地中种植橡胶,冬季寒潮袭来时,谷坡上树苗还能存活,而谷底树苗被冻死,就是这种冷湖造成的。

谷地逆温还使大气污染物难以扩散,造成像比利时马斯(Mass)河谷的烟雾事件等。我国过去的"三线工厂"多修建在西南地区的谷地中,也曾出现类似情况。

### 思 考 题

**3.1** 试述大气圈分层及各层主要特征。

**3.2** 试述大气微量组分二氧化碳和臭氧的重要性。

**3.3** 有哪些地球热量带? 它们各自有什么特点?

**3.4** 气温的日变化和年变化是怎样的?

**3.5** 试述降水的成因类型及其特点。

**3.6** 试述季风环流和局地环流。

**3.7** 逆温层是怎样形成的? 它有什么环境效应?

**3.8** 试述我国主要气候类型的特点。

**3.9** 常见的小气候有哪几种? 它们各自有什么特点?

# 第4章 景观水文系统

天下之物,莫柔弱于水。然而大不可极,深不可测;修极于无穷,远沦于无涯;息耗减益,通于不訾;上天则为雨露,下地则为润泽;万物弗得不生,百事不得不成。

——《淮南子·原道训》

古人以崇敬的态度将水的重要性论述得极其深刻,21 世纪的今天,淡水日益成为一种紧缺的资源。人们认为 20 世纪最重要的自然资源是石油,而 21 世纪最紧缺的资源将是淡水。

## 4.1 地球表层的水分循环和水量平衡

地球是迄今发现存在液态水的唯一行星,而且水又是地球上分布面积最广的自然体,覆盖地球表面,形成一个连续的水圈。全球的总水量约为 $1.4 \times 10^9 \ km^3$,质量占地球的万分之二,其中 97.31% 在海洋,覆盖面积 $3.61 \times 10^8 \ km^2$,占全球总面积的 70.8%。

水不仅是地球上物质和能量转化与生命活动的重要因素,而且与大气圈、岩石圈、生物圈等其他圈层相互作用,改变着地球的外貌,并形成不同自然带。地球上水的存在形式见表 4-1。

**表 4-1 地球上水的存在形式:总水圈的概念和模式(Horne,1971)**

| 大气圈中的水 | 液态:雨<br>固态:冰、雪、雹、霰<br>气态:水蒸气 | 岩石圈中的水 | 地下水、岩浆水、水合水 | |
| --- | --- | --- | --- | --- |
| 生物圈中的水 | 生物的体液(细胞外液)<br>生物细胞液(细胞内液)<br>生物聚合水化物(键合水) | 狭义水圈中的水 | 陆地水 | 泉水、沼泽水、塘水、湖水、冰盖、雪盖、冰川、河水、河口区水 |
| | | | 海洋水 | 海水、大洋水、海洋沉积物孔隙水 |

### 4.1.1 全球水分循环和水分平衡

全球每年水分的总蒸发量与总降水量相等,均为 $5 \times 10^5 \ km^3$。全球海洋的总蒸发量为 $4.3 \times 10^5 \ km^3$,总降水量为 $3.9 \times 10^5 \ km^3$,二者的差值为 40 000 $km^3$,它以水蒸气的形式从海洋移向陆地。

全球陆地总降水量为 110 000 km³,总蒸发量 70 000 km³,多余的 40 000 km³ 降水有一部分渗入地下补给地下水,一部分暂存于湖泊中,一部分被植物所吸收,剩余部分最后以河川径流的形式回归海洋,从而完成了海陆之间的水量平衡(图 4-1)。

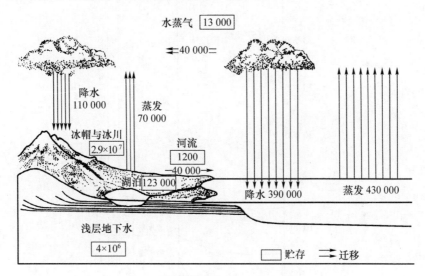

**图 4-1　全球水分循环(单位:km³)**

(据 Ambroddggi,1980 改绘)

全球陆地上多余的 40 000 km³ 降水不能被人类全部利用,其中 70%(约 28 000 km³)为洪水径流,迅速泄入海中(河水平均居停时间为 10～20 天)。其余 12 000 km³ 中,又有 5000 km³ 降落或流经无人居住或人烟稀少的地区,例如寒带苔原地区、沼泽地区和像亚马孙那样的热带雨林地区。余下可供人类利用的仅为每年 7000 km³。20 世纪以来各国修筑了许多水库,控制了部分洪水径流。全世界水库的总库容约为 2000 km³,使可供人类使用的水量达到每年 9000 km³,这就是人类能有效利用的水资源。全球水资源的供求见图 4-2。

## 4.1.2　人类对淡水的需求

根据各国的经验,对于用水量可以做如下的推算:

**1. 生活用水**

为了维持起码的生活质量,生活用水标准为每人每年 30 m³(北京近年平均值为 80～90 m³),发达国家的生活用水量更高,如美国达 180 m³,而一些经济欠发达的缺水国和我国西部一些地区,生活用水量远低于标准水平。

**2. 工业用水**

非高度工业化国家的工业用水标准为每人每年 20 m³。

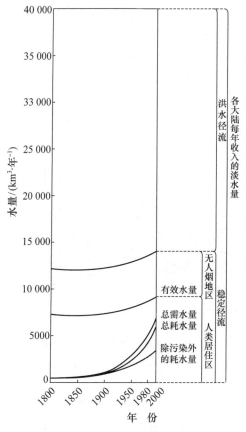

**图 4-2 全球水资源的供求**
(据 Ambroddggi,1980 改绘)

### 3. 农业用水

为维持每日 10 467 kJ(2500 kcal)热量的食物消耗每人每年需水 300 m³,每日 12 560.4 kJ(3000 kcal)热量食物消耗则需水 400 m³。

以上三项合计,每人每年的需水量约为 350~450 m³,以维持中等发达以下的生活水平。由此推算,每年 9000 km³ 的总水量可以供养 200 亿~250 亿人口(如果水分能够及时地和持续地供应到需水的地方的话)。

但是,地球上水分的分配无论在时间上和空间上都极不均衡,而且人口的分布也很不均匀。因此,实际上能够供养的人口将远低于此理论值。另有专家提出一个经验参数:如果依赖一个流量单位(即每年 10⁶ m³)的人数超过 2000 人(每人每年 500 m³)时,这个国家或地区就会出现缺水问题。按这个参数计算,则现有淡水量可供 180 亿人之需。

表 4-2 列举了世界和各洲淡水资源及其利用的概况。以资源总量计,亚洲最多,大洋洲最少,但以人均占有量计,则恰恰相反,大洋洲最多而亚洲最少。年提取量也是亚洲最多,不言而

喻,这是用于灌溉。各部门用水的比例可以从一个侧面反映出该地区的经济结构与发展水平,例如,非洲和亚洲的农业用水所占比例最高,而生活用水和工业用水所占比例很低;相反,工业发达的欧洲和北美洲工业用水比例很高。2014 年北京城市生活用水、环境用水、工业用水与农业用水的比例分别为 4.8%、17.2%、24.7% 和 44.8%,与表中所列的世界平均水平相当接近。

表 4-2　世界淡水资源与利用概况

| 世界及各洲 | 资源总量 /(km³·年⁻¹) | 1990 年人均占有量 /(10³ m³) | 年提取量 | | | 各部门用水比例/(%) | | |
|---|---|---|---|---|---|---|---|---|
| | | | 总量 /km³ | 占水资源百分比/(%) | 人均 /m³ | 生活 | 工业 | 农业 |
| 世界 | 40 673 | 7.69 | 3296 | 8 | 660 | 8 | 23 | 69 |
| 非洲 | 4148 | 6.46 | 144 | 3 | 244 | 7 | 5 | 88 |
| 北美洲和中美洲 | 6945 | 16.26 | 697 | 10 | 1692 | 9 | 42 | 49 |
| 南美洲 | 10 377 | 34.96 | 133 | 1 | 476 | 18 | 23 | 59 |
| 亚洲 | 10 485 | 3.37 | 1531 | 15 | 526 | 6 | 8 | 86 |
| 欧洲 | 2321 | 4.66 | 359 | 15 | 726 | 13 | 54 | 33 |
| 大洋洲 | 2011 | 75.96 | 23 | 1 | 907 | 18 | 16 | 76 |

注:据世界资源研究所 等,1991。

从世界范围来看,需水量最大、对供水量最为敏感的部门是农业,占用水总量的 2/3 以上,因此,发展节水农业是节约水资源的有效途径。各国农业用水所占比例差异很大,这与各国工农业发展情况和农业在国民经济中所占比重有关。例如,印度和墨西哥等国农业用水所占比重很大,达 90% 以上。与此相对的是英国和德国,农业用水很少,这主要是因为这些国家处于西风气候带,雨水充沛调匀,农业可以雨养而很少灌溉,而且灌溉技术也较先进,因此农业用水较少。工业国中日本的情况比较特殊,其农业用水约占 70%,原因是大规模种植耗水量巨大的水稻。美国工业和农业用水所占比例相当,因为它不仅是工业大国,也是农业大国,但 20 世纪 60 年代以来,工业用水开始超过农业用水,其主要原因是随着用电量的剧增,电厂冷却用水量亦迅速增加。

虽然全球的有效淡水量不及总水量的 1%,但仍可以满足约 200 亿人口低水平的需要。不过由于人口的分布和降水的时空分布都极不均匀,不少国家和地区不时遇到缺水的困难。我国名列世界贫水国的第 13 位,人均水资源占有量只有 2520 m³,仅及世界平均值的 1/3。

据我国向 1992 年里约热内卢召开的世界环境与发展会议提交的报告,我国水资源总量为 2.8×10¹² m³,人均水资源量约 2400 m³。两组数据比较接近。

## 4.2　陆　地　水

陆地水包括河流、湖泊、沼泽和地下水等水体。

## 4.2.1　河流

### 1. 河流的地形要素

河流是有经常性或周期性水流的地表凹槽,前者为常年性河流,后者为间歇性河流。由若干河槽组成的网络系统称为水系。流入海洋者为外流河,注入内陆湖沼或因蒸发、渗漏而消失在内陆地区者为内流河。

全球河流的总水量不大,仅占全球水量的 0.0001%,但周转快,居停时间仅为 10～20 天,有利于水分循环,是重要的淡水资源,而且河流还是地质-地貌过程的重要外营力。

各水系之间常为地势较高的地段,多为山地或丘陵的山脊线,这些地段就是河流的分水岭和分水线,分水线包围的区域称为流域或集水区。

河流的发源地称为河源,是最初具有河流形态之处。河源以上可能是泉眼、沼泽、湖泊或冰川。河流与海洋、湖泊、沼泽或另一条河流的交汇处称为该河流的河口。在入海或入湖处常有泥沙堆积,形成三角洲。

河源至河口之间为河流的干流,较长的河流可分为上、中、下游,它们的形态和水情各具特色,但无绝对标准。上游是紧接河源的河段,河谷狭窄、比降大、流速大、水量小、侵蚀强烈、纵断面多呈阶梯状,多急滩和瀑布。中游水量增加,比降较小,流水下切力减小,河床位置较固定,侵蚀-堆积作用大体平衡,纵断面为较平滑的下凹曲线。下游河谷宽阔,比降更小,流速小而流量大,河道弯曲,淤积作用显著,常有沙滩和沙洲。以长江为例:在宜宾附近金沙江汇入长江,以宜宾至宜昌的 1033 km 为上游,上游又划分为两段,宜宾至重庆奉节为川江,奉节至宜昌为三峡河段;宜昌至鄱阳湖湖口的 948 km 为中游;湖口以下 830 km 为下游。

河源与河口之间的高差称为总落差,长江的总落差很大,达到 6600 m。某河段单位河长的落差称为比降,以小数或千分数表示。

### 2. 河流的水情要素

河流的水情要素包括水位、流速、流量、水温、含沙量和河水的化学组成等。

水位就是河水自由水面高出基准面的高程。而基准面又有绝对基准面和测站基准面之别。绝对基准面(标准基面)是以某河口平均海平面为零点的基准面。我国过去曾分别采用大连、大沽、黄海、废黄河口、吴淞口和珠江口等为绝对基准面,现在规定以青岛平均海平面为零点。测站基准面则以观测点最低枯水位以下 0.5～1.0 m 为零点。

流速是河水质点在单位时间移动的距离。实际上河水是湍流,质点的瞬时速度和方向均不断变化。因此,流速是一较长时段的平均速度。

流量是单位时间通过某过水断面的水量(面积×流量),单位为 $m^3 \cdot s^{-1}$。流速与流量均与水位成正比,因此,经多次实际测量和修正,可以绘制水位-流量过程线(图 4-3),在测站断面变化不大的情况下,可以根据水位数值推算流量。

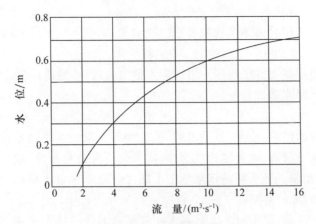

**图 4-3   水位-流量关系曲线**

(据伍光和 等,2000)

水温就是河水温度,它取决于河流的补给特征:冰雪补给者水温低;大湖补给者春季水温低,秋季水温高;地下水补给者冬季水温较高。北方河流冬季可发生冻结,在河流从南向北流的河段,春季上游已解冻的河水涌向仍然封冻的下游河段,造成河水泛滥,称为凌汛。黄河中游和下游以及陕北无定河春季都不时发生凌汛。

含沙量是每立方米河水所含泥沙的重量,单位 $kg \cdot m^{-3}$。它取决于补给条件、流域的岩石和土壤性质、植被覆盖和土壤侵蚀状况等。黄河多泥沙,陕县站多年平均含沙量 $39.6\ kg \cdot m^{-3}$,最大年输沙量 $39.1 \times 10^8\ t$。

河流水化学是河水的化学组成、性质及其时空变化以及同环境的关系。水化学常规检测的 8 种离子是 $Ca^{2+}$、$Mg^{2+}$、$Na^+$、$K^+$、$HCO_3^-$、$CO_3^{2-}$、$SO_4^{2-}$ 和 $Cl^-$。

### 3. 河川径流

河川径流就是大气降水以地表径流和地下径流形式汇入河流后向出口断面汇集和下泄的水流。根据降水形式的不同分为冰雪融水径流和降水径流。

水文学中描述径流数量的参数有径流总量、径流深度、径流模数和径流系数等。径流总量($W$,单位 $m^3$)是单位时段通过某断面的总水量,用以衡量该河流某断面某时段径流量的绝对值:

$$W = QT$$

$T$—时段长(年、月、日);$Q$—$T$ 时段内平均流量,单位 $m^3 \cdot s^{-1}$。

径流深度($Y$,单位 mm)是某流域径流总量与流域面积之比,用以估算全流域所产生的流量,此参数便于与降水量作比较:

$$Y = W/F \times 10^3$$

$F$—流域面积,单位 $km^2$。

径流深度的大小在一定程度上反映流域滞留降水的能力,其数值小表示该流域保持水土的能力强,反之则容易造成水土流失。

径流模数($M$)是单位时间单位流域面积的产水量,单位 $m^3 \cdot s^{-1} \cdot km^{-2}$:

$$M = Q/F$$

径流系数是某时段径流深度与同一时段降水量之比,以小数或百分比表示,此参数表示流域内有多少百分比的降水形成径流。

**4. 水文特征期**

水文特征期可分为汛期、枯水期、平水期、冰冻期等。汛期就是高水位时期,有春汛、夏汛之分。枯水期是低水位时期,地表径流减少,河槽水位下降乃至断流,此时径流主要靠地下水补给,为一年的最小流量。平水期是汛期与枯水期之间处于中常水位的时期。北方河流常有冰冻期,即冬季河流封冻的时期。

汛期中容易发生洪水,即短时间大量降水在河槽内形成的特大径流。洪水的形成取决于下列因素:一是暴雨的强度、持续时间和空间分布;二是流域的面积、形状、坡度、河网密度、湖沼率、土壤、植被和地质条件等;三是河槽的断面、坡度和粗糙度等;四是人类活动,包括有无蓄水工程和水土保持措施等。

**5. 河流的补给**

河流的根本水源为大气降水,但根据补给途径不同分为雨水补给、融水补给、地下水补给和湖沼水补给。这些补给途径取决于区域的气候条件和下垫面性质,不同地域河流甚至同一河流的不同河段也可能有不同的补给途径。

**6. 河流与环境的相互作用**

河流是气候和地形的产物,降水和其他气候要素(蒸发、气温、湿度、风等)决定河流的发育和特性。其他地理要素,包括区域的岩性、土壤、植被和湖沼等,也起一定作用。

河流与人类文明的起源和发展息息相关,世界上著名的古文明都与大江大河有关,如我国的黄河和长江等大河是中华民族的母亲河。此外,印度河、尼罗河、幼发拉底河等都是古文明的发祥地,现代世界上许多大城市也大都兴起在大河两岸。

## 4.2.2　湖泊

湖泊就是陆地上大面积的积水洼地,由湖盆、湖水和湖中物质组成。湖泊属于静水水体,水流缓慢,水分更新周期长。

全世界湖泊总面积约为 $2.7 \times 10^6$ $km^2$,占陆地面积的 1.8%。北欧和北美湖泊最多,这与第四纪冰川的侵蚀-堆积作用有关。世界最大淡水湖是北美的苏必利尔湖,面积 82 680 $km^2$,容积 11 600 $km^3$;最深的是贝加尔湖,深度达 1620 m,其水量占全球淡水总量的 1/5。

按湖泊的成因,可将其划分为下列类型:构造湖、冰蚀湖、溶蚀湖、风蚀湖、堰塞湖、潟湖、断层湖、火口湖和火山堰塞湖等。

湖泊表面接受太阳辐射,白昼增温,夜晚降温;夏季增温,冬季降温。太阳辐射进入湖面后,1 m 水层吸收太阳辐射的 80%,尤其集中在 20 cm 的表层,仅 1% 能达到 10 m 的深度。除了太阳辐射外,其他热源包括凝结潜热、有机物分解放热和地热。湖水中蕴藏的热量通过湖水蒸发和辐射等形式向外释放。

湖水的热量主要来自太阳辐射,而水的导热性不良,温带湖泊夏季表层水温高,几十厘米以下迅速降低,上下层温度差异明显,形成一个温跃层,又称变温层。所以,温带地区足够深的湖泊水体一般可以分为三层:湖上层(epilimnion)、温跃层(thermocline)和湖下层(hypolimnion)。秋冬季节,表层水温下降,冷水下沉,湖水在垂直方向上形成环流。北方湖泊冬季还可能结冰,底层水温相对较高,春季湖面冰雪消融时温度差造成的密度差,使底层湖水上升,这就是温带湖泊的温度成层现象与湖水的春秋流转。

湖水的颜色受各种因素的影响,包括湖水对阳光的选择性吸收和散射、含沙量、颗粒物大小、浮游生物种类和腐殖酸含量等,呈现浅蓝、青蓝、黄绿、黄褐等颜色。我国大多数湖泊水质受到不同程度的污染与富营养化,湖水中因蓝绿藻等大量繁殖而呈绿色或黄绿色。例如作为合肥水源地之一的巢湖,20世纪90年代因严重富营养化,湖水已经成为一池黄绿色的"浓汤",即使多重过滤后,也还残存难闻的藻腥味,成为自来水厂处理的一大难题。

湖泊还根据湖水矿化度(含盐量)的大小分为淡水湖和咸水湖。矿化度$<1$ g·$L^{-1}$者为淡水湖,其盐分以碳酸盐为主;矿化度$>1$ g·$L^{-1}$者为咸水湖,湖水中 $Na^+$、$Cl^-$、$SO_4^{2-}$ 等离子含量较高,最高者为饱和盐卤,称为盐湖,其中最著名的是我国新疆吐鲁番盆地最深处的艾丁湖。

湖泊虽然被划分为静水水体,但是大多数湖泊都有流水的汇入和流出,形成流速缓慢的湖流,加上春秋季节湖水的上下流转,湖水还是在不停运动的。不过,湖水的居停时间长,更新十分缓慢,一旦受到污染就很难清除,上述的巢湖和昆明的滇池都是典型的例子。

我国湖泊不仅存在水质污染问题,20世纪一度盛行"围湖造田"的措施也使不少湖泊面积减小,例如歌曲《洪湖水浪打浪》所颂的洪湖,面积就缩小了1/3。而我国第二大湖洞庭湖淤塞严重,水域面积严重缩小,有变成"洞庭河"的趋势。在高速城市化过程中,城镇中及周边地区不少池沼被填埋,使景观多样性受损。

## 4.2.3 沼泽

沼泽是地面长期过湿或滞留有微弱流动的水体,生长喜湿植物或水生植物并有泥炭积累的洼地。沼泽不仅哺育着特殊的动植物群落,形成一种独特的景观类型,而且常常是大江大河的源头,还具有净化水质的作用,享有"地球之肾"的美誉。

据统计,全球沼泽面积为 $1.12\times10^6$ $km^2$,占陆地面积的0.8%,多分布在北半球高纬度地带。我国沼泽(湿地)面积 $1.1\times10^5$ $km^2$,主要分布在三江平原、大兴安岭、小兴安岭、长白山和若尔盖高原等地。

有利于沼泽形成的条件是温湿或冷湿的气候和排水不畅的低洼地形。沼泽的形成可能通过两种途径,一种是湖泊等水体边缘浅水区部分,由于流入的泥沙和植物残体淤积,水体逐渐变浅,生长喜湿植物或水生植物而变成低位沼泽,称为水体沼泽化;另一种是在陆地上的森林地区及高山草甸和冻土带,由于泥炭藓不断生长,形成凸起的藓丘,逐渐脱离了地下水的补给,仅靠大气降水补给,成为高位沼泽,是为陆地沼泽化,高原和高山地区常见这种高位沼泽。

沼泽水文特征是水流近于停滞状态或非常缓慢,流速每日只有几米,径流量极小,美国佛罗里达州南部的大沼泽(Evergrades)就是这样的典型。

## 4.2.4　地下水

地下水就是埋藏在地表以下岩石中,松散堆积物孔隙、裂隙中和溶洞中的水。全球有地下水埋藏地区的陆地面积为 $1.3 \times 10^8 km^2$,地下水总量 $8.3 \times 10^6 km^3$,占全球总水量的 $0.59\%$,全球淡水量的 $22\%$。

地下水的主要来源是大气降水的入渗,此外还有和沉积岩同时埋藏的原生水,以及地层内从岩浆释放的矿质化水,叫作初生水。此外,沿海地带还有少量海水通过岩石向沿海陆地渗透。

### 1. 岩石和沉积物的水力学性质

地下水的储存条件取决于岩石和沉积物的水力学性质,即这些物质与水作用时所表现的特征,包括透水性、容水性、给水性和持水性等。

透水性就是岩石和沉积物让水分下渗和通过的性能,它取决于岩石和沉积物的孔隙度。砂岩、砾岩等孔隙度较大,透水性好;板岩、页岩、辉长岩等孔隙少,透水性差;黏土不透水。

容水性是岩石容纳和保持一定水量的能力,用容水度表示,即岩石能容纳水的体积与岩石体积之比。容水性取决于孔隙度大小。

给水性是指岩石所保持的水在重力作用下能自由流出一定数量的能力,用给水度表示,给水度就是出水体积与岩石体积之比。给水度取决于非毛管孔隙(大孔隙)的多少。

持水性就岩石和沉积物在分子力和毛管力作用下克服重力作用而保持一定量液态水的能力,持水性取决于毛管孔隙的多少。在相同容水性条件下,给水性与持水性负相关。

地下水的存在与地下含水层和隔水层的存在有关。含水层就是地表下能储存和传输较大水量的多孔性透水岩层和沉积物,其下部或上下部常有隔水层,地下水在含水层中能自由运移。特定的地质构造和地形与透水性岩石是地下水聚积和储存的有利条件。埋藏的古河道是良好的含水层。隔水层是在常压和重力作用下不能给出和通过相当数量水分的岩层,常为黏土、亚黏土,以及页岩、泥灰岩等不透水岩石。

### 2. 地下水的理化性质

地下水的理化性质包括温度、颜色、气味、化学成分、矿化度、硬度、酸度和碱度等。

温度:浅层地下水受气温影响,温带和亚热带平原地区浅层地下水比当地年均气温高1～2℃;高纬度、极地和山区地下水温低。深层地下水不受气温影响,但可能受地热加温,形成热水。

颜色:地下水一般无色,但在某些离子和悬浮物影响下呈现不同颜色,含一定量 $Fe_2O_3$ 者呈褐色,含有机物较多者呈黄褐色或浅黑色。

气味：含 $H_2S$ 和有机质者有臭味或其他异味。

化学成分：水化学常规检测的 8 种离子为 $Ca^{2+}$、$Mg^{2+}$、$Na^+$、$K^+$、$HCO_3^-$、$CO_3^{2-}$、$SO_4^{2-}$ 和 $Cl^-$；气体有 $CO_2$、$O_2$、$N_2$、$H_2S$ 和 $CH_4$ 等；还可能含有胶体 $Fe(OH)_3$、$Al(OH)_3$ 和 $SiO_2$ 等；有机物为以 C、H 和 O 为主的高分子化合物。

矿化度：是水中各种离子、分子和化合物的总量，单位 $g \cdot L^{-1}$。按矿化度的大小，可分为淡水、微咸水（弱矿化水）、咸水（中等矿化水）、盐水（强矿化水）和卤水等，如表 4-3 所示。

表 4-3 地下水矿化度类型

| 类 型 | 淡 水 | 微咸水（弱矿化水） | 咸水（中等矿化水） | 盐水（强矿化水） | 卤 水 |
|---|---|---|---|---|---|
| 矿化度/($g \cdot L^{-1}$) | <1 | 1～3 | 3～10 | 10～50 | >50 |

含有较大量溶解矿物质或气体的地下水，一般含 $CaCO_3$、$MgSO_4$、$K_2SO_4$、$Na_2SO_4$ 和 $CO_2$ 等，尤其是含有某些微量组分如 Li、Sr、Zn、Se、碘化物、偏硅酸等，称为矿泉水，对某些疾病有治疗和保健作用。

硬度：就是水中 $Ca^{2+}$、$Mg^{2+}$ 离子总量。常用单位为德国度，1 德国度 $= 0.356\ 63\ meq \cdot L^{-1}$。按硬度大小，地下水可分为很软水、软水、中等硬水、硬水和很硬水等，如表 4-4 所示。

表 4-4 水质硬度的划分

| 水 质 | 很软水 | 软 水 | 中等硬水 | 硬 水 | 很硬水 |
|---|---|---|---|---|---|
| 总硬度 | 0～4 | 4～8 | 8～16 | 16～32 | >32 |

酸度：水中所含能与强碱发生中和作用的物质总量。此类物质包括强酸、弱酸和强酸弱碱盐。这些物质对强碱的全部中和能力称为总酸度，单位 $mmol \cdot L^{-1}$。

pH：就是水中已电离 $H^+$ 的数量，可用酸度计测定（总酸度包括已电离的和将会电离的 $H^+$）。

碱度：水中 $OH^-$ 的数量、碳酸盐和碳酸氢盐的总量，碱度单位也用 $mmol \cdot L^{-1}$。

### 3. 地下水的运动

地下水的运动形式包括流动、扩散和渗透。

流动就是地下水向地层任何空隙的位移。扩散是在浓度、压力和温度梯度作用下，地下水的质量迁移。扩散的速度极其缓慢，速度远小于地表水。渗透是地下水在重力作用下移向压力较低处，也可能在岩石错动或气流的作用下从低处移向高处。渗透的速度大于扩散。地下水由于运动速度缓慢，多年滞留于地下，难以更新，一旦被污染，就很难净化。

### 4. 地下水的类型

按地下水的赋存状态，可分为上层滞水、潜水和承压水。

地下水面以上地层大部分空隙充满空气，称为包气带。在包气带中，局部地方可能存在不透水的隔水层，能够滞留入渗的重力水，这种地下水就是上层滞水。它的存在范围常常较小，而且有蒸发损失，还有明显的季节变化，在干旱季可能耗竭。

　　有些地方岩石或沉积物空隙全部充满水,称为地下饱水层。潜水就是饱水层中具有自由表面的重力水,其自由表面称为潜水面,地表面至潜水面的距离称为潜水埋藏深度,简称埋深。我国山区和黄土丘陵地区潜水的埋深可达几十米,平原地区可能仅及几米,在低洼处甚至出露地表形成湿地,浅层潜水还受气候和季节影响。潜水面至下面隔水层顶板的距离为含水层厚度。饱水层上面一般无隔水层,大气降水可以通过包气带补给潜水。隔水层和潜水面可能是大致水平的,但常常有一定的坡度,潜水就从潜水面高处流向低处,为无压水流,但流速缓慢。有些隔水层可能向下凹陷,像盆地一样,这种情况下潜水就呈静止不流动状态,像一个潜水湖(图 4-4)。

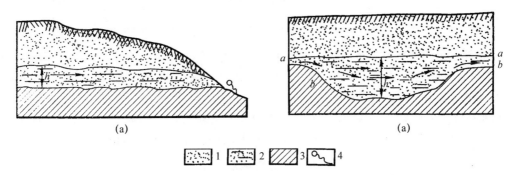

1.砂;2.含水砂;3.黏土;4.泉;h.潜水厚度;aa.潜水面;bb.隔水底板。

**图 4-4　潜水流和潜水湖**

(据伍光和 等,2000)

　　有些潜水上下两方都存在隔水层,充满于上下两个隔水层之间的重力水承受自身的压力,称为承压水。如果上隔水层有空隙,或者人工打穿隔水层,承压水就自行涌出,成为泉水。承压水的存在取决于地质构造,如向斜、单斜构造和盆地周边,有利于承压水形成(图 4-5)。

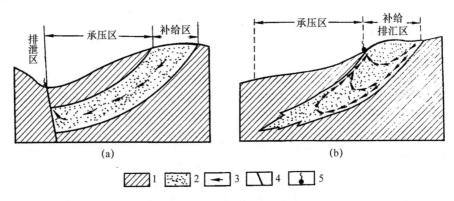

1.隔水层;2.含水层;3.水流方向;4.断层线;5.泉。

**图 4-5　自流单斜构造**

(据伍光和 等,2000)

### 4.2.5 海洋

洋又称大洋或世界洋,是地球上最大的水体。具有稳定的理化性质、独立的潮汐系统和强大的洋流系统。

海是大洋边缘被大陆、半岛、岛屿或岛弧分割,具有一定系统特征的水域,面积和深度远小于大洋。海既受大洋主体影响,也受大陆强烈影响,不同海域水体的物理化学性质变化较大。

**1. 海水的物理化学性质**

(1) 化学组成

海水中 $H_2O$ 占 96.5%,溶解和悬浮固体占 3.5%,包含的元素约 80 种。主要成分为 $Ca^{2+}$、$Mg^{2+}$、$Na^+$、$K^+$、$HCO_3^-$、$CO_3^{2-}$、$SO_4^{2-}$ 和 $Cl^-$ 8 种离子,但以氯化钠为主,还有微量元素 Br、Sr、B、F 等。近年来,由于环境污染,海水中各类污染物日益增多。

(2) 盐度

海水的盐度就是海水中全部溶解固体与海水重量之比,以千分数(‰)表示,在表述时常常略去千分符号。世界洋平均盐度为 35,但各洋区受当地降水量和蒸发量影响,洋面盐度略有差异,副热带较高,向两侧减小。极值多在边缘海域,如红海北部为 42.8,渤海为 24,波罗的海为 15,波的尼亚湾为 3。中国近海盐度以渤海最低,为 30~26,黄海为 32,东海为 33,南海为 34。

(3) 温度

太阳辐射年总量 $(1.26~1.36)\times10^{21}$ kJ,海面反射 8%,其余被海水吸收,60% 在 1 m 深度内。洋面年平均温度 17.4℃(比全球年平均气温高 3.1℃),变化范围在 2~30℃之间。太平洋西部赤道两侧最高,有"暖池"之称。

(4) 密度

海水密度略大于纯水,为 1.022~1.028 g·$cm^{-3}$,随温度、盐度、气压不同而变化。

(5) 颜色

海水的颜色取决于对太阳光的吸收和反射,海水对长波的红黄光吸收较强,对短波的蓝紫光吸收较弱,因此海水多呈蔚蓝色。但悬浮物和水生生物多时可能呈黄、棕、绿等颜色。沿岸海水受入流河流带来氮、磷等营养物质影响,藻类大量繁殖,使海水呈现偏红的颜色,称为赤潮(red tide)。

**2. 海水的运动**

海水的运动有潮汐、海浪和洋流等几种类型。

(1) 潮汐

潮汐是月球和太阳引潮力(两个天体间引力与离心力的合力)作用引起海面周期性升降的现象,白天为潮,晚上为汐。高潮与低潮的水位差称为潮差。朔(阴历初一)望(阴历十五)潮差最大,称为大潮;上弦(阴历初八)下弦(阴历廿三)潮差最小,称为小潮。潮差的大小从低纬向高纬减小,两极无大小潮差别。潮流是海水在引潮力作用下在潮位升降时发生周期性流动的现象,流速一般为 4～5 km·h$^{-1}$,但狭窄海峡和海湾流速加大,如杭州湾大潮时流速可达 18～22 km·h$^{-1}$。

（2）海浪

海浪是海洋波浪的总称,海浪是海洋与大陆相互作用的动力,造成海岸带的侵蚀与沉积作用。海浪蕴藏着巨大的能量,利用海浪能发电,使其成为一种无污染的新能源。

（3）洋流

洋流又称海流,是大洋中大规模海水以相对稳定的速度和方向的流动,人称海洋中的河流。洋流受盛行风向、海水密度、地转偏向力、月球引力、海底地形和岛屿等因素影响。洋流包括水平方向和垂直方向的流动,大体闭合的洋流称为环流。按其与流经海域水温的差异分为寒洋流和暖洋流。表层洋流的产生和运动与海洋上的盛行风向有关。较重要的洋流有:赤道流、湾流和黑潮等。

顾名思义,赤道流位于赤道附近。太平洋的赤道洋流自西向东,到北美大陆后转向北与北信风洋流会合,转向西行,形成一个环流。大西洋的赤道洋流也是自西向东,到达几内亚湾后与南信风洋流会合后转向西,形成环流(见图 4-6)。

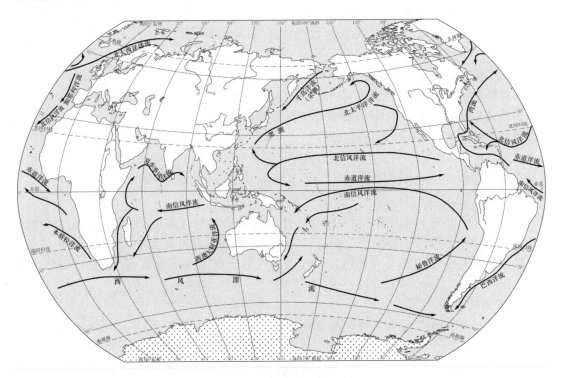

**图 4-6　世界大洋最重要的洋流**

（据列昂杰耶夫,1982;转引自伍光和 等,2000 改绘）

黑潮是北太平洋顺时针方向的环流,由北信风洋流到我国台湾东面转向东北方向,是一股暖洋流。到达北美洲西岸转向南,成为冷洋流,最后重新汇入北信风洋流而完成其环流。黑潮是世界第二大暖流,仅次于湾流,其特点是高温高盐,我国台湾以东夏季温度达 30℃,到日本海仍达 28℃,冬季不低于 20℃。

世界大洋中最大的洋流是墨西哥湾流,简称湾流。它是大西洋的顺时针环流,发源于墨西哥湾,沿北美洲东岸向东北流,横贯大西洋到达欧洲西北沿岸,经挪威海,最后进入北冰洋。其特点是流速快、流量大、高温、高盐、高透明度。湾流的高温使北欧相对温暖,也使俄罗斯的摩尔曼斯克成为不冻港。

### 3. 海-气相互作用与厄尔尼诺现象和拉尼娜现象

(1) 海-气相互作用

由于海洋水体巨大的体积及其巨大的热容量,使海洋成为一个巨大的太阳能储存器和温度调节器。相对于大陆而言,海洋升温较慢,降温也较慢,温度变化较和缓。海洋是地球水分的总源地,也是气团形成和变性的场所。陆地气团移向海洋或海洋气团移向陆地时,其温度、湿度和稳定性等物理性质随下垫面的改变而改变。

大气圈与海洋密切接触,相互影响。大风有助于洋流、海浪和海潮的形成和运动;云层减弱海面太阳辐射,减缓海水增温;降水影响海水盐度;气温影响海冰的冻融;气压影响海洋水中的溶解气体,进而影响海洋生物光合作用和呼吸作用。除此以外,大气圈和海洋之间的相互作用还造成某些区域性乃至全球性特殊的天气现象,其中广为人知的是厄尔尼诺现象和拉尼娜现象。

(2) 厄尔尼诺现象和拉尼娜现象

19 世纪初,拉丁美洲秘鲁和厄瓜多尔一带的渔民发现,每隔几年,从 10 月到翌年 3 月,近海鱼群大量死亡,捕食鱼类的海鸟大量逃亡。死鱼污染海水,受污染的海水腐蚀船体,渔业遭受严重损失,这种现象最严重时往往出现在圣诞节前后。近年来海洋监测网络的建立以及卫星遥感技术的应用,揭示了这种现象的原因。

在正常年份,南太平洋副热带高压位于复活节岛,低压在印度尼西亚上空。受东南信风影响,表层温水流向太平洋西岸,在重力作用下下沉,与下层温度较低的海水混合,反向回流至东岸厄瓜多尔和秘鲁沿岸,冷水向上升至海面(图 4-7),带来营养物质,浮游生物繁衍,渔业丰收,海鸟云集。

在厄尔尼诺年,低压东移至大洋中部,来自澳大利亚方向的西风把表层温暖海水吹向秘鲁海岸,阻止下面冷海水上涌,表层海水缺乏营养物质,造成食物链崩溃,海鸟和海洋哺乳类动物大量死亡,海水发臭,硫化氢腐蚀船体油漆,海员称之为 callao painter(Callao,卡亚俄,秘鲁海港名)。这种现象多发生在圣诞节前后,1925 年弗朗西斯特·皮萨罗首次把这种现象命名为 El Niño,西班牙语意为上帝之子——圣婴,中译厄尔尼诺。

例如,1982 年 11 月,赤道太平洋东部海温比常年高 6℃,范围较大。圣诞节前后,厄瓜多尔和秘鲁沿岸 1700 万只海鸟不知去向。当年冬天至翌年春天,秘鲁等拉美国家大雨滂沱,河水泛滥,美国中西部出现暴风雨、低温、冻雨。太平洋西岸印度尼西亚、澳大利亚、印度南部和

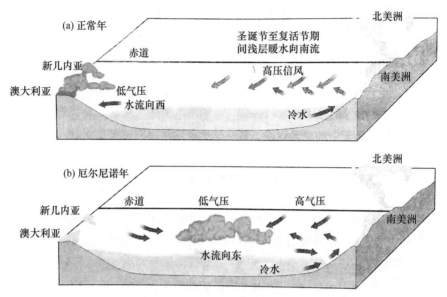

**图 4-7　南太平洋正常年与厄尔尼诺年大气与海洋的相互作用**

(据格蒂斯 A、格蒂斯 J、费尔曼,2013)

非洲 15 国出现几十年最严重的干旱,森林大火,农牧业失收。欧洲出现异常暖冬。中国南方夏季低温多雨,长江发生大洪水,北方雨量充沛、暖冬。

　　此类现象(事件)发生的间隔、强度和持续时间各不相同,每 10 年发生 1 次(低发期)～3 次(高发期),持续几个月至 15 个月。强大的厄尔尼诺事件影响范围遍及全球的 3/4。近百年来重大的厄尔尼诺有 9 次,它们分别出现于 1891 年、1925 年、1941 年、1957—1958 年、1965 年、1968—1969 年、1972—1973 年、1976 年以及 1982—1983 年。

　　南太平洋每 10 年出现 1～3 次的这种低压中心和表层温暖海水东西向移动,称为南方涛动(south ocean oscillation),状如跷跷板,造成遍及全球的天气变化,可造成几百亿美元的经济损失。

　　厄尔尼诺和南方涛动两种现象是一个问题的两个方面,或因果关系。对这种因果相应的现象,取 El Niño 和 south ocean oscillation 两者的英文字头,简称为 ENSO。

　　厄尔尼诺事件后,赤道太平洋往往出现水温异常变冷的现象,与厄尔尼诺现象相反,称为拉尼娜(La Niña)现象。La Niña,西班牙语意为圣女,与圣婴相对应。

　　造成南方涛动的原因尚未查明,可能与地球自转速度微小变化有关。自转加快时地球内部物质、能量可能向赤道集中,影响海水温度。这可能是固体地球、海洋和大气相互作用的结果。1997 年 8 月在日内瓦召开了世界气候研究计划会议,近 400 名政府人士和大气、海洋科学家出席,把厄尔尼诺现象作为主要议题。此项计划将延续下去,成为 21 世纪全球气候变化研究的主要内容之一。

# 思　考　题

**4.1**　简述世界淡水资源的紧缺性与不可替代性。

**4.2**　河流的地形要素有哪些?

**4.3**　河流的水情要素有哪些?

**4.4**　试述湖泊的概念及其类型。

**4.5**　试述沼泽的概念及其重要性。

**4.6**　地下水的类型有哪些?

**4.7**　试述黑潮与湾流的性质与意义。

**4.8**　试述厄尔尼诺现象和拉尼娜现象及其形成机理。

# 第 5 章　景观土壤系统

九州之土,为九十物。每州有常,而物有次。群土之长,是唯五粟。

——《管子·地员篇》

　　古人把九州的土壤分为 90 种,各具特性,而且分出肥力的高下,5 种"粟土"肥力最高。

　　土壤是陆地表面具有肥力、能生长植物的疏松表层,或者说,是陆地表面由矿物质、水、空气和生物组成,具有肥力,能生长植物的未固结层①。所谓陆地表面,就是不包括水体下的沉积物;所谓能生长植物,就是能支持植物完成从种子到种子的全过程,即从发芽、生长、开花到结果全过程的能力。

　　地球表面被几个连续的圈层所覆盖,包括大气圈、水圈、生物圈和岩石圈。土壤存在于这几个圈层的交界面上,是上述各圈层相互作用的产物,也是各圈层物质循环和能量交换的枢纽,因而土壤也记录了当代和过去环境状况的信息(图 5-1)。土壤是一个不连续的圈层,但由于其重要性,通常把它作为独立于岩石圈的一个圈层,称为土壤圈(Pedsphere,图 1-2)。

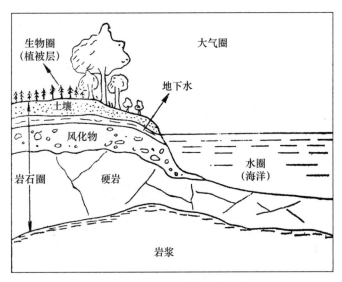

**图 5-1　土壤在自然界中的位置**

(据徐启刚 等,1991)

---

①　土壤名词审定委员会.土壤学名词: 1998[M].北京:科学出版社,1999.

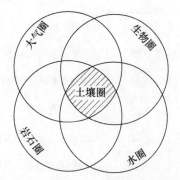

**图 5-2　土壤圈与地球各圈层的关系**

（据徐启刚 等，1991）

# 5.1　土 壤 形 态

## 5.1.1　土壤剖面和土壤发生层

土壤剖面（soil profile）就是土壤表面至底层的垂直切面。为了观察土壤，需要挖掘一个长方形的土坑，四周的坑壁就是土壤剖面，这种剖面叫作人工剖面。有时也可以利用工程的切方或山坡的滑塌面来观察土壤，这种土壤剖面叫作自然剖面。

土壤剖面从上到下往往有颜色、结构、质地等形态和性质各不相同的层次，这是土壤发生发育过程的结果，因此这些层次叫作土壤发生层（soil horizon）。

从上到下可能存在的发生层有 O 层、A 层、B 层、C 层、D 层等，分述如下（图 5-3）。

O 层：土壤表面植物残体覆盖层，又称 F 层或 H 层。天然林下土壤的 O 层往往较厚，草原土壤和荒漠土壤则比较薄。根据植物残体分解程度又可细分为未腐烂的 $O_1$ 层和半腐烂的 $O_2$ 层。

A 层：是土体的表层，厚度由几厘米到几十厘米不等，其中生物活动、物质能量转化过程旺盛，腐殖质含量较高。A 层又可分为 $A_1$、$A_2$ 和 $A_3$ 三个亚层。$A_1$ 亚层即腐殖质层，因富含腐殖质而颜色深暗，并常具团粒结构。$A_2$ 亚层为湿润森林土壤所特有，由于雨季中有沿土壤空隙下行的水流，其中溶有来自腐殖质的胡敏酸（humic acid）和富啡酸（fulvic acid），富啡酸使土壤中的硅酸盐黏粒和铁铝物质遭淋溶，而留下抗蚀性较强的石英沙粒和粉砂，使颜色变浅，呈灰白色，以泰加林下的灰化土最为典型。$A_3$ 亚层是 A 层向 B 层过渡的发生层。

B 层：淀积层，上面淋溶下来的黏粒和铁铝等物质在此淀积，质地较黏重，常有核状和块状结构，结构体表面或有胶膜。

C 层：母质层，是未经成土作用的物质，包括岩石风化产物和残积物、运积物等。

D 层：未经风化的基岩，又称 R 层。

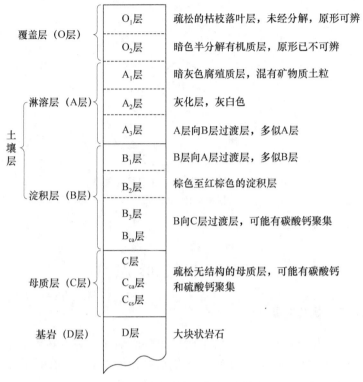

图 5-3　可能存在的土壤发生层

（据徐启刚 等,1991）

　　母质层以上、覆盖层以下的土层是土壤的本体,称为土体(solum)。

　　耕作土壤剖面一般由耕作层、犁底层、生土层(心土层)和死土层(底土层)构成(图 5-4)。耕作层就是农具耕耙形成的疏松层,厚度 15～25 cm。由于耕作过程中人畜踩踏和农具的镇压作用,耕作层以下通常形成一层紧实不甚透水的土层,叫作犁底层,常具片状结构。犁底层的存在有利于耕作层的保水保肥,对水稻土尤其重要。下面的生土层仍有下渗水肥的活动痕迹,如钙镁物质的淀积和锈斑锈纹(多见于水稻土)等。最下面的死土层基本上没有成土作用的影响。

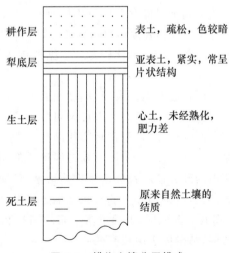

图 5-4　耕作土壤分层模式

（据徐启刚 等,1991）

### 5.1.2 土壤个体和单个土体

对土壤剖面的观察研究,使我们知道自然界存在各色各样的土壤,也就是说,一个地区的土壤可能由许多土壤个体组成。但是,土壤分布的连续性造成其个体难以直接判断。在 20 世纪中叶,土壤学家提出了土壤个体(soil individual)和单个土体(pedon)的概念。

所谓土壤个体,是指具有相同剖面构造、相同理化性质的同一种土壤在三维空间分布的连续整体。表面无一定形状。土壤个体是土壤制图的基本单元。

单个土体是概念上土壤个体的最小单元,可想象为一个六方形土柱,面积 $1\sim10\ m^2$,以能代表该土壤个体的特性为度。土壤个体形态特性较均一的,较小面积就能代表其特性;相反,土壤个体形态特性变异性较大的,就需要较大的面积才能代表其特性。单个土体的任何侧面都是土壤剖面(图 5-5)。

单个土体和土壤个体二者的关系,类似于树木与森林、晶胞与晶体的关系。

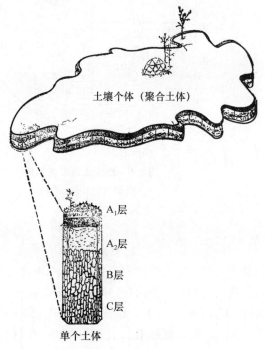

**图 5-5  土壤个体和单个土体**

(据徐启刚 等,1991)

# 5.2　土壤的组成

土壤是一种三相体系,其中的固相由各种矿物质和有机质组成,液相是土壤空隙中的水(土壤溶液),气相就是土壤空气。

一般而言,肥沃土壤三相体积比例大体上是矿物质占 45%,有机质占 5%,水分占 25%,空气占 25%。土壤水分和土壤空气都存在于土壤空隙中,二者此消彼长。雨后或灌溉后,土壤空隙充满水,缺乏空气;相反,长期干旱后,土壤水分消耗殆尽,空隙中充满空气(图 5-6)。

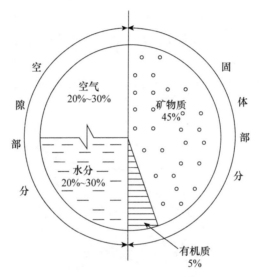

**图 5-6　肥沃土壤三相组成**

(据徐启刚 等,1991)

## 5.2.1　土壤矿物质

土壤矿物质包括两大类:原生矿物和次生矿物,二者合占固相质量的 90% 以上。

土壤原生矿物包括 5 类物质:氧化物、硅酸盐、铝硅酸盐、硫化物和磷酸盐。

氧化物有石英($SiO_2$,占 60% 以上)、赤铁矿($Fe_2O_3$)和金红石($TiO_2$)等;硅酸盐包括角闪石和辉石等,占 5%～15%;铝硅酸盐有长石和云母等,占 10%;硫化物包括黄铁矿和白铁矿(不同结晶的 $FeS_2$),占 0.2%～0.5%;磷酸盐包括磷灰石和氟磷灰石,占 0.3%～0.5%。

土壤次生矿物是指粒径 <0.25 μm 的矿物,具有胶体性质,使土壤具有黏性、膨胀性和吸收性。它包括土壤中的简单盐类、三氧化物、二氧化物和次生硅酸盐类。

简单盐类有方解石、白云石、石膏、石盐和芒硝等,多见于干旱地区;三氧化物类 $R_2O_3$ 有针铁矿($Fe_2O_3 \cdot 3H_2O$)、褐铁矿($2Fe_2O_3 \cdot 3H_2O$)和三水铝石($Al_2O_3 \cdot 3H_2O$)等,多见于低纬地区;次生硅酸盐类有蒙脱石、伊利石、蛭石、绿泥石和高岭石等,常见于中纬和低纬地区。

## 5.2.2 土壤有机质

土壤有机质包括土壤中的动植物活体、生物残体和特有的腐殖质,占固相质量的5%~10%。

土壤生物包括高等植物地下部分和细菌、真菌、放线菌和藻类等,也包括土居动物、昆虫和土壤原生动物等;腐殖质是土壤中生物残体分解最终产物和中间产物在微生物作用下合成的一类高分子有机化合物的混合物,为土壤所特有,含有芳香核、含氮杂环、各类烃类残余物和大量功能团,分子量可高达200万,主要组分为胡敏酸和富啡酸。

腐殖质是土壤的根本特征,是其区别于其他自然体的主要依据。它与土壤矿物质结合,使土壤表层颜色变暗,使土壤具有强大的吸收性能,使土壤能保持水分、气体和各种阴阳离子。富含腐殖质是肥沃土壤的重要标志。

## 5.2.3 土壤胶体

土壤胶体是土壤固相中粒径1~100 nm的部分(分散相)与土壤水(分散介质)组成的分散体系。它包括以黏土矿物为主的矿质胶体、以腐殖质为主的有机胶体和二者相互结合的有机-矿质复合胶体。胶体是土壤固相中最活跃的成分。

土壤胶体具有巨大的比表面(单位体积的表面积)和巨大的表面能(表5-1),能吸附各种阴阳离子,而且所吸附的阴阳离子可和土壤溶液中的离子进行等价交换,有利于土壤养分的保存和供给。土壤胶体还有从溶胶到凝胶状态的变化,有利于土壤团聚体的形成。

表 5-1 边长 1 cm 的立方体逐步细分时其比表面的变化

| 立方体的边长/cm | 立方体的总数/个 | 全部立方体的总表面积/cm² | 比表面(1 cm³ 内含有的面积) |
|---|---|---|---|
| 1 | 1 | 6 | 6 |
| 0.1 | $10^3$ | 60 | 60 |
| 0.01 | $10^6$ | 600 | 600 |
| 0.001 | $10^9$ | 6000 | 6000 |
| 0.0001 | $10^{12}$ | 60 000 | 60 000 |
| 0.000 01 | $10^{15}$ | 600 000 | 600 000 |
| 0.000 001 | $10^{13}$ | 6 000 000 | 6 000 000 |
| 0.000 000 1 | $10^{21}$ | 60 000 000 | 60 000 000 |

注:据南京大学 等,1980。

### 5.2.4 土壤水分

土壤水分的主要来源是大气降水和灌溉水通过土壤表面入渗,以及从潜水面沿毛细管孔隙上升,此外还有少量的水汽冷凝。保存在土壤空隙中的水分,被土壤颗粒所吸持,根据吸持力的不同,可以将其区分为吸湿水(hygroscopic water)、毛管水(capillary water)和重力水(gravitational water)。

吸湿水是指干燥土粒从空气中吸收的水汽,因分子引力与土粒结合紧密,厚度仅为几个水分子,占干土重的 $1\% \sim 3\%$,它与土壤颗粒的吸持力超过 15 000 hPa,植物无法吸收,风干土中所保持的水分就是吸湿水。

毛管水是指土壤毛细管保持的水,不受重力影响,从大毛细管向细毛细管运动,大部分易被植物利用,接近土粒部分与土粒的吸引力达到 15 000 hPa,根毛无法吸收,植物开始凋萎。此时的土壤含水量称为萎蔫点(wilting point)或萎蔫系数(wilting coefficient)。

重力水是土壤大孔隙中受重力作用向下运动的水。大雨或灌溉后土壤中充满重力水,一般几个小时内离开根区,对植物有效性不大。重力水流走后,上层毛管悬着水达到最大,此时的土壤含水量称为田间持水量(field capacity)。

由此可见,土壤中对植物有效的水量就是从田间持水量到萎蔫点之间的水量,即:

$$土壤有效水量＝田间持水量－萎蔫点$$

### 5.2.5 土壤空气

土壤空气就是存在于未被土壤水占据的孔隙中的气体组分,它与大气组分大体相同,但又有明显差别:第一,土壤空气的含氧量略低于大气。第二,土壤空气中 $CO_2$ 含量很高。两者的原因都是因为根系呼吸和有机质分解耗氧,同时放出 $CO_2$。第三,土壤中水汽常处于饱和状态。第四,土壤空气和大气中的 $N_2$ 有不同意义,大气中 $N_2$ 与生命活动无关,土壤中 $N_2$ 因固氮菌作用与反硝化作用而参与生物循环。

由于土壤空气组分与大气组分的分压存在差异,土壤具有多孔性与通气性,而且是一个开放体系,因而土壤中存在从大气中吸入 $O_2$ 排出 $CO_2$ 的过程,称为土壤呼吸。

## 5.3 土壤的性质

### 5.3.1 土壤的物理性质

土壤的物理性质包括其颜色、质地、结构、比重、容重、孔隙度和温度等。

**1. 土壤颜色**

土壤颜色受腐殖质含量、原生矿物和次生矿物组成的影响。土壤颜色用孟赛尔(Munsell)比色卡测定。

**2. 土壤质地**

土壤质地（texture）又称机械组成（mechanical composition），是指土壤颗粒总体上的粗细程度，由砂粒、粉粒和黏粒的含量决定。

**3. 土壤结构**

土壤结构（structure）是指土壤颗粒胶结形成的团聚体，亦称结构体。有球状、块状、片状、棱柱状和柱状等结构。

**4. 土壤比重**

土壤比重（specific gravity）是土壤固相部分与同体积水质量之比，因此，土壤比重就是土壤的颗粒密度（density），其均值为 2.65，一种土壤或一个土层土壤的比重因其矿物组成与腐殖质含量不同而大小不一。

**5. 土壤容重**

土壤容重（bulk density）是单位体积原状土壤与同体积水之比。其数值范围一般在 1.0～2.0 之间，其大小取决于其比重和孔隙度（图 5-7）。

**6. 土壤孔隙度**

土壤孔隙度（porosity）是单位体积土壤中孔隙所占百分比。

$$孔隙度(\%)=(1-容重/比重)\times 100$$

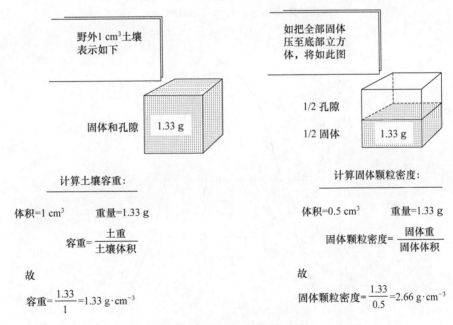

**图 5-7 土壤容重和颗粒密度**

（据 N.C.布雷迪，1982；转引自徐启刚 等，1991）

### 7. 土壤温度

土壤温度主要取决于太阳辐射,在有地热异常的地方,还会受地热的影响。太阳辐射进入土壤表面后,随深度迅速减小,而且太阳辐射的日变化和年变化决定土壤温度的变化。

土壤的导热性较小,因而土壤温度的日变化出现滞后的现象。通常深度增加 10 cm,滞后 2.5～3.5 h,而且土壤温度的日较差随深度减小,1 m 以下几乎无日变化(图 5-8)。土壤温度年变化是每增加 1 m,温度滞后 20～30 天,其年较差亦随深度减小,10～20 m 以下为恒温(图 5-9)。

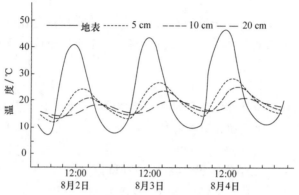

图 5-8　洛桑地区裸地土壤温度的日变化
(据姚贤良 等,1986;转引自徐启刚 等,1991)

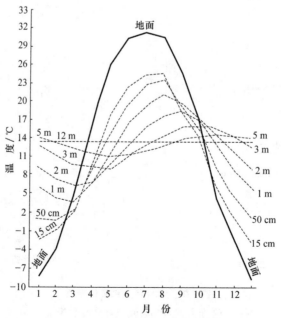

图 5-9　北京各土壤深度土壤温度月平均值的年变化
(据姚贤良 等,1986;转引自徐启刚 等,1991)

### 5.3.2 土壤的化学性质

#### 1. 土壤酸碱性

土壤的酸碱性是土壤重要的化学性质,它影响养分有效性、微生物活动和土壤养分对植物的有效性。

土壤的酸碱性用土壤酸度(soil acidity)pH 表示,pH 6.5~7.5 为中性,<6.5 为酸性,>7.5 为碱性,如图 5-10 所示。

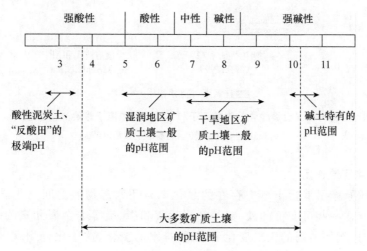

**图 5-10 土壤酸度分级和常见土壤酸度的范围值**
(据徐启刚 等,1991)

天然酸度又分为活性酸度(active acidity)和潜在酸度(potential acidity)。活性酸度是由土壤溶液中游离 $H^+$ 导致的酸度,用 pH 表示,可以在现场用指示剂、试纸或酸度计测定。潜在酸度是土壤胶体吸附的 $H^+$ 和 $Al^{3+}$ 引起的酸度,用 mmol/100 g 表示,一般要在实验室中测定。

土壤碱度(soil alkalinity)是土壤中由碳酸盐和重碳酸盐导致土壤碱性的程度,用 mmol/100 g 表示。

#### 2. 土壤缓冲性

土壤缓冲性就是土壤抵抗(缓冲)其 $H^+$ 和 $OH^-$ 浓度剧烈改变的性能。土壤具有这种性能是由于土壤中存在着土壤胶体、多种弱酸和弱酸盐组成的缓冲体系,以及两性物质的作用。土壤的缓冲性能有助于在施用化肥和带入少量污染物时不致改变土壤酸度,土壤的缓冲性增加了土壤的环境容量。

土壤胶体的存在,使胶体吸附的离子和溶液中的离子保持动态平衡。如果溶液中的 $H^+$ 和 $Al^{3+}$ 增加,就有一部分进入胶体;如果溶液中 $H^+$ 和 $Al^{3+}$ 减少,胶体所吸附的部分 $H^+$ 和

$Al^{3+}$就进入溶液。最终二者保持平衡状态(图 5-11)。

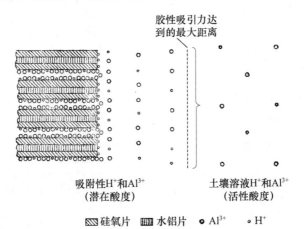

图 5-11    土壤胶体吸附的离子和土壤溶液中离子等价交换示意

(据布雷迪,1982;转引自徐启刚 等,1991)

### 3. 土壤氧化还原作用

土壤氧化还原作用是指土壤中存在的氧化态与还原态物质之间的化学反应。因为土壤化学组成中存在一些可变价的铁、锰等金属元素和磷、硫等非金属元素的化合物,当土壤环境条件改变时,例如晴雨的天气变化和灌溉-排水的变化,这些化合物就可能发生氧化还原反应。

$O_2$是强氧化剂,在土壤空隙充满空气时,土壤就处在氧化状态,其强弱状况可以根据其氧化还原电位($E_h$)来确定。土壤氧化还原电位一般在 $200\sim700$ mV 之间,在通风良好的自然土壤中,土壤中氧化还原电位一般在 300 mV 以上,呈氧化状态。相反,在灌溉或雨后土壤充水的情况下,氧化还原电位会下降到 300 mV 以下甚至出现负值,呈还原状态。

土壤氧化还原反应不仅包括纯粹的化学反应,而且有生物(微生物、植物根系分泌物等)的参与,因此也包括这种生物化学反应。

土壤中的氧化剂除了 $O_2$ 以外,还有高价的 $NO_3^-$、$Fe^{3+}$、$Mn^{4+}$、$SO_4^{2-}$ 等;土壤中的还原剂包括新鲜有机质和 $Fe^{2+}$、$Mn^{2+}$、$H_2S$、$CH_4$ 等。

在好氧条件下,土壤中铵态氮($NH_4^+$)在硝化细菌的作用下,被氧化成亚硝酸,并进一步被氧化成硝酸。这个过程称为土壤的硝化作用(soil nitrification),即含氮化合物被氧化为亚硝酸和硝酸。同时,土壤中低价的 $Fe^{2+}$ 和 $Mn^{2+}$ 也存在着氧化为 $Fe^{3+}$、$Mn^{4+}$ 的反应,在土壤剖面中生成铁锰的锈斑和小结核(俗称铁子)。

反之,在厌氧(缺氧)条件下,土壤中的硝酸盐被反硝化细菌还原为亚硝酸盐($NO_2^-$)、$NH_3$ 甚至最后还原为 $N_2$,造成土壤中氮肥的损失。这个过程称为土壤的反硝化作用(soil denitrification),即硝酸盐被还原为 $NH_3$ 和 $N_2$,同时 $Fe^{3+}$、$Mn^{4+}$ 被还原为 $Fe^{2+}$、$Mn^{2+}$。

# 5.4　土壤的形成

## 5.4.1　成土因素学说

　　土壤和一切自然体一样,也有发生发育的过程。地表岩石和沉积物在各种自然力的作用下,逐渐风化并在生物的作用下最后形成土壤。19 世纪末,俄国学者道库恰耶夫(B. B. Докучаев)提出了成土因素学说,美国学者希尔加德(E. M. Hilgard)也提出了相同的学说,其主要内容包括:第一,土壤是独立的自然历史体,有独特的发生发育过程;第二,土壤是在地方气候、动植物有机体、母岩、地形和陆地年龄等因素非常复杂的相互作用下形成的;第三,土壤性质是成土因素的函数,即 $s = f(cl, o, p)t$(道库恰耶夫提出),后来美国土壤学家詹尼(Hans Jenny)将其修改为 $s = f(cl, o, r, p, t \cdots)$;第四,各成土因素同等重要,但生物因素起主导作用。

　　过去人们把土壤看作岩石的风化物,有时将土壤作为一种地层进行研究,而道库恰耶夫和希尔加德等人把土壤定义为和岩石对等的自然历史体,推动了土壤科学的发展,具有划时代的意义。

## 5.4.2　各成土因素的作用

### 1. 成土母质——土壤形成的物质基础

　　詹尼把成土母质定义为土壤形成零时间土壤系统的状态,即土壤系统的起始状态。

　　成土母质的来源是母岩及其风化物,后者可分为两类:残积物和运积物。残积物就是母岩风化后留在当地的岩石碎块和细粒物质;运积物包括崩积物、冲积物、海积物、湖积物、风积物和冰碛物等。

　　土壤的许多属性继承自母质,如土壤的化学组成和质地等,植物的矿质养分也多来自母质。因此,土壤可视作一定气候下生物对母质改造的产物。

　　母质对土壤性质的影响表现为其对母岩的继承性:岩浆岩母质原生矿物较多,其中基性岩母质多深色矿物,质地较细,含 Al、Fe、Ca、Mg 较多;酸性岩母质多浅色矿物,质地较粗,含 Si、Na、K 较多。还有沉积岩母质多次生矿物,残积和坡积母质常多石块,冲积母质常见层理,等等。

### 2. 气候——成土过程的动力

　　地方气候决定了土壤的水热状况和土壤中物理、化学和生物学过程的强度和速度,同时,气候还影响其他成土因素,如风化作用、地形发育和生物活动等,从而间接影响成土过程的强度和速度。

　　苏联土壤学家沃耶可夫把土壤热状况划分为 3 种类型:受热型,主要存在于低纬地区,表土温度较高,热量向下层传递;冷却型,存在于极地,深层温度较高,表土温度低;均衡型,存在于中纬地区,夏季表土温度较高,冬季底土温度较高,而春秋两季出现表土和底土温度上下流转的现象。

苏联土壤物理学家罗戴[①](A. A. Роде)把土壤水分状况分为 4 种类型:淋溶型与周期性淋溶型、非淋溶型、渗出型(上升型)、停滞型(图 5-12)。

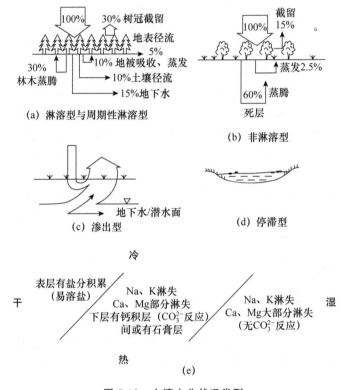

图 5-12　土壤水分状况类型

淋溶型与周期性淋溶型水分状况主要出现在降水丰沛的森林地区,降水能充分湿润全部土层,而且每年或每隔若干年还有多余的水分补给地下水。

非淋溶型水分状况出现在干旱区和荒漠地区,降水量不足以抵消蒸发量,进入土壤层的水分随后又被蒸发蒸腾返回空气中,土壤层和地下水层之间有一个厚薄不一的干土层,植物根系无法从中吸取水分,被称之为死层。

渗出型又被称为上升型水分状况,多出现在干旱区地下水接近地表的土壤中,那里含盐的地下水在土壤毛细管引力作用下上升到地表,水分蒸发后盐分留在地表,造成土壤盐渍化。

停滞型水分状况出现在地形低洼处,长年积水常导致土壤沼泽化。

---

① 曾译作罗杰。

### 3. 生物——成土过程的主导因素

土壤的根本特征是含有腐殖质,表土有一个腐殖质层,而腐殖质是生物残体经一系列复杂的生物化学反应形成的。因此,从空间上看,无生物处即无土壤;从时间上看,地球在生命出现前无土壤。所以说,生物在土壤形成过程中起主导作用,而且,植物、动物和微生物三者在土壤形成过程中都不可或缺。

植物的作用表现在对养分的创造性、集中性和累积性。创造性是指动植物残体通过微生物的作用创造了土壤腐殖质;集中性是指植物通过其根系把分散在土层中的营养元素向表土集中;累积性是指植物的世代更迭使土壤养分越来越丰富,使土壤更加肥沃(表5-2)。

表 5-2　阿拉斯加苔原阶地生物群落演替与土壤含氮量的关系

| 阶地级别 | 年　龄/年 | 植被阶段 | 细土部分含氮量/(%) | | |
|---|---|---|---|---|---|
| | | | 5 cm 土层 | 10 cm 土层 | 20 cm 土层 |
| Ⅰ | 20～35 | 先锋期 | 0.026 | 0.013 | 0.013 |
| Ⅱ | 100 | 草甸期 | 0.129 | 0.079 | 0.033 |
| Ⅲ | 150～200 | 灌丛早期 | 0.161 | 0.119 | 0.038 |
| Ⅳ | 200～300 | 灌丛晚期 | 0.171 | 0.100 | 0.044 |
| Ⅴ | 5000～9000 | 低灌丛-苔草丛-藓类苔原期 | 2.380 | 0.140 | — |

注:据詹尼,1988。

动物,尤其是土居动物不仅是土壤有机质来源之一,而且也是土壤中物质转化的动力之一,例如肥沃土壤中蚯蚓的作用。

微生物是生物残体分解转化与腐殖质合成的执行者,如果没有土壤微生物,则动植物残体无从分解,腐殖质也无从合成。

而且,不同生物群落下发育不同性质的土壤。群落演替引起土壤性质演化乃至土壤类型改变(图5-13)。

### 4. 地形——物质能量分配与交换的场所

地形高低起伏,大规模的起伏形成垂直带,中小起伏造成水热条件差异。山地和丘陵的不同坡向上,最高温出现的季节不同:东南坡的最高温出现在初夏,正南坡出现在仲夏,西南坡出现在初秋。一天之中不同坡向的水热条件也有差异:南坡温度较高,蒸发量大,常生长较耐旱的植物,为阳坡;北坡则相反,温度较低,相对湿度较高,植被比较茂密,为阴坡;东坡接受上午的阳光,升温较慢,为半阴坡;下午阳光直射西坡,升温快,温度高,为半阳坡。

而且,不同地貌类型、不同地形部位上可能有残积物、坡积物或沉积物等不同成土母质。

图 5-14 表示中纬度地区阴坡和阳坡接受太阳辐射量的差异。

### 5. 时间——一切事物发育的必要因素

土壤和其他自然体一样,也有自己的年龄。从岩石和沉积物出露地表开始,就发生风化和成土作用,从那时起到现在的实际年份就是土壤的绝对年龄。现在大部分土壤的绝对年龄是从第四纪末次冰期后开始,其年份可以用同位素断代技术测定。

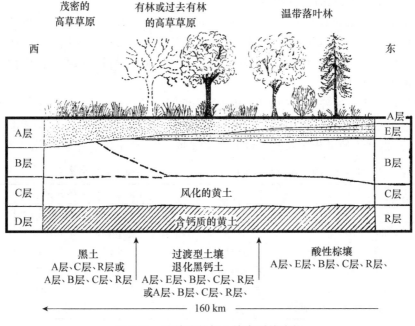

图 5-13　植被演替与土壤类型的演替

（据 O'Hare,1988）

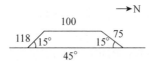

图 5-14　中纬度阴坡和阳坡接受太阳辐射量的对比

按土壤发育的程度,可以将其分为幼年、成熟与老年 3 个阶段,称为土壤的相对年龄。土壤的绝对年龄与相对年龄通常具有一致性,即绝对年龄大者一般都是成熟土壤或老年土壤。但是在某些严酷环境下(如低温、极干旱),二者可能不一致,例如在高纬度和高山地区,由于风化-成土作用微弱,土壤绝对年龄可能很长,但仍属于幼年土壤。

**6. 人类活动——正效应与负效应**

土壤是重要的生产资料,人类通过耕作、灌溉、排水和施肥等措施对土壤水、肥、气、热等肥力要素施加直接影响;同时,人类还通过平整土地、清除植被等措施,影响地形和生物等成土因素,对土壤施加间接影响,进而改变土壤性质。上述措施如果得当,就是土壤培肥的过程,土壤会越来越肥沃。相反,如果措施不当,土壤肥力就会下降,造成土壤侵蚀、盐渍化、沼泽化、沙化等现象,使土壤退化。

### 5.4.3  土壤形成过程

土壤形成过程是指发生于土壤中,决定土壤组成与性质的一切物理、化学、生物现象的总和,包括土壤中矿物质和有机质的增加、减少、迁移和转化等过程。可归纳为四类。

第一类是一般地表过程,即地球表面始终进行的过程,包括以下几种。

① 淋溶与淀积:土壤溶液中的物质和细小颗粒从上层向下层的位移。

② 洗脱与富集:土壤物质淋出土层或在土层中积聚。

③ 分解与合成:包括矿物质和有机质的分解和合成。

④ 侵蚀与堆积:土壤表层物质的流失与积聚。

⑤ 土体扰动:就是各土层混合的过程,包括自然与人为的作用。

第二类是矿物质迁移转化过程,即土壤中元素、化合物或颗粒物发生变化,包括以下几种。

⑥ 钙化与脱钙:即土体中碳酸盐的淀积与淋溶,其反应式如下。

$$CaCO_3 + H_2O + CO_2 \rightleftharpoons Ca(HCO_3)_2$$

⑦ 积盐与脱盐:主要是干旱、半干旱区土壤中可溶性盐分(硫酸盐和氯化物)积聚和因降水量增加或人工淋洗去除土壤可溶性盐的过程。

⑧ 碱化与脱碱化:碱化是土壤胶体交换位上吸附较多 $Na^+$ 的过程,使土壤碱性增强。脱碱化是土壤胶体交换位上 $Na^+$ 被 $H^+$ 交换的过程,从而降低土壤的碱性。

⑨ 潜育化:土壤长期积水,铁、锰等变价元素被氧化、还原的过程。被氧化时生成铁质斑纹或结核(铁子);被还原时生成灰蓝色潜育层或潜育化斑块[$Fe_3(PO_4)_2 \cdot 8H_2O$,蓝铁矿]。

⑩ 土体黏化:主要发生在温暖湿润气候下,土壤原生矿物分解为次生矿物,形成较黏重土层(黏化层)的过程。黏化过程中可能伴随黏粒下移,下行的黏粒在土壤中下层淀积,这种过程称为淀积黏化。也可能没有黏粒下移,生成的黏粒残留在原土层中,这种过程称为残积黏化。

第三类是土壤有机质转化过程,即有机质进入土壤及其分解、消耗和转化的过程,包括以下几种。

⑪ 残落堆积过程:主要是指森林中枯枝落叶与草地植被残体堆积在地表与土体中的过程。

⑫ 腐殖质化与矿质化:腐殖质化就是土壤有机质分解产物在微生物作用下缩合形成腐殖质的过程,这是所有土壤中普遍存在并使土壤有别于其他自然体的过程;与之相反,矿质化是腐殖质分解为简单矿物质而利于植物吸收的过程。

⑬ 泥炭化与泥炭腐熟化:主要是沼泽中植物残体积聚变成半分解状态并进一步变成泥炭的过程。

⑭ 黑化与白化:指土层因腐殖质含量增减和成分变化使土壤颜色变深或变浅的过程。

第四类是组合过程,上述 14 种过程可称为单元成土过程,它们以不同的组合形成不同类型的土壤。这些组合过程的名称,常以代表性土壤的名称命名,包括下列几种过程。

⑮ 原始成土过程：就是岩石或沉积物出露地表，低等生物（岩漆、蓝藻、地衣和苔藓）着生，对岩石发生风化作用，积累了浅薄的细土和有机质的过程，为高等植物定居创造了条件。这种过程多存在于极地和高山低温地区，所有土壤底部也存在这种过程。

⑯ 灰化过程：主要发生在北方泰加林下，针叶树的残落物在真菌作用下生成富啡酸，使土壤上层盐基淋失，形成灰白色强酸性土层 $A_2$，并在下部形成红棕色淀积层的过程。

⑰ 富铝化过程：主要发生在低纬度地区，在高温湿润气候下，土体脱硅、铁铝相对富集，使土壤染红的过程。富铝化程度的高低用土壤化学组成的硅铝铁率 $SiO_2/R_2O_3$（$R_2O_3$ 是 $Fe_2O_3$ 与 $Al_2O_3$ 之和）表示，硅铝铁率愈小者，富铝化程度愈高。

⑱ 白浆化过程：是我国土壤学家定义的过程，主要发生在我国东北缓丘（当地人称漫岗）地区有季节性冻土的缓坡上，融冻时上层积水缺氧，铁锰被还原并随侧向水流不断淋失，形成漂白土层的过程。按其发生机理，又称表层潜育化离铁作用（简称表潜离铁作用）。

⑲ 熟化过程：是人为改善土壤水肥气热条件，使土壤适合农作物生长的过程。

### 5.4.4　土壤形成的基本规律

地球自形成之日开始，就不断经历沧海桑田变化的过程，这些过程可以概括为地质大循环和生物小循环两类，而土壤的形成正是地质大循环与生物小循环矛盾的统一，也是土壤肥力发生发展的过程。

所谓地质大循环，简言之，就是岩石被风化-搬运-堆积-成岩-再出露的过程，这个过程是风化-成土作用的物质基础，是土壤原生矿物与次生矿物的来源。地质大循环的特点是范围极广（大陆-海洋规模）和时间极长（$10^6 \sim 10^8$ 年）。

生物小循环就是绿色植物在环境因素（光热水肥）的作用下，通过光合作用，进行有机物生产，继而动植物残体在微生物参与下被分解，最终回归环境的全过程。其特点是规模巨大，涉及全球海洋和陆地，而且速度较快（$1 \sim 100$ 年）。

地质大循环是生物小循环的物质基础，无此基础，则生物无法生长繁衍，而生物小循环是地质大循环的动力，地质学研究揭示，没有生物的参与，有些地质过程无法进行。所以说，地质大循环和生物小循环是相互作用、相互渗透、同时进行但方向相反的过程。地质大循环中风化作用倾向于物质的流失，而生物小循环则通过植物把流失的物质积累在生物体中（图 5-15）。

# 5.5　土壤分类与分布

自古以来，人类在认识世界的过程中，为了了解各事物间的关系，使知识系统化，也为了便于交流，需要对各种事物进行分类。

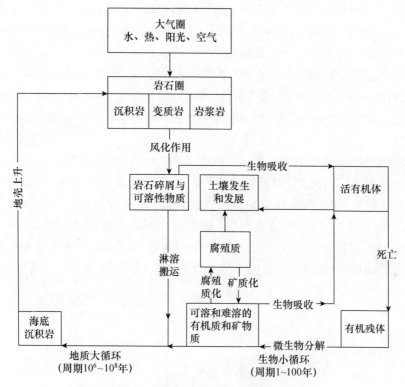

**图 5-15　地质大循环与生物小循环的关系**

(据徐启刚 等,1991)

　　事物之间的异同是客观存在,这是事物分类的客观性。但是,人们对事物的认识难免存在片面性,因而见仁见智。即使对已经全面了解的事物,在拟定分类标准时也会存在个人的主观性和偏好。

　　土壤与其他事物相比,有其特殊性——土壤的个体难以界定,其原因除了土壤分布的连续性难以直接识别以外,还有由于同类型土壤的变异性,即同一类土壤,其土层厚度、质地和化学性质等方面都可能存在数量上的差异。因此,现代的土壤分类远落后于动植物和岩石等自然体的分类。直至 19 世纪晚期,俄国土壤学家道库恰耶夫才提出一个较系统的土壤分类。

## 5.5.1　土壤地理-发生学分类

　　1886 年,道库恰耶夫提出第一个土壤分类系统,他根据土壤所在的地理环境和可能存在的成土过程,把俄国土壤划分为正常土壤、过渡土壤和反常土壤。这是以中心概念为核心的地理-发生学分类的开端。稍后,1901 年,H·M·西比尔泽夫提出显域土、隐域土、泛域土三个

土纲,相应取代了道库恰耶夫的正常土壤、过渡土壤和反常土壤的概念。三个土纲下分 13 个
土类。1949 年,美国土壤学家梭颇和史密斯(J. Thorp & G. D. Smith)在美国土壤分类中也采
用了这三个土纲,到了 1957 年,苏联地理学家兼土壤学家格拉西莫夫(I. P. Gerasimov)的分类
依然沿用这三个土纲。他提出的土壤分类系统有 8 个等级:土类、亚类、土属、土种、亚种、变
种、土系和土相,土壤的命名采用连续命名法,为了避免名称过长,只用变种-土种-亚类-土类的
顺序连续命名。以黑钙土的一个变种为例,其名称为:中壤质(变种)深厚(土种)典型(亚类)
黑钙土(土类)。

　　这种地理-发生学分类的特点,是以典型个体(剖面)为标准,树立一个中心概念(树典
型),与之相似的个体归入此类,相异者归为另一类。其优点是很直观,可以在野外凭经验
判定土壤类型。但是,像土壤这种变异性较大的事物,其中心概念的属性强度与其分布区
有关,分布区中心的土壤,其属性强度最强(最典型),而离分布区中心越远,其属性强度越
弱(图 5-16)。两种土壤分布区接壤的地方,土壤的属性难以确定。在无定量化的指标和边
界条件的情况下,不典型的和过渡性的个体难以归类,只能依靠经验和权威判断土壤类型。

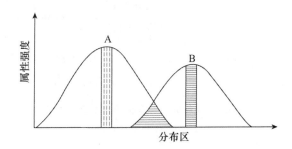

图 5-16　事物的中心概念的属性强度与其分布区的关系

### 5.5.2　诊断学土壤分类

　　20 世纪初,美国土壤学家采用地层学的方法研究土壤,把某个地区发育在同一母质上,土
层排列和属性相似的土壤视作一个土系(soil series),作为土壤分类的基层单元,因而被称为
农业地质学派的分类。而在高级单元上则接受了道库恰耶夫的思想,以大土类(great soil
group)为高级单元。

　　到了 20 世纪中叶,美国土壤学家开始追求土壤分类的定量化和指标化。1951 年以史密
斯为首,先后组织了 1000 名专家研究新的分类方案。经过 7 次修改,于 1960 年在世界土壤学
会上提出第七方案(7th approximation for the 7th Congress of International Soil Science Soci-
ety)。1964 年出版了补充说明,随后在美国国内应用,再次修改补充后,于 1975 年正式出版,
更名为 Soil Taxonomy。迄今已有几十个国家直接采用为本国的土壤分类系统,更多国家采
用为本国的第一或第二分类方案。而且,此分类方案仍在不断修改发展中。

我国土壤学界自 1984 年开始,启动土诊断学分类的研究,并定名为中国土壤系统分类项目,1985 年提出《中国土壤系统分类初拟》,陆续提出《中国土壤系统分类(二稿)》(1987 年)和《中国土壤系统分类(三稿)》(1988 年),最后确定为《中国土壤系统分类(首次方案)》(1991 年)。

发生学分类的特点是以成土因素中的生物气候条件和(推断的、臆想的)成土过程为依据,结合土壤剖面构型和性态特征判定土壤类型,但边界条件不明确,定量指标也不完善,主要依靠经验与权威,而且无法检索与建立信息系统。

诊断学分类的特点是以诊断层和诊断特性为核心,确立了众多的定量指标,建立了较完整的检索系统。不过这种分类方法被定名为"土壤系统分类"并不确切,其一是名称本身有对土壤系统进行分类的歧义,其二是几乎所有分类都有自己的系统,而不是这种分类法所独有。

美国土壤诊断学分类土纲检索表示例见表 5-3。

表 5-3 美国土壤诊断学分类土纲检索表

| 诊断特征 | 土 | 纲 |
|---|---|---|
| ① 表层 40 cm 有机质含量超过 30% | 有机土 | Histosol |
| ② >35 cm 土层具有火山灰土性质而无漂白层存在 | 火山灰土 | Andosol |
| ③ 2 cm 厚土层内具有灰化淀积层 | 灰土 | Spodosol |
| ④ 1.5 m 土层内具有氧化层而无高岭层,或 18 cm 表土黏粒含量≥40%并在 1.5 m 土层内具有高岭层 | 氧化土 | Oxisol |
| ⑤ 各层黏粒含量均超过 30%,干时出现裂缝,深达 50 cm | 膨转土 | Vertisol |
| ⑥ 一年中 50%以上时间干旱并且不暗沃表层 | 干旱土 | Aridisol |
| ⑦ 具有黏化层或高岭层,但 1.8 cm 土层内 pH=8.2 的盐基饱和度<35% | 老成土 | Ultisol |
| ⑧ 具有暗沃表层 | 暗沃土 | Molisol |
| ⑨ 具有黏化层或高岭层 | 淋溶土 | Alfisol |
| ⑩ 具有暗色表层、生草层或过渡层 | 始成土 | Inceptisol |
| ⑪ 其他土壤 | 新成土 | Entisol |

注:徐启刚 等,1991。

### 5.5.3 我国当前使用的土壤分类

我国新的诊断学分类已具雏形,但推广使用尚需时日,目前使用的仍是中国土壤学会制订的分类草案,仍然采用土类、亚类、土属、土种和变种五级分类制,以土类为基本单元,土种为基层单元。在土类之上,将土类共性相近的土类归纳为土纲。中国土壤分类表如表 5-4 所示。

表 5-4　中国土壤分类表

| 土　纲 | 土　类 | 亚　类 |
|---|---|---|
| 铁铝土 | 砖红壤 | 砖红壤<br>暗色砖红壤<br>黄色砖红壤 |
| | 赤红壤 | 赤红壤<br>暗色赤红壤<br>黄色赤红壤<br>赤红壤性土 |
| | 红壤 | 红壤<br>暗红壤<br>黄红壤<br>褐红壤<br>红壤性土 |
| | 黄壤 | 黄壤<br>表潜黄壤<br>灰化黄壤<br>黄壤性土 |
| 淋溶土 | 黄棕壤 | 黄棕壤<br>黏盘黄棕壤 |
| | 棕壤 | 棕壤<br>白浆化棕壤<br>潮棕壤<br>棕壤性土 |
| | 暗棕壤 | 暗棕壤<br>草甸暗棕壤<br>潜育暗棕壤<br>白浆化暗棕壤 |
| | 灰黑土 | 暗灰黑土<br>淡灰黑土 |
| | 漂灰土 | 漂灰土<br>腐殖质淀积漂灰土<br>棕色针叶林土<br>棕色暗针叶林土 |

续表

| 土　纲 | 土　类 | 亚　类 |
|---|---|---|
| 半淋溶土 | 燥红土 | |
| | 褐土 | 褐土<br>淋溶褐土<br>石灰性褐土<br>褐土化潮土<br>湿潮土<br>灰潮土 |
| | 砂姜黑土 | 砂姜黑土<br>盐化砂姜黑土<br>碱化砂姜黑土 |
| | 绿洲土 | 绿洲灰土<br>绿洲白土<br>绿洲潮土 |
| | 草甸土 | 草甸土<br>暗草甸土<br>灰色草甸土<br>淋灌草甸土<br>盐化草甸土<br>碱化草甸土 |
| 水成土 | 沼泽土 | 草甸沼泽土<br>腐殖质沼泽土<br>泥炭腐殖质沼泽土<br>泥炭沼泽土<br>泥炭土 |
| | 水稻土 | 淹育性（氧化型）水稻土<br>潴育性（氧化还原型）水稻土<br>潜育性（还原型）水稻土<br>漂洗型水稻土<br>沼泽型水稻土<br>盐渍型水稻土 |
| | 盐碱土 | 盐土<br>草甸盐土<br>滨海盐土<br>沼泽盐土<br>洪积盐土<br>残积盐土<br>碱化盐土 |

续表

| 土　纲 | 土　类 | 亚　类 |
|---|---|---|
| 岩成土 | 岩成土 | |
| | 石灰土 | |
| | 磷质石灰土 | |
| | 黄绵土 | |
| | 风沙土 | |
| | 火山灰土 | |
| 高山土 | 山地草甸土 | |
| | 亚高山草甸土 | 亚高山草甸土 |
| | | 亚高山灌丛草甸土 |
| | 亚高山草原土 | 亚高山草原土 |
| | | 亚高山灌丛草原土 |
| | 亚高山漠土 | |
| | 高山漠土 | |
| | 高山寒冻土 | |

注：据熊毅、李庆逵，1987。

### 5.5.4　我国常见的土壤类型

现将我国常见土壤类型归为以下八大类。

**1. 森林土壤**

森林土壤是湿润地区发育在森林植被下面的土壤，这些土壤具有以下共性：第一，土壤表面常有枯枝落叶层，成为土壤有机质的主要来源，因此土壤腐殖质主要集中在表土层（A 层）。第二，具有淋溶型水分状况，大气降水能渗入土层并向下淋溶，土壤通常呈酸性。第三，从上层向下淋溶的物质淀积在土壤中下层，形成明显的淀积层。第四，土壤中原生矿物分解程度高，次生矿物占比重大。自北向南，森林土壤主要有以下几个土类。

（1）灰化土

灰化土广泛分布于北半球寒温带针叶林地带，是一种强酸性土壤。其酸性的形成是因为针叶林残落物富含单宁和树脂，在真菌作用下生成富啡酸向下淋溶，使上层土壤中的碳酸盐、盐基和铁锰的氧化物向下淋洗，下行到心土中淀积形成棕褐色的 B 层，而耐酸的 $SiO_2$ 残留在表层或亚表层，形成特征性的灰白色 $A_2$ 层。

灰化土的剖面构型为 $O—A_2—B_1—B_2—C$。诊断学分类的名称为灰土。

（2）棕壤与褐土

两者是中纬度暖温带近海地区湿润森林植被或干旱森林植被（夏绿林）下的微酸性土壤。

这两种土壤的形成，是因为阔叶林的枝叶中含盐基较丰富，中和了部分富啡酸，虽然土壤中的易溶盐与碳酸盐淋失，但铁锰的氧化物残留。由于夏季比较温暖，土层中部黏化作用强烈,形成特征性的黏化层 Bt。在湿润森林下发育的棕壤呈微酸性到中性反应,而半湿润森林下的褐土呈中性到微碱性反应。这两类土壤的剖面构型为 O—A₁—Bt—C。在诊断学分类中这两类土壤均属始成土。

(3) 砖红壤、红壤与黄壤

这三类土壤广泛分布于热带、亚热带湿润森林和雨林下,是酸性和强酸性的土壤。我国南方分布广泛这些土壤,其面积占我国国土的近 1/4(图 5-17)。

这三类土壤都是在富铝化作用下形成的,富铝化作用又称砖红壤化作用,是一种与灰化作用相反的过程,是土层脱硅而铁、铝相对积聚的过程,含结晶水的氧化铁使土壤呈红色或黄色。由于高温多雨环境下土壤中原生矿物充分分解而极少残存,生成大量次生矿物,土体深厚而且质地黏重,干燥后坚硬如砖,可直接用作建筑材料。

这三类土壤的剖面构型均为 O—A—B—C。

砖红壤分布于热带地区,土体呈暗红色或砖红色,厚度很大;红壤分布于亚热带有干湿季交替的地区;黄壤分布于亚热带湿润地区。三者富铝化程度依次降低。在诊断学分类中,这三类土壤分别属于氧化土和老成土。

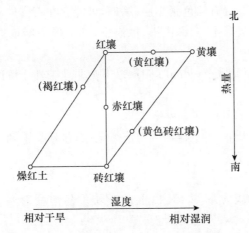

图 5-17  热带和亚热带几种森林土壤之间的发生关系

(据熊毅、李庆逵,1987)

## 2. 草原土壤

草原土壤包括草原、草甸草原、高草草原(又称湿草原,prairie)、荒漠草原下的土壤。

这些土壤发育在半干旱气候下,淋溶作用较弱,剖面中下部常有钙积层。土壤有机质主要来自草本植被的根和叶,草本植物的根系深入土壤,向下逐渐减少,土壤腐殖质含量也向下逐渐减少。土壤剖面上层为腐殖质层,下层为钙积层,是为草原土壤的"两层性"。由于淋溶作用弱,土壤一般呈中性-微碱性,盐基饱和,而且土壤剖面中二氧化硅和三氧化物无重新分配现象。

草原土壤的主要类型为黑钙土、栗钙土和棕钙土,分别是形成在温带草甸草原、草原和荒漠草原的地带性土壤。这些土壤的形成过程表现为上部的腐殖质化与下部的钙化过程,因此形成 A—C 的剖面构型。这三类土壤的主要差别是腐殖质积累依次减弱,钙化过程依次增强。它们在诊断学分类中分别属于暗沃土、均腐土(我国自定的类型,isohumisol)和干旱土。

此外,我国草原土中还有一个特殊的类型——黑土。它既有别于俄罗斯的黑钙土,也不完全等同于北美的暗沃土,主要分布于我国黑龙江和吉林中部山前波状台地(漫岗)上,其旺盛的腐殖质积累作用,形成了腐殖质含量最高的自然土壤。由于土壤下层有季节性冻层的存在,产生铁锰的还原与淋淀作用,中下部可见铁锈斑纹、铁锰结核甚至潜育层,这是其有别于俄罗斯黑钙土与北美湿草原土之处。其剖面构型为 A—C,在诊断学分类中归为暗沃土。

### 3. 荒漠土壤

荒漠土壤是存在于温带和亚热带荒漠地区的土壤,全球荒漠占陆地面积的 1/5 以上。其共同特点是风化-成土作用微弱,淋溶弱,剖面分化弱,且多有盐分积累。

荒漠土壤具有以下共同特性:第一,地面多有砾幂,剖面中多砾石和粗砂;第二,土壤表层有多孔状结皮层;第三,亚表层有棕色紧实层;第四,可能存在石膏层和盐磐。

荒漠土壤的类型包括灰漠土、灰棕漠土、棕漠土,其干燥程度依次增加。在诊断学分类中这些土壤均属于干旱土。

以上为地带性土壤,即显域土(zonal soil);以下为非地带性土壤的隐域土(intrazonal soil)和泛域土(anonal soil)。

### 4. 盐碱土壤

盐碱土壤多见于内陆干旱、半干旱地区与滨海地区,包括盐土和碱土两个土类。由于土壤中含有盐碱,不利于植物生长。

(1) 盐土

盐土是土壤中易溶性盐含量 0.1% 以上的土壤。易溶盐含量 <0.1% 者为非盐渍土,0.01%~1% 者为盐渍化土,>1% 者为盐土。

(2) 碱土

碱土是含碳酸钠和碳酸氢钠较多、其他易溶性盐含量少、交换性钠含量高的强碱性土壤。
盐碱土壤分属多个土纲。

### 5. 水成土壤

水成土壤包括水成土和半水成土,长期淹水的沼泽土为水成土;季节性积水和主要受地下水影响的为半水成土,如草甸土、潮土、白浆土和砂姜黑土等。

### 6. 岩成土壤

岩成土壤是指受母岩性质强烈影响的土壤,包括紫色土、石灰土、磷质石灰土和风沙土等。

### 7. 稻田土壤

稻田土壤是人类在各种土壤或冲积物上长期种植水稻形成的水稻土。

**8. 高山土壤**

高山土壤是指高山与高原地区林线以上无林地带的土壤,包括高山草甸土、亚高山草甸土、高山草原土、亚高山草原土、高山漠土、亚高山漠土和高山寒冻土等。

### 5.5.5 土壤分布

土壤是在各种成土因素相互作用下形成的,因而经纬度、海陆分布、行星风系和大的地形如高大的山系、大高原和大平原等,都会影响土类和亚类的分布。而中小地形、成土母质、水文地质状况以及人类活动等因素也会影响土种和变种的分布。

**1. 土壤的水平分布规律**

土壤的水平分布规律表现为土壤的纬度地带性和经度地带性。水平地带性的表现,除了高纬度的冰沼土和灰化土,低纬度的红壤、砖红壤均横贯整个大陆以外,以欧亚大陆中部最为明显,从北向南,各地带的生物气候条件与相应的土壤类型如表 5-5 所示。

表 5-5  欧亚大陆中部各地带的生物气候条件与土壤类型

| 生物气候条件 | 土壤类型 |
| --- | --- |
| 严寒、冰冻,苔原 | 冰沼土 |
| 寒冷、潮湿,针叶林 | 灰化土 |
| 寒凉、半湿润,森林草原 | 灰黑土(灰色森林土) |
| 温和、半湿润到半干旱,草甸草原 | 黑钙土和黑土 |
| 温和、半干旱,干草原 | 栗钙土 |
| 温和、干旱,荒漠草原 | 棕钙土 |
| 冷热变化剧烈、极干旱,荒漠植被 | 荒漠土 |
| 热、湿,常绿阔叶树 | 红壤和黄壤 |
| 最热、最湿,雨林 | 砖红壤 |

欧亚大陆土壤水平地带性分布模式如图 5-18 所示。

经度地带性只存在于中纬地带,因为高纬度的冰沼土和灰化土、低纬度的红壤和砖红壤均横贯整个大陆。事实上,中纬度的经度地带性可以看作因海陆的相互作用造成纬度地带性的偏转。

**2. 土壤的垂直分布规律**

山地上随着海拔的升高造成气候-生物条件有规律的变化,在山地不同高度上出现不同土壤类型,形成彼此大体平行的地带,称为土壤垂直带。某山地自下而上土壤垂直带的排列顺序,称为土壤垂直带谱。垂直带谱最下部的地带称为基带,是当地水平地带的上延。

山地愈高,土壤类型愈多,垂直带谱愈复杂;纬度愈高,垂直带谱愈简单;中纬度山地,同一土壤类型,近海者分布的高度低(高度相同的山地,近海者带谱简单,见图 5-19)。

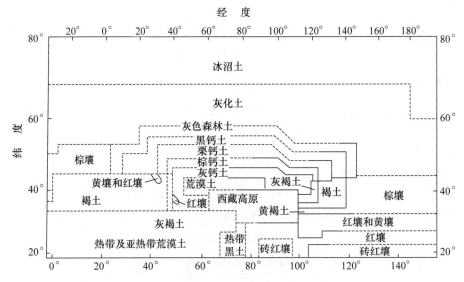

图 5-18　欧亚大陆土壤水平地带性分布模式

（据马溶之，1957）

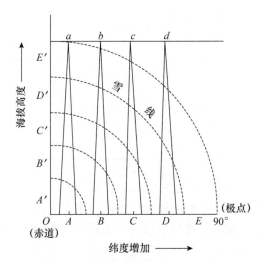

图 5-19　土壤垂直带与水平地带的关系示意

（据徐启刚 等，1991）

### 3. 中国土壤分布概况

中国可划分为三大自然区：东部季风区、西北干旱区和青藏高原区。三大自然区的土壤的分布也有各自的规律（图 5-20）。

东部季风区的沿海地带,土壤分布呈现明显的纬度地带性,自北向南依次出现漂灰土(灰化土)、暗棕壤、棕壤、黄棕壤、红壤和黄壤、赤红壤和砖红壤。东北地区受南北走向山脉的影响,出现经度地带性,自东向西,依次出现漂灰土、暗棕壤、黑土、灰黑土和黑钙土。

从华北向西逐渐过渡到西北干旱区,受东南季风影响,土壤带呈东北-西南向分布,依次出现棕壤、褐土、黑垆土、栗钙土、棕钙土和灰钙土。

准噶尔盆地和塔里木盆地以及甘肃和内蒙古的西部,土壤类型均属荒漠土壤,北部为灰棕漠土(西部)和灰漠土(东部),南部为棕漠土。

青藏高原上为亚高山漠土、高山漠土和高山寒冻土。

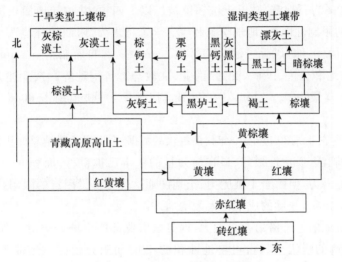

**图 5-20 中国土壤水平地带分布模式**

(据中国科学院《中国自然地理》编辑委员会,1981)

# 5.6 土壤资源概况

## 5.6.1 世界土壤资源及其现状

如上文所述,土壤和自然界的大气、水、岩石和动植物一样,是各自独立的自然体,而土地则是具有一定面积并且边界大体确定的地理单位,是一个或大或小的地域。

联合国粮食与农业组织(FAO)《土地评价纲要》(1976)对土地定义如下:"土地是地球表面的区域,其特性包含上下与该区域垂直的生物圈的所有相当稳定或周期地循环的属性,包括大气、土壤、下面的地质、水文和动植物群的属性以及过去和现在人类活动的后果,这些属性对人类现在和将来的土地利用有明显的影响。"

可见,土壤是土地的组成部分,二者是局部和总体的关系。人们可以用工具或机械把土壤全部清除,但是土地却依然存在。

土壤资源是指在一定时期内、在一定技术条件下能够被人类利用的土壤。

在地球 $5.1×10^8$ $km^2$ 的总面积中,大陆和岛屿面积只有 $1.5×10^8$ $km^2$,占地球总面积的 $29.4\%$,其中还包括南极大陆和其他大陆上高山冰川所覆盖的土地。减去这部分长年被冰雪覆盖的土地,地球上无冰雪的陆地面积仅为 $1.33×10^8$ $km^2$。按 2014 年世界人口 $7.7×10^9$ 计,人均占有陆地面积 1.73 $hm^2$($hm^2$ 为公顷,1 $hm^2=10^4$ $m^2$)。

陆地面积中大约有 20% 处于极地和各大陆的高寒地区,另有 20% 属于干旱区,20% 为山地的陡坡,还有 10% 岩石裸露,缺乏土壤和植被。以上四项,共占陆地面积的 70%,在土地利用上存在着不同的限制性因素,地理学家和生态学家称之为"限制性环境"。其余的 30% 限制性较小,适于人类居住,称为"适居地",英语为 ecumene,源自希腊语 oikoumene,意为可居住的土地,包括可耕地和住宅、工矿、交通、商业、文教与军事用地等。按上述人均 1.73 $hm^2$ 的 30% 计算,人均占有量为 0.52 $hm^2$。在全部适居地中,可耕地约占 60%～70%,折合人均 0.31～0.36 $hm^2$。

据 FAO 和美国农业部 20 世纪 70 年代所提供的数据,全世界可耕地总面积为 $29.5×10^8$ $hm^2$,其中的一半,即最肥沃、通达性最好、最容易开垦的一半已被耕种,面积为 $15.4×10^8$ $hm^2$;其余一半尚有开垦的潜力,但由于土壤肥力、土地的通达性等质量因素的限制,必须采用灌溉、施肥和其他土壤改良措施,开垦的成本将大大增加。

世界各地可耕地的生产潜力差异颇大,据美国农业部的土壤分类对世界可耕地的生产力的估算,肥力较高的暗沃土只占可耕地面积的 1/6,而肥力较低的热带氧化土则占 1/3 以上,其余超过 1/3 的部分,包括相当多的肥力低至中等的土壤。因此,就其农业生产潜力而言,世界可耕地总体上质量不高。

## 5.6.2　中国土壤资源概况

我国幅员辽阔,土壤类型丰富,具有如下的特点:第一,农耕历史悠久,培育了古老的耕作土壤,如水稻土和塿土等;第二,拥有类型众多的热带亚热带土壤;第三,西北地区位处欧亚大陆中心,存在内陆极干旱区的土壤;第四,拥有号称"世界屋脊"的青藏高原,拥有其他地区少见的高寒土壤。

我国土壤资源虽然类型众多,资源丰富,但山地土壤比重大,耕地面积相对较小,全国人均耕地面积只有 0.1 $hm^2$,而且后备土壤资源不多。耕地中高产田(>6000 kg·$hm^{-2}$)占比小,仅占 17%,而中低产田(<3000～6000 kg·$hm^{-2}$)占 83%(20 世纪 80 年代数据)。随着城镇化的快速进展,加上各地开发区占地,不少高产田被侵占。因此,基本农田的保护十分重要(表 5-6)。

表 5-6    中国土地利用现状

| 土地利用状况 | 面积/($10^8$ hm²) | 占全国土地面积/(%) |
|---|---|---|
| 耕地 | 1.33 | 13.9 |
| 牧场 | 2.86 | 29.8 |
| 有林地 | 1.22 | 12.7 |
| 茶果等热作园地 | 0.02 | 0.2 |
| 疏林、灌木林 | 0.44 | 4.6 |
| 江河水库等内陆水域 | 0.27 | 2.8 |
| 宜农荒地 | 0.35 | 3.7 |
| 城镇道路及工矿用地 | 0.67 | 6.9 |
| 沙漠 | 0.60 | 6.3 |
| 戈壁 | 0.56 | 5.8 |
| 沙漠化土地 | 0.17 | 1.7 |
| 永久积雪和冰川 | 0.05 | 0.6 |
| 岩石裸地 | 0.46 | 4.8 |
| 其他 | 0.59 | 6.2 |
| 全国土地总计 | 9.59 | 100.0 |

注：据任美锷、包浩生,1992;转引自赵济 等,2000。

## 思 考 题

5.1    试述土壤圈及其在地理环境中的地位。

5.2    试述单个土体、土壤个体、土壤发生层的概念。

5.3    试述土壤腐殖质的概念及其意义。

5.4    土壤温度的日变化和年变化是怎样的?

5.5    试述土壤的酸碱性及其意义。

5.6    试述成土因素学说及各成土因素的作用。

5.7    试述土壤形成的基本规律。

5.8    试述土壤地理-发生学分类与诊断学分类的特点。

5.9    我国常见土壤类型有哪些?简述其分布。

5.10    简述世界和我国土壤资源概况。

# 第6章 植被景观系统

物类之起，必有所始。

——《荀子·劝学篇》

地表景观的多姿多彩，源于各地气候与植被的多样性。受地带性气候影响，占据显域生境（受大气候制约，地势平缓、排水良好并具有地带性土壤的生境）的优势植被称为地带性植被。

## 6.1　植被与气候关系

全球植被的格局是气候的函数。植被生态学、地理学常用的植被气候分类方法主要有沃尔特(1984)的地带生物群区(zono-biomes)分类和柯本(Köppen,1918)的气候分类系统。

### 6.1.1　地带生物群区

该方法用气候图解表示一个地区的生态-气候特征。以地带性植被与区域气候特征来表征大区域的生态属性。与大气候区(气候带)相一致的植被单元称为地带生物群区，即气候-植被区域。沃尔特气候图解举例见图 6-1。

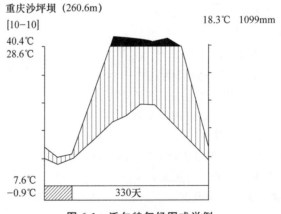

**图 6-1　沃尔特气候图式举例**

(据中国植被编辑委员会,1980)

注：图式左边纵坐标为温度，每 1 格代表 10℃；右边纵坐标为降水量，每 1 格代表 20 mm。上方曲线为降水累计曲线，涂黑部分代表月均降水量超过 100 mm，竖线部分代表气候区的相对湿润季；下方曲线为温度累计曲线，最下方斜线部分代表有霜月份，并标注日均温在 10℃ 以上的天数。

图式左上角第 1 行为台站名称，括号中为台站海拔高度，第二行括号中注记为观测年数，第 1 个数字为温度观测年数，第 2 个数字为降水观测年数；图式右上角依次为年平均温度、年平均降水量。左侧纵坐标上端注记代表绝对最高温和最暖月日均最高温；下端注记为最冷月均温和绝对最低温。后同。

根据沃尔特气候图解,将全球划为以下地带生物群区(地带性植被),见表 6-1。

**表 6-1　全球地带生物群区**

| | | | |
|---|---|---|---|
| ZB Ⅰ | 常绿雨林 | ZB Ⅵ | 落叶阔叶林(夏绿林) |
| ZB Ⅱ | 热带落叶林和萨瓦那(Savanna) | ZB Ⅶ | 温带草原、荒漠 |
| ZB Ⅲ | 亚热带荒漠 | ZB Ⅷ | 泰加林 |
| ZB Ⅳ | 硬叶常绿林 | ZB Ⅸ | 冻原 |
| ZB Ⅴ | 亚热带常绿林 | | |

## 6.1.2　柯本气候分类系统

该系统使用月平均气温和月平均降水量两个指标进行气候分类。修订的柯本-盖格尔气候类型系统分为 29 类(据 Peel、Finlayson、McMahon,2007)。

第一级分为五类:A—热带多雨气候、B—干旱气候、C—温暖多雨气候、D—冬寒气候(低温气候)、E—极地气候。

第二级分出四个亚类:f 表示湿润,全年无干季;w(冬干)和 s(夏干)表示有干季;m 表示季风气候。

第三级表示气候特征:a 表示夏季炎热;b 表示夏季不炎热;c 表示夏季短而凉爽;d 表示冬季严寒;h 表示干热;k 表示干冷。

由三级英文字母组成 29 个气候类型:

热带多雨气候:Af—热带雨林气候;Am—热带季风气候;Aw—萨瓦那气候,冬有明显干季。

干旱气候:BSh—热带草原气候(半干旱,热);BSk—中纬草原气候(半干旱,冷或凉);BWh—亚热带荒漠气候(干旱,热);BWk—中纬荒漠气候(干旱,冷或凉)。

温暖多雨气候:Cfa—湿润亚热带气候;Cfb—冬温海洋性气候(夏不热);Cfc—冬温海洋性气候(夏短凉);Csa—内陆地中海气候(冬暖、夏干、炎热);Csb—沿海地中海气候(冬雨夏旱,夏不炎热);Cwa—亚热带季风气候(冬暖干、夏热);Cwb—热带高原气候(冬暖干、夏不炎热)。

冬寒气候:Dfa—湿润大陆气候(冬季严寒,夏季炎热);Dfb—湿润大陆气候(冬季严寒,夏不炎热);Dfc—亚极地气候(冬季严寒,夏季短凉);Dfd—亚极地气候(冬季极冷、常湿,夏季短);Dwa—湿润大陆气候(冬季严寒、干,夏季炎热);Dwb—湿润大陆气候(冬季严寒、干,夏季不炎热);Dwc—亚极地气候(冬季极冷、干,夏季短而凉);Cwc—冬干夏凉气候;Dwd—冬干极冷气候;Dsa—冬寒夏干热气候;Dsb—冬寒夏干暖气候;Dsc—冬寒夏干凉气候;Dsd—冬极寒夏干气候。

极地气候:ET—极地冻原气候;EF—永冻冰原气候。

柯本的气候分类由于气候意义明确,简明易懂,因而得到广泛应用。

# 6.2　热　带　植　被

## 6.2.1　热带雨林

热带雨林的特点是耐阴、喜湿、喜高温、结构层次不明显、层间植物丰富的高大乔木群落。

**1. 热带雨林的环境条件**

热带雨林主要分布于赤道南北5°～10°以内的热带雨林气候（Af）区。但在大陆边缘向风带可延伸到15°～25°附近。年平均温度25～30℃，平均年较差1～6℃，最冷月平均温度在18℃以上。年降水量超过2000 mm。土壤为砖红壤，在高温多雨环境下，有机质分解迅速，因此，土壤腐殖质和营养元素的含量贫乏。

**2. 热带雨林的生态特征**

（1）种类组成丰富

热带雨林是真正的密林，在巴西记录到1000 m² 有1000 株树木。热带雨林种类组成异常丰富，菲律宾一处雨林中1000 m² 有120 种树木（图6-2、图6-3）。

图6-2　苏门答腊的低地雨林的外貌
（朱广廉摄）

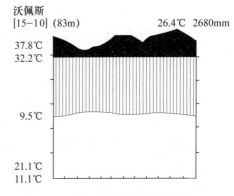

沃佩斯
[15-10] (83m)　　　　26.4℃ 2680mm
37.8℃
32.2℃
9.5℃
21.1℃
11.1℃

图6-3　热带雨林气候图式

注：下方曲线为日均温变幅曲线，其左侧注记为平均日均温变幅，仅用于热带站点。

（2）群落结构复杂

热带雨林群落一般可分出4～8层，灌木层种类丰富，但地表草本植物并不茂盛（图6-4）。

（3）特殊的生态适应

① 板根、滴水叶尖：上层乔木多为突出冠层的巨木，树皮光滑、根系浅，树干基部发育巨大的板状根（图6-5）；芽无芽鳞保护，叶子多数大型、常绿、革质，有的种类具滴水叶尖（图6-6）；树冠冠幅小、彼此之间不连续。

② 茎花现象：据统计热带有1000多种茎花植物，一种合理的解释是为了适应林中的动物（如蝴蝶、蝙蝠）传播花粉。例如，可可、木波萝、榕树、杨桃等都在老茎上开花结果（图6-7）。

**图 6-4 马来半岛山地雨林的复杂结构**
（崔海亭摄）

**图 6-5 柬埔寨雨林龙脑香科植物的板状根**
（中国科学院昆明植物研究所提供）

**图 6-6 菩提榕的滴水叶尖**
（崔海亭摄）

**图 6-7 梧桐科的可可老茎生花(果)现象**
（崔海亭摄）

③ 藤本植物、附生植物丰富：林中攀藤附葛，最长的藤本植物如棕榈科的黄藤竟长达 250 m 以上。为了争取阳光，这些藤本植物攀过乔木层到达冠顶；大量兰科、天南星科、胡椒科、凤梨科和蕨类等附生植物，生长于枝干之上，形成绮丽的"空中花园"。

④ 寄生植物普遍：例如，苏门答腊的大花草，寄生于青紫葛的根上，无根、无茎、无叶，只有直径 1 m 的具臭味的肉质大花，还有寄生于葡萄科植物根系上的尸魔芋；雨林地区的沼泽地分布着食虫植物猪笼草(图 6-8)，它们都是土壤养分贫乏的标志。

⑤ 气生根与绞杀现象：许多榕树属的植物具有发达的气生根，垂抵地面，形成"独木成林"的景观，有的气生根将附主层层捆缚，形成绞杀植物，限制其生长，最终被"绞杀"而死(图 6-9)。

⑥ 植物终年生长：它们不具有共同的休眠期，但叶更换、开花结果仍有一定周期。群落没有明显的季相。

**3. 世界热带雨林的分布**

热带雨林分布于亚洲、非洲、拉丁美洲和大洋洲。由于各地植物区系的历史不同，种类成分各具特点。

**图 6-8　柬埔寨的食虫植物猪笼草**
（中国科学院昆明植物研究所提供）

**图 6-9　柬埔寨雨林中的绞杀植物**
（中国科学院昆明植物研究所提供）

（1）亚洲与大洋洲的热带雨林

亚洲雨林主要分散于菲律宾群岛、大小巽他群岛、马来半岛、中南半岛东西两岸、恒河与布拉马普特拉河下游、斯里兰卡南部以及我国南部少数地方。面积约为 $2.5 \times 10^6$ $km^2$。亚洲雨林的特点是：龙脑香科植物最具代表性，共有 386 种。乔木高达 $40 \sim 50$ m，最高可达 80 m。拥有最丰富的兰科植物；含有高大的八字桫椤属木本真蕨；缺乏美丽大型花的植物和高大的棕榈科植物，但含有棕榈科白藤属（*Calamus*）植物。

大洋洲的雨林成分与马来半岛相似，但澳大利亚含特有成分，分布于新几内亚岛和澳大利亚东北部（图 6-10）。

**图 6-10　巴布亚新几内亚的热带雨林**
（张培力摄）

（2）非洲的热带雨林

非洲的热带雨林主要分布在刚果河流域、东非大湖盆地、几内亚湾沿岸和马达加斯加岛的东岸等地,面积约 $6×10^5$ km$^2$。西非雨林以楝科占优势,但含有许多特有植物,如多种咖啡、油椰、油棕等。

（3）拉丁美洲的热带雨林

美洲的热带雨林主要分布于亚马孙流域,中美洲、安的列斯群岛和墨西哥南部,南到玻利维亚、巴拉圭,面积约 $3×10^6$ km$^2$。以豆科占优势,棕榈科植物丰富,藤本附生植物丰富,尤以凤梨科、仙人掌科、天南星科附生植物为特色。雨林有许多特有植物,如可可、凤梨、古柯、金鸡纳树、椰子树和橡胶树等。亚马孙流域有大面积的泛滥地雨林,当地称为"依加波"(Igapo)群落,茂密的雨林经常淹水,水中生长着巨大的王莲。

（4）中国的热带雨林

中国的热带雨林主要分布于海南岛中南部山地、台湾南部、广西南部、云南南部和西藏东南部,属于亚洲雨林带的北部边缘,湿润雨林有海南青梅-蝴蝶树林(海南)、纤细龙脑香-野树波罗-红果樫木(葱臭木)林(西藏东南部);季节性雨林有海南青梅-山荔枝林和坡垒-白茶树林,樫木-千果榄仁-细青皮林(西藏东南部)。

科属组成复杂,群落优势种不明显:上层乔木中龙脑香科的植物突出,但不如东南亚雨林种类多。种的饱和度很高,如海南六连岭湿润雨林中,150 m$^2$ 有木本植物 90 种;西双版纳勐龙的雨林中,2500 m$^2$ 有高等植物 140 种。

结构复杂:乔木一般高 30～40 m,分为 3～4 层,灌木 1～2 层,草本 1～2 层。乔木普遍具有板根,乔木的叶多为中型,茎花现象常见,藤本植物多样,附生植物丰富,但较典型雨林要少(图 6-11 至图 6-14)。

**图 6-11　海南尖峰岭雨林结构**
（崔海亭摄）

**图 6-12　海南尖峰岭雨林上层乔木的板根**
（崔海亭摄）

**图 6-13　海南尖峰岭雨林中的藤本植物**
（崔海亭摄）

**图 6-14　海南尖峰岭雨林中的附生鸟巢蕨**
（崔海亭摄）

有一定季节性变化：有些常绿树种有个短暂而集中的换叶期,反映我国雨林地区热带季风气候的特点。如分布于西藏东南部的季节性热带雨林(图 6-15),有樫木-千果榄仁-细青皮林。

**图 6-15　藏东南的季节性热带雨林**
（沈泽昊摄）

## 6.2.2　热带季雨林

### 1. 干湿季交替的热带季风气候

季雨林分布于热带雨林外围具有干湿季交替的热带季风气候(Am)地区,年平均气温25℃左右,年较差 8℃,年降水量 800～1500 mm,具有明显的周期性干湿季节交替(图 6-16)。

### 2. 群落特征

季雨林群落种类组成比雨林贫乏,部分或全部树种在旱季落叶、雨季复绿,灌木草本植物多在雨季开花,因此季雨林外貌较雨林华丽,但群落结构较雨林简单,乔木分为 2～3 层,高约25 m,下层乔木多为常绿树种,藤本附生植物数量大为减少(图 6-17)。

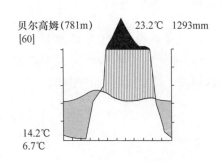

图 6-16　季雨林气候图式

注：灰色部分代表气候区的相对干燥期。

图 6-17　柬埔寨的季雨林：干枯的禾草表明有明显的旱季

（中国科学院昆明植物研究所提供）

### 3. 地理分布

季雨林以东南亚最为典型，分布面积最大、类型最多。从印度德干高原、缅甸、泰国、老挝到越南等地的干热河谷和盆地，加里曼丹岛、苏拉威西岛、新几内亚岛、帝汶岛等地受干燥季风影响的地区都有分布。如缅甸、泰国的柚木林（湿润的或干燥的）、常绿龙脑香林、半常绿季雨林（含木荚豆、龙脑香、紫薇）等。在非洲，季雨林称为混合落叶林或半旱生性热带林，分布于雨林外围地区，西非尼日利亚、东非等地，散布在旱生有刺疏林和稀树草地之中，或形成走廊林残存在低湿河谷中。美洲主要分布在拉普拉塔河-巴拉那河上游、特立尼达和多巴哥、巴拿马到墨西哥的沿海地区。

中国的季雨林：半常绿季雨林，如海南的榕树-小叶白颜树-割舌树林，广西南部的中国无忧花/红果樫木-梭子果林；落叶季雨林，分布在海南西部和云南干热河谷（图 6-18），由厚皮树、鸡占、平脉稠、木棉、楹树等组成；石灰岩季雨林（图 6-19），分布在广西南部和云南南部的低山，主要由望天树、蚬木、金丝李、肥牛树、四数木等组成。

图 6-18　云南南部落叶季雨林：具有明显的落叶树种

（崔海亭摄）

图 6-19　广西南部的石灰岩季雨林

（苏宗明 等，2014）

### 6.2.3　萨瓦那

#### 1. 萨瓦那气候

萨瓦那气候(Aw)见于旱季进一步加长、降水显著减少的热带内陆地区,年降水量相差悬殊,在 400~1500 mm 之间(图 6-20)。旱季持续 3~5 个月的地区分布湿性萨瓦那疏林(图 6-21);旱季持续 5~7.5 个月的地区分布矮乔灌木草地,称为干性萨瓦那;旱季持续 7.5~10 个月的地区发育有刺灌丛草地(图 6-22)。

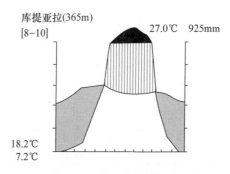

图 6-20　萨瓦那气候图式

图 6-21　东非的金合欢疏林

(朱梅湘 摄)

图 6-22　肯尼亚马赛马拉的稀树草地

(朱梅湘 摄)

#### 2. 群落特征

萨瓦那群落是大致均匀散布着高大乔木、灌木和小树的热带草地。有一个十分发达的高禾草层片(须芒草属、黍属等),草层高达 1~3 m,多分布于相对低平地段;散生的落叶或半落叶的矮乔木构成木本植物层片,发育小而硬的旱生叶,树皮厚(耐火烧)、树冠扁平如伞状(金合欢、猴面包树),乔灌木的根系发达,可以深入铁铝土的裂隙利用水分,而猴面包树的树干可以储存大量水分。

Savanna 被译为"热带稀树草原"容易引起误解,其实它们的生态特性与温带草原大相径庭,矮乔木与高禾草是同一个群落的不同层片,乔灌木的根系对草本植物有一定影响,它们是热带高温、半干旱气候下的地带性植被,而草原则是温带冬季寒冷的半干旱气候下的地带性植被。因此,本书建议将 Savanna 称作"萨瓦那"或"热带稀树草地"。

**3. 地理分布**

稀树草地在非洲分布面积最大、类型多样。撒哈拉沙漠以南的东非高原分布伞状金合欢为主的典型萨瓦那群落和生长猴面包树的萨瓦那群落;苏丹带分布萨瓦那园林(parkland)和矮灌木萨瓦那;几内亚带分布高大的萨瓦那林;中南非洲有大面积萨瓦那疏林。

澳大利亚的萨瓦那群落以常绿的桉树占优势,也有金合欢,还有独特的瓶子树形成的萨瓦那林、矮灌木萨瓦那和草地。

南美洲巴西高原的萨瓦那疏林称为坎普群落;委内瑞拉和圭亚那河谷平原上分布以草地为主夹少量乔木的里雅诺群落;巴西内陆干旱区分布有刺落叶疏林称为卡汀珈群落,含有木棉科的粗大的纺锤树。

亚洲的萨瓦那群落分布在印度半岛 22°N 以南、斯里兰卡北部、巴基斯坦、中南半岛和东南亚地区。

中国有萨瓦那植被吗? 我国不存在典型的萨瓦那气候,但在我国热带和亚热带南部的干热河谷和背风的雨影区,有一明显的旱季,分布着类似萨瓦那的植被。如海南省西部、云南中南部干热河谷分布含有稀疏乔木(木棉、厚皮树)、灌木和扭黄茅的稀树草地,中国植被分类系统命名为稀树草丛(图 6-23)。

**图 6-23 云南怒江河谷稀树草丛景观的旱季**
(崔海亭摄)

【扩展阅读】

## 热带植被的喜与忧

**一、世界最大的基因库**

赤道附近的低海拔地区太阳全年不离天顶,直射的阳光使温度的年变化小,但日变化却很显著,称为周日型气候。全年降水量超过 2500 mm,是地球上的高温、高湿环境,形成了世界上最复杂的植被类型——热带雨林。虽然热带雨林仅覆盖陆地面积的 $7\%$，却拥有全球物种的 $1/2$。对于维系全球生物多样性具有不可估量的作用。雨林中蕴含着许多对人类有特殊用途的植物，提供了上百种食物，包括咖啡、香料和热带水果，还提供橡胶、乳胶、树脂、染料和精油等工业原料。人类使用的生药 $1/4$ 来自热带雨林植物，已知 3000 种抗癌植物的 $3/4$ 来自热带雨林。

　　我国的热带雨林也是全国物种最丰富的地方，云南南部的热带地区，占全国面积的 $0.2\%$，但有高等植物 4000 多种，占全国的 $7\%$，特别是季雨林中物种资源极为丰富，这里有不少栽培植物的野生亲缘种，如野生稻、野茶树、野荔枝、野芒果、野砂仁、野苦瓜和野黄瓜。

## 二、令人担忧的"绿肺"

　　一方面，热带雨林拥有全球生物量的 $41.6\%$（$7.65\times10^{11}$ t），通过光合作用提供了全球 $20\%$ 的 $O_2$；另一方面，全球碳库总蓄积为 $861\pm66$ PgC，其中热带雨林占 $417\pm93$ PgC（$48\%$）。据潘裕德等研究（2011），全球森林碳汇总计 2.5 PgC，热带雨林为 1.33 PgC，约占全球森林碳汇的 $53\%$，因这一强大的调节功能而被称为"地球的绿肺"。

　　但是，由于商业采伐、开垦、火灾和干旱的影响，世界三大雨林遭遇严重的破坏，不仅"绿肺"的功能衰退，而且生物多样性严重流失。美国太空网报道，据 M. Freilich 和 A. Eldering（2017）研究，2015—2016 年三大雨林区 $CO_2$ 排放量比 2011 年增加了 $50\%$（多出了 $2.5\times10^8$ t）。美洲雨林区过去 30 年因干旱光合能力下降，排放量增加 $0.9\pm0.29$ GtC；非洲刚果雨林区因升温，分解作用加快，排放量大于吸收量，排放量增加 $0.8\pm0.22$ GtC；亚洲雨林区 30 年来因干旱、火灾导致排放量增加 $0.8\pm0.28$ GtC。

　　总之，热带雨林下的土壤肥力不高，营养元素主要保存在植物体内，森林一旦破坏，有机质和腐殖质迅速分解，释放出大量 $CO_2$。温室气体排放增加，将加速全球气候变暖的趋势。

## 三、干湿两重天的热带景观

　　一谈到热带，人们首先想到的是热带雨林，其实热带景观的最显著特点之一是干湿两重天：一方面是最湿润、最复杂的森林景观，另一方面是最干旱、最简约的疏林草地景观。

　　温度不是热带景观的限制因素，降水的总量和季节分配决定着热带景观的格局。多雨的周日气候发育热带雨林景观，热带季风气候下降水有季节性变化地区分布着季雨林景观。随着少雨季节的延长，热带森林从湿润常绿林景观依次变为半常绿林景观和落叶林景观，在旱季最长、降水最少地区形成萨瓦那景观。

## 四、神奇的动物王国

　　热带地区的景观历史是古老的，长期稳定的自然地理环境孕育了无数生命，和热带雨林的植物一样，动物种类丰富多样，是温带的 300 倍。种类多、高度分化，优势种不明显，同一种类动物的个体数量不多，并且树栖种类多于地栖种类。有许多奇妙的特有种类，如南美雨林中的吸血蝠、体长 30 cm 的捕鸟蛛、四肢倒挂树上的树懒、用长尾缠绕树枝的卷尾猴和长尾彩羽鸟等；非洲雨林中有许多食虫目的动物，如各种鼩类，灵长类的尾巴不具缠绕性，却有长着缠绕性尾巴的长尾穿山甲；非洲的大猩猩、黑猩猩喜欢在地面生活，而亚洲雨林的猩猩则更喜欢在树上生活，还有在高枝间滑翔六七十米的鼯猴，生性孤僻的懒猴、眼镜猴等。

由于草本植物丰富,萨瓦那景观拥有数量惊人的草食动物群,羚羊、斑马、犀牛、角马、长颈鹿、非洲水牛和非洲象等大型草食动物种群庞大,成为名副其实的"动物王国"。它们消费了75%的食物资源,却为非洲狮、斑鬣狗、非洲猎犬等肉食性动物和猛禽提供了丰富的食物。与热带雨林相反,萨瓦那地区的动物,地栖穴居的种类居多,平坦辽阔的地形为善徙、善奔的动物创造了条件。许多草食动物还有集群生活的习性,每当雨季来临,水草丰盛、树木青葱之际,千万头角马、羚羊、斑马驰骋于高草稀树之间,逐水草而长途迁徙,蛰居的动物复出、鸟类聚集,肉食动物尾随草食动物出动,萨瓦那地区一派生机,像是盛大的节日。

热带雨林不断遭受破坏,偷猎者的子弹还在不停地射向非洲象、犀牛、羚羊,正在威胁热带地区的生物多样性。保护珍稀的热带动物刻不容缓,保护生物多样性就是保护人类自己。

# 6.3 亚热带植被

## 6.3.1 常绿阔叶林

### 1. 大陆东岸湿润亚热带气候

湿润亚热带气候(Cfa)主要分布于各大陆东岸中低纬度区域,如欧亚大陆的东南部、北美洲的东南部、南美洲巴西东南部、南非的东部和澳大利亚的东南部、新西兰的北岛。以我国为例,亚热带地区夏季炎热多雨,冬季稍有干寒,年平均温度 16～18℃,≥10℃积温在 5000～5500℃,年降水量 1000～1500 mm,蒸发量小于降水量,全年都较湿润(图 6-24)。

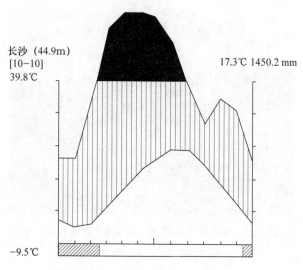

长沙 (44.9m)
[10-10]
39.8℃
17.3℃ 1450.2 mm
-9.5℃

图 6-24 湿润亚热带季风气候图式

**2. 常绿阔叶林的组成与结构**

常绿阔叶林主要由壳斗科的栲属、石栎属、青冈属,樟科的樟属、楠属、木姜子属,山茶科的木荷属,木兰科的木莲、含笑等常绿树种组成,并含有一些落叶树木和杉木、马尾松、油杉等常绿针叶树种。灌木层由开着艳丽花朵的杜鹃、山茶,常绿的柃木、冬青和朱砂根等组成;草本层有种类繁多的草本植物和大型蕨类植物。林内藤本、附生植物虽不及热带雨林发达,但树干上布满苔藓地衣,也有大型藤本植物。常绿阔叶林树种的叶片多为革质小型叶,森林终年保持暗绿色,轮廓浑圆的树冠彼此衔接,形成波状起伏的林冠层。

**3. 众多的特有植物**

常绿阔叶林地区植物种类极为丰富,约在 20 000 种以上,并且保留了许多古老的残遗种,如银杏、水杉、银杉等被称为"活化石"。还有梵净山冷杉、百山祖冷杉等寒冷气候阶段的残遗植物。中国特有植物多集中分布于本区,如杉木、杜仲、珙桐、钟萼树、台湾杉、金钱松、白豆杉、金铁锁等。

**4. 亚热带常绿阔叶林的类型**

我国是亚热带常绿阔叶林分布的核心区,分布范围最广、最为典型,它是热带常绿林向温带落叶阔叶林过渡的中间类型。但由于开发历史悠久,多呈残存斑块。常绿阔叶林进一步分为:常绿、落叶阔叶混交林,典型常绿阔叶林,季节常绿阔叶林和适雨常绿阔叶林(宋永昌,2017)。

(1) 典型常绿阔叶林

① 中国东部典型常绿阔叶林:广泛分布于中国东部中亚热带地区,夏热湿润,冬季稍干,群落中藤本、附生植物常见,较西部为多;标志种为青冈、红楠以及山茶属的一些种(图 6-25)。

**图 6-25　浙江天童苦槠、柯、青冈为主的常绿阔叶林**

(据宋永昌,2017)

② 中国西部典型常绿阔叶林:分布在云贵高原以及川西南山地和东喜马拉雅,干湿季分明,标志种为滇青冈、白柯(石栎)、西南红山茶、蒙自连蕊茶等。

③ 台湾山地典型常绿阔叶林：分布于台湾海拔 1000~2500 m 的山地的云雾带，气候湿润，标志种为台湾青冈、台湾窄叶青冈、长果青冈、阿里山连蕊茶等。

（2）季节常绿阔叶林

季节常绿阔叶林（季风常绿阔叶林）是南亚热带地带性植被类型，上层树种为壳斗科、樟科喜暖种类以及桃金娘科、桑科、楝科树种，下层多热带成分，如茜草科、紫金牛科、棕榈科、苏木科、豆科等，粗大木质藤本、附生植物较多，偶见板根。气候有季节性变化。分为：

① 东部季节常绿阔叶林：分布于福建南部、南岭以南海拔 800 m 以下的丘陵山地，如鼎湖山的红锥、厚壳桂、华润楠、广东琼楠等（图 2-26、图 2-27）。

**图 6-26　鼎湖山的季节常绿阔叶林**
（据宋永昌，2017）

**图 6-27　鼎湖山季节常绿阔叶林的结构**
（崔海亭摄）

② 西部季节常绿阔叶林：分布于云南中南部、贵州南部和东喜马拉雅南坡海拔 1000~1500 m 地区，上层树种多锥属、柯属、润楠属喜热种类，红锥、印度锥、小果锥、小果柯、秃枝润楠、西南木荷等。

③ 台湾季节常绿阔叶林：主要分布于台湾 800 m 以下丘陵山地，主要有淋漓锥、星刺锥、白校欑、香润楠等。

（3）适雨常绿阔叶林

适雨常绿阔叶林（亚热带雨林）是热带雨林向亚热带常绿阔叶林过渡的类型，主要分布于低海拔沟谷湿润生境。群落分层复杂，林内多大型藤本附生植物，板根茎花现象也较明显；灌木层多热带成分，草本层中含大型叶植物及热带蕨类。分为三个植被亚型：

① 东部适雨常绿林：分布于福建、广东南部及香港等地的低地、坡脚和沟谷。蒲桃、榕树和豆科、牛栓藤科、夹竹桃科的大型木质藤本植物可作为这一类型的标志种。如深圳梧桐山低海拔沟谷的鸭脚木-黄桐-假苹婆群落（图 6-28、图 6-29）。

② 西部适雨常绿林：分布于云南南部，喜热的柯类与蒲桃属、盆架树、红光树等热带种类可作为标志。如西双版纳的合果木/红锥-盆架树群落。

③ 台湾适雨常绿林：分布于台湾低海拔湿润生境，乔木层主要有榕属、润楠属、锥属树种，如台北阳明山的台湾杨桐-鹅掌柴/大叶楠群落。

图 6-28　深圳低山沟谷的适雨常绿林
（崔海亭摄）

图 6-29　深圳适雨常绿林中的大型藤本植物禾雀花
（崔海亭摄）

（4）常绿、落叶阔叶混交林

常绿、落叶阔叶混交林分布于北亚热带向暖温带过渡地区,四川、湖北(图 6-30)、安徽的北部和陕西南部,发育在酸性黄棕壤上,落叶树种有麻栎、栓皮栎、朴树、乌桕、化香树等,常绿树种有青冈栎、苦槠、紫楠、石楠、女贞等,共同组成混交林。另外,在中亚热带的中山(800～1000 m 以上)地段,年平均温度较低(10～14℃),雨量颇丰,常绿阔叶林向上过渡为含多种落叶树种的常绿、落叶阔叶混交林,如水青冈、栎、栗、槭、椴、枫香与多脉青冈、甜槠、包石栎等组成的混交林。

图 6-30　湖北大老岭的常绿、落叶阔叶混交林
（沈泽昊摄）

**5. 绿林青松赤壤嵌**

张九龄有"江南有丹橘,经冬犹绿林"的名句,陈毅赞美亚热带景观"蔼蔼青松赤壤嵌"。湿润的亚热带气候与常绿阔叶林植被广泛发育红壤,江南丘陵到处可见红色的土壤。强酸性的

红壤 pH 4.5～5.6,含磷量低,钾含量较高。较高海拔的山地发育黄壤。一方面,红壤、黄壤区的原生常绿阔叶林植被多已破坏,出现大面积的次生林,主要是马尾松林和多种竹林,青松赤壤正是这一景观的典型写照。另一方面,我国的常绿阔叶林多保留在许多风景名胜区,如黄山、庐山、三清山、青城山、峨眉山、鼎湖山等,自然植被与古老的传统文化结合,相得益彰,形成极富特色的管理景观。

### 6. 世界其他地区的常绿阔叶林

东亚的日本南部(图 6-31)、朝鲜半岛南端主要分布由青冈、米槠、日本米槠、甜槠、红楠组成的常绿阔叶林;美国东南部(图 6-32)分布由常绿栎类、鳄梨、木兰属以及大头茶组成的常绿阔叶林;南美洲巴西东南部及阿根廷北部的常绿阔叶林由心叶蜜藏花、南山毛榉、冬卤室木以及巴塔哥尼亚松组成;澳大利亚东南部主要由桉树、斯氏番樱桃、澳洲蒲葵组成,林下有树蕨;非洲东南角的常绿阔叶林由开普敦木樨榄和大叶罗汉松组成。

**图 6-31 日本本州南部的常绿阔叶林**
(据田端英雄,1997)

**图 6-32 美国东南部弗吉尼亚栎为主的常绿阔叶林,树干上垂下的是附生的松萝**
(唐志尧提供)

### 6.3.2 亚热带常绿硬叶林

#### 1. 地中海型气候

地中海型气候(Cs)分为内陆地中海气候(冬暖、夏干、炎热)和沿海地中海气候(冬雨夏旱,夏不炎热),包括环地中海地区,大陆西岸的加利福尼亚,南美的智利、南非和澳大利亚南部沿海。以法国南部的蒙彼利埃为例,全年气候温和,冬季平均温度 6.7℃,春季平均温度 13.4℃,夏季平均温度 22.6℃,秋季平均温度 15.2℃。降水量不稳定,一般在 500～750 mm

之间,冬季雨量较充沛,夏季较干旱。土层浅薄,土壤含水量低,约为 10％(夏季)～20％(冬季、春季)。地中海型气候图式见图 6-33。

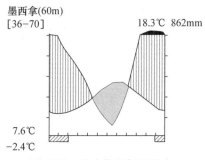

墨西拿(60m)
[36-70]
18.3℃　862mm
7.6℃
-2.4℃

**图 6-33　地中海型气候图式**

### 2. 群落特征

常绿硬叶林的群落结构比较简单,分为乔木层、灌木层和草本层。乔木层由刺叶栎、木栓栎等硬叶栎类组成,林下灌木多为常绿种类,开鲜艳的花朵,且多为黄色的花。许多植物含挥发油,空气中弥漫着特殊的香味。林下草本层片发达,且多耐旱种类。

各地的常绿硬叶林种类组成有所差别,地中海东部(希腊、塞浦路斯)主要是刺叶栎,西部(葡萄牙、西班牙、摩洛哥、阿尔及利亚)是木栓栎,澳大利亚为山龙眼科的班克木和桉树(图 6-34 至图 6-37)。

**图 6-34　希腊雅典的栎类常绿硬叶林外貌**
**(金艳萍摄)**

**图 6-35　澳大利亚珀斯的班克木常绿硬叶林**
**(崔海亭摄)**

**图 6-36　罗马的常绿硬叶林与林下植物**
**(崔海亭摄)**

**图 6-37　堪培拉附近的桉树硬叶林的结构**
**(崔海亭摄)**

### 3. 硬叶常绿林的替代植被

硬叶常绿林反复破坏后的产物是硬叶常绿灌丛，各国有不同的名称，如法国南部的"马基"（maguis）群落、希腊的"佛列干"（phrygana）群落、西班牙和北美的"沙帕拉"（chaparral）群落（图 6-38、图 6-39）。

图 6-38　希腊的硬叶常绿灌丛

（金艳萍摄）

图 6-39　洛杉矶附近的沙帕拉群落外貌

（赵捷摄）

### 4. 油橄榄与种植园景观

在整个地中海沿岸，到处都可见油橄榄园（图 6-40），已有几千年的种植历史。灰绿色灌木型的油橄榄树极富地域特色，已成为地中海景观的标志和文化符号。除此之外，温暖的气候，适宜种植柑橘、柠檬、葡萄，古老的种植园鳞次栉比、层层垒叠，田野间散发着薰衣草的芳香，油橄榄为基调的种植景观已经代替了原生的常绿硬叶林景观。另外，地中海沿岸常见极富特色的针叶树，如石松（又名意大利五针松、伞松、松果松）、常绿柏、黎巴嫩雪松等，都是地中海景观的标志。

图 6-40　西班牙的油橄榄园

（朱梅湘 摄）

**5. 中国的常绿硬叶林**

我国没有典型的地中海型气候,只在青藏高原东部边缘山地受焚风效应影响的谷地,形成类似地中海型的干燥气候,但不是"冬雨夏旱",而是"夏雨冬旱"。植被类型为常绿硬叶林或常绿硬叶矮林,如高山栎林、黄背栎林(图 6-41),多分布于山地阳坡,它们具有硬的革质叶片,有的背面还有毡毛,显示耐旱的特征。

图 6-41　西藏波密地区的黄背栎疏林
(沈泽昊摄)

# 6.4　温带落叶阔叶林

## 6.4.1　中纬度温带湿润(或半湿润)气候

中纬度温带湿润气候分为两个类型。亚洲东部的中国华北、朝鲜半岛大部和日本北部,北美洲大陆东部、欧洲大陆中北部和南美洲的巴塔哥尼亚,均属于温带大陆性湿润(或半湿润)气候(D),年平均温度 6～14℃,年平均降水量 500～1000 mm,雨热同季,最冷月均温在 0℃ 以下,最热月平均温度 13～23℃。温带落叶阔叶林气候(温带夏绿林气候)图式见图 6-42。土壤属于淋溶土或半淋溶土(棕壤、淋溶褐色土),在上述生态-气候条件下,适宜生长大而薄的叶片的落叶树木,主要是多种栎类和水青冈。

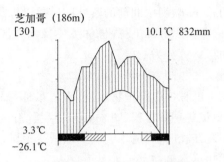

芝加哥 (186m)
[30]                10.1℃ 832mm

3.3℃
−26.1℃

图 6-42　温带落叶阔叶林气候图式

欧洲大陆西岸属于西风带冬温海洋性气候(Cfb),夏季多锋面雨,冬季雨量稍低,但全年湿润,夏无高温,冬无严寒,这种气候下发育单优势的欧洲水青冈林。

## 6.4.2　群落结构简单

落叶阔叶林多为单优势的群落,以各种栎类为主的落叶栎林、水青冈林和多种落叶阔叶树组成的阔叶混交林。群落结构简单,乔木层分为 1～2 层,林冠层几乎在同一高度,略呈波状起伏,有一个灌木层,草本层可划分 2～3 个亚层。

## 6.4.3　四时分明的季相

冬季的落叶阔叶林敞亮,林下草本植物多以根茎、鳞茎或块茎形式越冬。春季,乔木层的风媒花开放,林冠层染上一抹棕色,林下类短命植物相继开花(大丁草、绵枣儿、紫堇、堇菜、银莲花),展叶期到来,林冠郁闭,林下光照减少,类短命植物转入营养生长。林下灌木也多在春末夏初开花(蚂蚱腿子、溲疏、绣线菊、迎红杜鹃、丁香等)。随着温度升高,乔木层绿荫郁闭,绿色季相可以维持 4～5 个月。秋季,随着温度降低,树叶开始变色,"万木霜天红烂漫"的秋季季相大约维持 2 个月,深秋,迎来了"无边落木萧萧下"的叶雨;冬季来临,又恢复了敞亮萧疏的景象。

## 6.4.4　温带水果的故乡

落叶阔叶林分布地区气候温暖湿润,昼夜温差大,适于栽培各种温带果树,是苹果、梨、桃、李子、樱桃和葡萄的主产区。我国是世界苹果出口的第一大国,2017 年出口总量达 133 万吨。2018 年,仅辽宁、山东、山西、陕西、河南五省苹果产量合计占全国苹果总产量的 76.3%。

## 6.4.5　落叶阔叶林的类型及分布

### 1. 欧洲的落叶阔叶林

西欧的落叶阔叶林,分布于从伊比利亚半岛北部至斯堪的纳维亚半岛南部的大西洋沿岸。多为单优势种的纯林,欧洲水青冈、桦叶鹅耳枥、无梗栎、英国栎,每个种都可形成优势群落。西欧的水青冈林,树冠浓密,林下阴暗,短生草本植物多在春季开花。

随着海洋性气候影响的减弱,欧洲中北部的落叶阔叶林以栎类为主,向东间灭于第聂伯罗彼得罗夫斯地区。有无梗栎、英国栎和绵毛栎,栎林下不像水青冈林那么阴暗,林下植物发育良好,结构复杂,发育最好的栎林可分为七层。

**2. 亚洲东部的落叶栎林**

暖温带北部中低山以蒙古栎林(《中国植物志》已将辽东栎与蒙古栎合并,学名为 *Quercus mongolica*)为主,乔木层为单优势种蒙古栎(图6-43),伴生种有鹅耳枥、椴属、椴、白蜡属乔木,林下灌木种类较丰富,如迎红杜鹃、六道木、丁香属、绣线菊属、刺五加、榛属等,草本层除苔草、禾草外,含有丰富的双子叶草本植物。

稍干暖低山阳坡多分布栓皮栎纯林(图6-44),形成栓皮栎-山杏＋荆条-北京隐子草群落。栓皮栎林一直可以分布到亚热带地区。

沿海湿润地区低山丘陵主要分布麻栎林、槲栎林和槲树林;向南在暖温带南部中山主要是槲栎林和锐齿槲栎林(图6-45)。

图6-43　北京百花山中山的蒙古栎林
（崔海亭摄）

图6-44　河南王屋山低山的栓皮栎林
（崔海亭摄）

图6-45　河南王屋山的锐齿槲栎林
（崔海亭摄）

### 3. 北美洲东部的落叶阔叶林

北美洲的落叶阔叶林主要分布于五大湖区以南至北卡罗来纳州一带,由于降水丰富(760～1300 mm),树种丰富,以镰刀栎、糖槭为主(图 6-46),还有红栎、山核桃、大叶山毛榉、合欢属等,优势乔木高达 30 m,下层乔木有卡罗林鹅耳枥、佛罗里达梾木、弗吉尼亚铁木等,灌木和藤本植物也较丰富。

图 6-46 美国大雾山槭属为主的落叶阔叶林

(吴万里摄)

### 4. 落叶阔叶林的次生林

各地的温带落叶阔叶林破坏后,形成桦、杨为主的次生林,在我国又称为小叶林。在亚洲东部为白桦林纯林,山杨纯林或白桦、山杨林(图 6-47、图 6-48)。欧洲多见垂枝桦林、欧山杨林。北美也有白桦、黄桦、山杨形成的次生林。

图 6-47 北京百花山的次生白桦林

(崔海亭摄)

图 6-48 北京百花山的次生白桦、山杨林

(崔海亭摄)

### 5. 中国的山毛榉林

水青冈也称山毛榉,该属共有 5 个种:长柄水青冈、亮叶水青冈、米心水青冈、台湾水青冈和平武水青冈,都是落叶树种,它们形成单优势的水青冈林(图 6-49)。

由于我国温带降水偏少、湿度偏低,不适于喜阴湿的水青冈生存,因此,它们不出现在温带,而是分布于更加湿润的亚热带山地垂直带上(相当于温带),例如,亚热带北部的大巴山区海拔 1700～1900 m 分布的台湾水青冈林纯林,郁闭度 0.6～0.9,树高 16～28 m,林下灌木主要为华西箭竹。

图 6-49　四川广元的台湾水青冈林
(吉成均摄)

# 6.5　温带针阔叶混交林

## 6.5.1　湿润温带季风气候

针阔叶混交林是湿润温带的地带性植被类型,具有寒冷冬季的湿润温带季风气候(Dfm),降水量在 450～1000 mm,≥10℃积温 2000～3000℃,7 月平均温度在 20℃以上,1 月平均温度多在－10℃以下。

## 6.5.2　针阔叶混交林的植被分类地位

《中国植被》一书认为:针阔叶混交林是温带地带性植被类型。近年来有些教科书强调针阔叶混交林的过渡性,没有明确它的地带性。

本书认为,水平地带存在地带性的针阔叶混交林,它是北方针叶林与落叶阔叶林之间的过渡类型,但不同于一般意义上的群落过渡带,在我国东北针阔叶混交林南北跨 10 个纬度,拥有湿润的温带季风气候,具有相对稳定的种类组成和群落学特征,应当作为独立的植被地带。

## 6.5.3　世界各地的针阔叶混交林

### 1. 亚洲的针阔叶混交林

亚洲的针阔叶混交林主要分布于我国的长白山、小兴安岭,俄罗斯的远东沿海地区,以及朝鲜和日本的北部。上述地区主要由红松、沙冷杉与硕桦、糠椴、千金榆、水曲柳、花曲柳、黄椴、槭属组成混交林。我国东北东部山地的典型针阔叶混交林,由红松与多种落叶阔叶树个体混交,又称为红松阔叶混交林。该群落种类组成丰富,由红松与蒙古栎、紫椴、色木槭、水曲柳等阔叶树种组成。红松阔叶混交林生物多样性丰富(图6-50),有许多珍稀植物,如人参、刺五加、黄檗等。它是第三纪森林的后裔,有极高的科学价值。但是,原生林已经不多,亟待保护和生态恢复。

另外,在暖温带山地垂直带上也有针阔叶混交林,如秦岭北坡的华山松、锐齿槲栎混交林。在亚热带山地,针阔叶混交林是垂直带温带的产物,在我国多由铁杉与落叶阔叶树种组成针阔叶混交林。

**图 6-50　长白山地区的红松阔叶混交林**
(肖笃宁摄)

### 2. 欧洲的针阔叶混交林

在欧洲大陆中东部,北方针叶林带与落叶阔叶林带之间,断续分布针阔叶混交林,主要是欧洲赤松与栎类的混交林(图6-51)。

**图 6-51　瑞典南部的欧洲赤松、英国栎混交林**
(崔海亭摄)

### 3. 北美洲的针阔叶混交林

北美洲的针阔叶混交林分布于五大湖区周围,大多是栎类、松属混交林,南部为坚松、弗吉尼亚松与栎类混交,北部由北美乔松、加拿大铁杉与栎类、美国山毛榉、美洲山核桃、糖槭等树种组成。

针阔混交林不仅生物多样性丰富,而且景观色彩丰富,是全球最美的森林景观之一。每当深秋季节,针阔叶混交林色彩斑斓,红绿相间,美不胜收。

# 6.6　北方针叶林

人们常用"林海雪原"来形容北方针叶林景观,俄罗斯人将西西伯利亚低平原上多雪、长寒、遍地沼泽,生长着稠密的云杉、冷杉林的景观称为"taiga",因此,北方针叶林又称为泰加林。北方针叶林带西起斯堪的纳维亚半岛,经整个欧亚大陆,隔白令海峡与北美大陆的针叶林带相望,沿北美大陆向东南直至纽芬兰岛,东西绵延超过 $2.3 \times 10^4$ km,南北宽达 1000～3000 km,是北半球最壮观的森林带。

## 6.6.1　亚极地气候

亚极地气候(Dfc)总的气候特征为:夏季短促温凉,日照长达 19 h,冬季严寒,伴以短的白昼,各季都湿润。日平均温度高于 10℃的天数不足 120 天,而寒冷季节却持续 6 个月以上,在北方针叶林带北界附近,冬季长达 8 个月。最暖的 7 月平均温度 10～19℃,最冷月平均温度各地不同,欧亚大陆西段为－10℃,内陆地区可达到－20℃(甚至－52℃)。年平均温度－1.3℃(极端大陆性地区)至 0.4℃(海洋性气候区),有些地区可达－6℃。降水量约300～600 mm,大部分降落在春季,冬季有不多的降雪,只在海洋性气候区或山地才有丰富的降雪。在这一气候条件下,只能生长抗霜冻、耐严寒、冬季休眠的常绿针叶树(云杉属、冷杉属和松属)和落叶针叶树(落叶松属)。

## 6.6.2　群落结构简单

由于巨大的地理空间,距海洋远近不同,海洋性气候区分布云杉林、冷杉林和松林,大陆性气候区多分布落叶松林。群落结构简单,乔木层常由 1～2 种树种组成,林下有一个灌木层、一个草本层和一个苔藓地被层。

## 6.6.3　北方针叶林的类型

### 1. 暗针叶林

云杉林、冷杉林具有稠密的塔形树冠、枝下高很低、林下阴暗,地面和树干上长满地衣、苔藓,林下的小灌木有越橘,草本层有石松(蕨类)、舞鹤草、酢浆草、鹿蹄草和北方林奈草。松林具有圆形的树冠,郁闭度较云杉、冷杉林低,林下透光度改善,因而灌木和草本植物较为发达。

图 6-52 俄罗斯欧洲赤松为主的北方针叶林

(李宜垠摄)

**2. 明亮针叶林**

在大陆性亚极地气候区,分布着以落叶松为主的针叶林,由于冬季落叶,林下透光,称为明亮针叶林。种类组成简单,在亚洲主要由西伯利亚落叶松、兴安落叶松组成单优势群落,分布在西伯利亚中东部,向南延伸至我国境内。在北美洲落叶松林分布于西北部内陆地区(图 6-53)。

水平地带的北方针叶林向南变为亚高山针叶林,如北美落基山脉的亚高山针叶林是由恩格尔曼云杉、亚高山冷杉、落叶松和黑松组成(图 6-54)。

图 6-53 加拿大西北部的落叶松林

(崔之久摄)

图 6-54 加拿大落基山脉的亚高山针叶林

(金艳萍摄)

## 6.6.4 中国的北方针叶林

由于地理位置偏南和湿度偏低,我国寒温带没有出现水平地带的北方针叶林,只在大兴安岭(兴安落叶松林、樟子松林)和阿尔泰山(西伯利亚落叶松、西伯利亚云杉、西伯利亚松混交林)分布落叶针叶林(图 6-55),可以看作是西伯利亚明亮针叶林带的南延部分。另外,在温带和亚热带山地,分布着亚高山云杉、冷杉林(暗针叶林)和落叶松林(较干燥地区),如我国西南诸省的亚高山带的云杉、冷杉林(图 6-56),华北山地的华北落叶松林(图 6-57),西北亚高山带的雪岭云杉林(图 6-58)和青海云杉林。山地针叶林带可以看作垂直带上的寒温带植被。

图 6-55　大兴安岭的兴安落叶松林
（赵捷摄）

图 6-56　四川西北亚高山云杉、冷杉林
（崔海亭摄）

图 6-57　五台山的华北落叶松林
（崔海亭摄）

图 6-58　天山的雪岭云杉林
（崔海亭摄）

# 6.7　温带草原植被

温带大陆性半干旱气候下的地带性植被称为草原。人们习惯用辽阔、苍茫这些词语来形容草原景观,俄罗斯人将苍茫辽阔的无林景观称为"степь"(音"思捷碧"),于是"steppe"就成了温带草原的名称。

什么是草原? 温带冬季寒冷、夏季降雨的半干旱气候条件下,由旱生多年生丛生禾草、根茎禾草和旱生杂类草组成的地带性植被称为草原。

### 6.7.1 大陆性半干旱气候

大陆性半干旱气候(BS)的特征是夏季温度较高,最热月平均温度为 18～24℃,最冷月平均温度为－29～－7℃,温度日变幅大;年降水量变动于 250～500 mm,70%～80%降于生长季,且年际变率大。但有的草原地区降水量高于 500 mm,如南美的潘帕斯草原降水量接近1000 mm。

### 6.7.2 温带草原植被的特征

温带草原位于北方针叶林地带与落叶阔叶林地带之间,欧亚大陆的草原分布面积最广、类型多样,西起多瑙河流域,经小亚半岛、中亚、蒙古,直抵我国东北地区。我国与蒙古和俄罗斯的西伯利亚东南部形成了连续的草原地带(图 6-59)。在中国草原可分为草甸草原、典型草原、荒漠草原和高寒草原。

**图 6-59 俄罗斯布里亚特共和国的草原景观**
(刘鸿雁摄)

### 6.7.3 温带草原的类型

**1. 草甸草原**

草甸草原是分布于从落叶阔叶林带向草原的过渡带,降水量 350～450 mm,气候相对湿润,由中旱生丛生禾草、广旱生根茎禾草与中生杂类草组成的草原植被,代表性群落有羊草、杂类草草原,贝加尔针茅草原和线叶菊草原(图 6-60、图 6-61)。草甸草原群落总盖度 50%～60%,草群高约 40～60 cm,每平方米内有植物 30 多种,除建群种贝加尔针茅、羊草、线叶菊外,还含有菊科、豆科、蔷薇科、毛茛科、百合科等中生杂类草,因此外貌比较华丽。

**图 6-60　内蒙古克什克腾旗的贝加尔针茅草原**
（崔海亭摄）

**图 6-61　内蒙古高原东部的羊草草甸草原**
（梁存柱摄）

### 2. 典型草原

在降水量 300～350 mm 地区，分布丛生禾草大针茅为建群种的典型草原（图 6-62）。草群高 30～50 cm，总盖度 40%～50%，有植物 25 种左右。除大针茅外，还有隐子草属、冰草属、羊茅属、委陵菜属、黄芪属、葱属和蒿属等植物。降水量 250～300 mm 的地区分布克氏针茅草原（图 6-63）。

**图 6-62　内蒙古高原中部的大针茅草原**
（崔海亭摄）

**图 6-63　内蒙古高原中部的克氏针茅草原**
（黄永梅摄）

### 3. 荒漠草原

降水量 200～250 mm 的地区分布荒漠草原。种类组成相对贫乏，但比较稳定，主要以小针茅为主（图 6-64），每平方米植物不超过 15 种，除建群种小针茅外，还有无芒隐子草、多根葱、蒙古葱、兔唇花，以及菊状亚菊、灌木亚菊、女蒿等强旱生小半灌木和小灌木狭叶锦鸡儿，群落总盖度 10%～15%，群落高度 10～20 cm。在沙质生境分布沙生针茅荒漠草原；在石质生境分布戈壁针茅荒漠草原。

图 6-64　内蒙古高原西部的小针茅荒漠草原
（崔海亭摄）

**4. 高寒草原**

　　青藏高原北部和周边山地寒冷半干旱气候下,分布寒旱生丛生禾为主的高寒草原。建群种为紫花针茅(图 6-65),还有高山早熟禾、紫羊茅、粗壮嵩草、藏苔草、冻原白蒿和垫状蒿等。群落总盖度 20%～40%,群落高约 40～50 cm。

图 6-65　西藏类乌齐的紫花针茅草原
（贺金生摄）

## 6.7.4　世界其他地区的草原

**1. 东欧的草原**

　　东欧草原分布于从匈牙利至黑海沿岸,北部为草甸草原,除各种针茅、雀麦外,含有大量中生双子叶草本植物,草群高大茂盛,外貌华丽,季相变化明显。中部为典型草原,以针茅占优势;再向南,气候逐渐干旱,针茅、羊茅草原逐渐向蒿类半荒漠过渡(如里海北部)。

### 2. 北美的草原

北美的温带草原称为"普列利"(prairie)，又称为北美草原。分布于北美大陆中部 55°N～30°N 之间。北美草原降水较丰富，尤其是东部降水接近 1000 mm。由于北美气候的东北-西南向分异，草原自东而西分为三个类型：

① 高草北美草原：相当于草甸草原，高禾草有须芒草和针茅，草群高达 100～200 cm，群落中含有丰富的杂类草。

② 混交北美草原：由高禾草、须芒草、针茅与矮禾草、格兰马草、野牛草共同组成。相当于典型草原。

③ 短草北美草原：格兰马草、野牛草在其中占优势，不见杂类草，但含有旱生的仙人掌(图 6-66)。相当于荒漠草原。

图 6-66　美国西南部的短草北美草原
(梁存柱摄)

### 3. 南半球的草原

① 南美洲的草原：分布于 32°S～38°S 的阿根廷中南部和乌拉圭。南美的禾草草原称为"潘帕斯"(pampas)，由于东北部雨量充足，排水良好地段出现树丛和杂类草，低湿处为雀稗密草丛；较干燥的西南部，原生植被为高大(高 100 cm)短刺毛针茅生草丛(tussock)，几乎没有杂类草，由于生草丛适口性差，大多被人工草地代替。

② 南非的温带草原：位于德拉肯斯山脉以西的德兰士瓦、奥兰治自治邦一带，面积很小。

【专栏】

#### 草原景观赏析的要点

(1) 壮阔深沉的大美

清末民初有位蒙古族王爷贡桑诺尔布(字乐亭)在《菩萨蛮·巴林道》中写道："平原万顷人踪少，迷离随意生青草。事事听天然，穹庐裹古毡。荒凉连大漠，三五成村落。极目马鞭梢，行行路转遥。"置身蓝天碧野之间，好像时间和空间、人和大自然都融在一起了。一切都那么空阔无边，那么豪放不羁。无尽的原野彰显草原的辽阔，悠久的历史和人文风情营造了它的大美与深沉。

（2）天人合一的画卷

蒙古族人民从祖训中就懂得山-水-草-人是一条生命链条,他们对土地的理解是"父亲的草原,母亲的河"。他们理解的幸福就是良好的环境、草肥牛羊壮、美丽的家园。"天似穹庐,笼盖四野,天苍苍,野茫茫,风吹草低见牛羊",绘成了天人合一的画卷。

（3）风云变幻的舞台

冰河铁马、猎猎旌旗曾在这里出演;盐茶古道、驼铃牧歌好像还在白云蓝天间回荡;马背上民族的"草尖文化"与中原农耕民族的"锄尖文化"在这里碰撞、融合,演绎了几千年的文明史。

（4）消除对草原的误区

误区之一:"凡是长草的地方就是草原。"许多媒体长时间播放"武汉木兰草原",其实它只不过是亚热带湿润气候下人工种植的草地(grassland)。

误区之二:说枯水季的"鄱阳湖、洞庭湖变成了大草原"。实际上,以芦、荻、苔草为主的草洲是中生草本植物组成的草甸(meadow)。

误区之三:"森林草原是一种植被类型。"其实,森林草原是森林-草原过渡带的景观名称,它是草甸草原与斑块状的落叶阔叶林的大型镶嵌体。

# 6.8  荒漠植被

"弱水应无地,阳关已近天。今君渡沙碛,累月断人烟。"杜甫的几句诗形象地勾勒出荒漠景观的空寂与寥廓。荒漠一词主要指气候干旱(或极干旱),植被非常稀疏、动物贫乏,普遍分布沙生植物、盐生植物、砾质、石质等特殊生境的地区。

## 6.8.1  干旱、极干旱的荒漠气候

南北半球的回归高压带、远离海洋的大陆腹地或冷洋流经过的离岸风系控制的沿海地区,降水量低于 250 mm(我国的若羌只有 19 mm)、蒸发量高于降水量数倍或数十倍,形成干旱或极干旱的荒漠气候(BW)。暖温带极干旱荒漠气候图式见图 6-67。

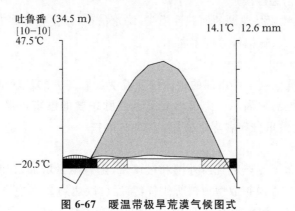

吐鲁番 (34.5 m)
[10-10]
47.5℃            14.1℃ 12.6 mm

-20.5℃

图 6-67  暖温带极旱荒漠气候图式

## 6.8.2　荒漠景观的特征

一方面,荒漠系指干旱或极干旱气候下的地带性植被,主要由旱生、强旱生或超旱生的小灌木、半乔木(如梭梭)、半灌木、小半灌木、短命植物(一年生植物,ephemeral plant)或肉质植物(succulents)组成的稀疏植被。由于干旱程度、基质差别和植物区系的历史的不同,各地具有不同的荒漠植物群落。另一方面,荒漠是景观的名称,在气候、地貌、水文、植被、土壤等景观要素的综合影响下,形成了不同特色的景观外貌。

## 6.8.3　荒漠的类型

### 1. 亚热带荒漠

热带干旱地区并不形成荒漠,而是热带有刺疏林。亚热带地区,年降水量不足 200 mm,蒸发量超过 2000 mm 时即可称为荒漠。亚热带荒漠主要分布于美洲、非洲及亚洲和大洋洲的回归高压带。在我国由于东南季风和西南季风的影响,在回归高压带没有形成荒漠。

(1)撒哈拉-阿拉伯荒漠

撒哈拉-阿拉伯荒漠包括北非的撒哈拉地区、阿拉伯半岛和波斯湾沿岸地区,大部分为干旱的沙漠。撒哈拉北部以旱生藜科、柽柳科和蒺藜科低矮灌木及硬叶旱生禾草为主;西部的摩洛哥分布大戟科肉质植物;中部极端干旱的沙漠、石漠里几乎没有植被;南部有地下水的干旱谷地生长金合欢等大型灌木和乔木。由于没有寒冷的冬季,绿洲普遍生长椰枣,波斯湾两岸有世界面积最大的椰枣林。

(2)南非、西南非的荒漠

非洲南部的卡鲁荒漠广大地区覆盖着菊科灌木;砾石生境分布许多大戟科、马齿苋科、景天科和番杏科的肉质植物;有地下水的干谷里,生长金合欢、漆树等木本植物。非洲西南部的纳米布荒漠,土壤水分依靠来自大西洋的湿雾,地下水较丰富的地方生长扁叶轴木、金合欢等灌木;盐生环境分布霸王、猪毛菜、柽柳、枸杞;宽浅的侵蚀沟里生长着古老的裸子植物百岁兰。

(3)南亚的塔尔-信德沙漠

南亚的塔尔-信德沙漠是典型的回归沙漠带,降水极少,沙漠中分布三芒草、画眉草等叶子坚硬的禾草,还有金合欢、扁担杆等许多灌木。

(4)美洲的荒漠

墨西哥北部和美国亚利桑那南部的索诺拉荒漠生长着高大的柱状仙人掌,开阔平坦处生长着特别抗旱的二叉拉瑞阿灌丛。南美洲安第斯山脉东麓的巴塔哥尼亚也有二叉拉瑞阿灌丛。智利、秘鲁沿海荒漠里分布着雾生植物:凤梨科的铁兰。

(5)亚热带半荒漠

亚热带半荒漠分布于亚热带荒漠外围和过渡带,随着雨量增加,荒漠的紧凑型植被(contracted vegetation)被半荒漠扩散型植被所代替,盖度可以达到 25%左右。亚热带半荒漠由木本植物和肉质植物组成。澳大利亚全年少雨的地区分布滨藜、地肤半灌木荒漠,在过渡带分布灌木状桉树组成的密灌丛和景天状地肤为下木的桉树疏林。沙丘区分布金合欢、木麻黄和无脉相思等组成的灌丛。

**2. 温带荒漠**

温带荒漠同样具有干旱或极干旱气候,但有一个寒冷的冬季,主要由小灌木、半灌木、小半灌木和半乔木组成。

亚洲荒漠地处大陆腹地,由于远离海洋,周围高山阻隔,水汽难以到达,形成连续广阔的荒漠。亚洲荒漠分为中亚荒漠(middle asiatic deserts)和亚洲中部荒漠(central asiatic deserts,又称内亚荒漠)两个荒漠区。

(1) 中亚荒漠

中亚荒漠包括里海-咸海低地、哈萨克斯坦南部。这一荒漠区的特点是能接收到来自大西洋的气旋雨,在无盐的壤土上,发育春季短命荒漠,由于土壤春季湿润,有 40～50 种短命植物在 30～45 天内开花结实,还有多年生的地下芽植物细叶苔草、鳞茎早熟禾等类短命植物,植物生长期从 3 月开始,5 月结束,其他时间没有植物生长。

在卡拉库姆等沙漠,分布梭梭半乔木荒漠和沙拐枣等灌木荒漠;除此之外,盐生环境分布盐角草、盐节木等形成的盐生荒漠。

(2) 亚洲中部荒漠

亚洲中部荒漠主要包括我国的新疆、河西走廊、内蒙古西部和蒙古国的南部。本区又分为西部荒漠亚区和东部荒漠亚区。

西部荒漠亚区包括天山以北、阿尔泰山以南的古尔班通古特沙漠,特点是受到来自西部、西北部的水汽滋润,因而含有较多的短命和类短命植物。根据大地貌分异、荒漠植被分为以下类型:

① 半乔木、半灌木荒漠:盐生假木贼小半灌木荒漠分布于准噶尔盆地的剥蚀台地、河流阶地;梭梭荒漠分布于固定沙丘地区;山前倾斜平原分布蒿类荒漠;冲积平原盐碱土区分布红砂、碱蓬、盐爪爪等组成的半灌木荒漠。

② 草原化蒿类荒漠:分布于塔城谷地,建群植物为博洛绢蒿、新疆绢蒿,还有白茎绢蒿、针茅、胎生鳞茎早熟禾、粗柱苔草、克氏阿魏、郁金香等短命和类短命植物。

③ 蒿类荒漠:水分条件最好的伊犁谷地,地带性植被为蒿类荒漠,含有较多短命植物和类短命植物。

东部荒漠亚区包括天山-北塔山-中蒙边界以南,昆仑山以北,西鄂尔多斯高原以西的广大地区。受周围高山围阻和西伯利亚-蒙古高压影响,受湿润气流影响甚微,植被以超旱生的灌木和半灌木荒漠为主。主要有以下类型:

① 温带灌木、半灌木草原化荒漠:西鄂尔多斯、东阿拉善地处荒漠区的最东端,年降水量150～200 mm,湿润度较高,≥10℃积温 3000～3400℃。地带性植被为红砂荒漠,形成多种群落类型。红沙荒漠含有较多草原成分,如短花针茅、沙生针茅、小针茅、无芒隐子草、碱韭、蒙古韭、银灰旋花、天门冬等多年生草本植物,这正是草原化荒漠的特点。

**图 6-68　内蒙古西部的梭梭荒漠**
（黄永梅摄）

**图 6-69　内蒙古西部的红砂荒漠**
（黄永梅摄）

**图 6-70　内蒙古中部的霸王荒漠**
（崔海亭摄）

② 温带灌木、半灌木荒漠：阿拉善高原中部、河西走廊一带，气候干旱，降水量 50～120 mm，≥10℃积温 3000～3600℃。地带性植被为红砂＋绵刺荒漠、红砂＋珍珠猪毛菜荒漠，还有更干旱的红砂＋泡泡刺、红砂＋膜果麻黄、红砂＋木霸王等群落；广大沙漠分布十分稀疏的沙拐枣群落与籽蒿群落；石质山丘分布合头草荒漠和短叶假木贼荒漠（图 6-71、图 6-72）。

**图 6-71　蒙古国的小半灌木短叶假木贼**
（梁存柱摄）

**图 6-72　蒙古国南戈壁的短叶假木贼荒漠**
（梁存柱摄）

③ 温带稀疏灌木、半灌木极旱荒漠：额济纳地区降水量为 20～50 mm，年平均温度 5～8℃，≥10℃积温 3300～3500℃。连片的戈壁分布稀疏低矮的梭梭荒漠；沙丘上生长沙拐枣和沙蒿；坡麓为合头草、短叶假木贼稀疏荒漠。

马鬃山-诺敏戈壁更加干旱，年平均温度 4～10℃，降水量只有 12.5mm，冬春多大风，极端干旱的大陆性气候条件下，砂砾质冲洪积物上分布稀疏梭梭荒漠；砾质戈壁一般分布稀疏的红沙荒漠；盆地、洼地分布膜果麻黄、泡泡刺荒漠（图 6-73）；局部石膏生境分布戈壁藜荒漠；丘坡分布稀疏的短叶假木贼、合头草荒漠。

柴达木为一高原盆地，海拔 2600～2900 m，中部降水量为 50 mm 以下，西部只有 20 mm，属于稀疏灌木、半灌木极旱荒漠，山麓带主要是红砂荒漠、木本猪毛菜荒漠、盐爪爪荒漠和驼绒藜荒漠。盆地西北部降水最小，植物极为稀少，个别地段可见零星的合头草。

**图 6-73 马鬃山洪积平原的膜果麻黄、泡泡刺荒漠**

(毛赞猷摄)

④ 暖温带极旱灌木、半灌木荒漠：包括天山南麓、昆仑山与阿尔金山北麓、塔里木盆地和吐鲁番-哈密盆地。山前碎石沟和洪积扇上生长极为稀疏的灌木和半灌木荒漠，主要有膜果麻黄、霸王、合头草、红砂、假木贼、泡泡刺、驼绒藜、刺矶松、单子麻黄、盐生草和补血草等。

昆仑山中段-阿尔金山北坡，山前分布合头草、红砂、高山绢蒿、驼绒藜、膜果麻黄等灌木与半灌木。

东疆盆地-嘎顺戈壁，山前为光裸戈壁；冲沟分布稀少戈壁藜、膜果麻黄、短叶假木贼和盐生草；积沙低地生长泡泡刺；沙丘区可见沙拐枣。

塔克拉玛干沙漠分布柽柳灌丛和铃铛刺灌丛；山前主要生长红砂、戈壁藜、泡泡刺、膜果麻黄、合头草、驼绒藜、霸王、裸果木、无叶假木贼、短叶假木贼等稀疏灌木和半灌木。

**图 6-74 塔克拉玛干沙漠的柽柳灌丛**

(崔海亭摄)

### 3. 高寒荒漠

高寒荒漠位于青藏高原西北部，海拔 4600～5000 m，气候高寒、干燥，大部分地区年平均温度−7℃以下，降水量在谷地内不足 50 mm。各地的荒漠类型不同：

昆仑山内部为山地荒漠,以垫状驼绒藜、藏亚菊高寒荒漠;帕米尔高原仅在局部干旱高山带分布垫状驼绒藜高寒荒漠;喀喇昆仑山以北、昆仑山以南的阿里的宽谷湖盆区,以驼绒藜和灌木亚菊为主的荒漠(图 6-75)。

图 6-75 西藏阿里的驼绒藜、灌木亚菊荒漠
(金艳萍摄)

# 6.9 冻原植被

冻原(tundra)又称苔原,系指寒带连续多年冻土区,由低矮小灌木、多年生草本植物和地衣、苔藓组成低矮植被。极地大致以 70°N 为界,分为高纬极地(high arctic)与低纬极地(low arctic),冻原主要分布于低纬极地和中高纬度高山带。

一般人想象,冻原是广阔无垠、布满地衣苔藓的荒原,实际上,极地冻原并不荒凉,草本冻原好像茂密的草甸,冻原的夏季繁花似锦。冻原带的南部,北方针叶林与冻原之间的生态过渡带还有森林的斑块。冻原植被覆盖基本是连续的,有的地段覆盖度甚至达到 80%~100%。称其为苔原也是不确切的,因为冻原植被包含许多类型:灌木群落、石楠群落、草本群落和地衣苔藓群落,冻原地区有维管植物 700 多种,地衣、苔藓只占一部分。

北半球极地冻原有 700 多万平方千米,南极冰盖的外围和南极岛屿也分布着冻原植被。

## 6.9.1 极地冻原气候

极地冻原气候(ET)分布在地球的南北极和极地岛屿,一年中大部分时间被严寒笼罩,8~10 个月带有极夜的冬季,最热月平均温度在 0~10℃之间,具有 1.5~4 个月短促带有极昼的夏季。生长季只有 3~4 个月。年平均温度在 −10℃以下,极端大陆性地区温度低于 −30℃

（最低达-55℃）；7月平均温度8～12℃，气候冷凉。降水量200～300 mm，由于蒸发量很小，仍属湿润气候。

冻原广泛存在多年冻土，夏季形成0.3～0.6 m的活动层，河谷地区活动层深达1～2 m，冻融扰动作用下，土壤始终处于原始成土阶段，温度低、过分潮湿、肥力低下，土壤呈酸性反应，低温环境不利于植物对氮素的吸收。

冻原带的南部出现黑云杉为主的北方针叶林片断，针叶林、冻原与湿地镶嵌分布，这种景观称为森林冻原（图6-76）。这里也是北方针叶林的北界。冻原气候图式见图6-77。

图6-76 加拿大马更些河三角洲地区的森林冻原
（吴万里摄）

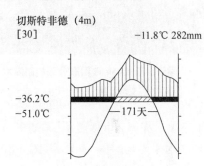

切斯特非德 (4m)
[30]              -11.8℃ 282mm

-36.2℃
-51.0℃   —171天—

图6-77 加拿大冻原气候图式

## 6.9.2 冻原植被特征

### 1. 冻原植被的一般特征

① 种类组成相对贫乏：一般100～200种，南部可达400～500(700)种。代表性的科为石楠科、杨柳科、莎草科、禾本科、毛茛科、十字花科和蔷薇科。

② 群落结构简单：分层不明显，一般只有1～2(3)层，小灌木和矮灌木层-草本层-藓类地衣层。

③ 生活型多样：由于生长季短促，植物来不及完成生活周期，因此冻原没有短命植物，多数为常绿植物（小灌木、矮灌木、垫状灌木）和多年生草本植物；适应大风，多数植物矮生、贴地匍匐生长；耐受极低温（-46℃），生长缓慢，极柳的枝条一年只增长1～5 mm；大多数为长日照植物，多开大型鲜艳的花朵。

### 2. 冻原植被类型

① 高灌木冻原：主要由柳属、赤杨属和桦属组成，群落高2～5 m，主要分布在河流阶地、溪旁、陡坡和湖滨。如阿拉斯加育空地区、加拿大的西北大区（图6-78）。

② 低灌木冻原：低灌木冻原主要分布于森林冻原以外的坡地和高地（图6-79）。占优势的为腺桦、灰柳、石楠灌木、禾草和隐花植物，群落高40～60 cm。种类组成有矮桦、灰柳、丽柳、尖叶柳、扁叶柳、瑞氏柳等，地面分布苔草属、羊胡子草属和禾草。石楠灌丛由越橘属、岩高兰属、喇叭茶属、熊果属和悬钩子属的小灌木组成，高10～20 cm，生于矮柳与地衣、苔藓之中。

图 6-78　美国阿拉斯加 Denali 国家公园的高灌木冻原

（吴万里摄）

图 6-79　美国阿拉斯加中部的低灌木冻原

（吴万里摄）

③ 矮灌木冻原：由矮灌木、羊胡子草和石楠灌木组成，高 5～20 cm。矮灌木有仙女木、柳等，石楠灌木主要是越橘、熊果等（图 6-80、图 6-81）。

图 6-80　加拿大拉布拉多半岛北部的矮灌木冻原

（吴万里摄）

图 6-81　斯瓦尔巴群岛冻原中的仙女木

（沈泽昊摄）

④ 草本-苔藓冻原：群落高 20～40 cm，主要分布在贫瘠、排水良好的土壤上，草类以苔草占优势，还有少量羊胡子草、恋极草、高山看麦娘，极柳和仙女木丛占据在藓丘上或石化地段（图 6-82）。

⑤ 中高纬高山冻原：水平地带的冻原之外，在中高纬度的高山带存在类似于冻原的寒冷湿润气候，还由于历史原因，冰期南迁的冻原植物区系，在冰消期气候转暖后，没能返回遥远的极地，而是"就近"向高山带迁移，因此，在北方高山带分布类似于极地冻原的北极-高山区系成分，适应高山强风、寒冷、雪盖的自然条件，发育了低矮灌木和多年生草本植物和苔藓、地衣组成的山地冻原（图 6-83）。

图 6-82　美国阿拉斯加北部的草本-苔藓冻原
（吴万里摄）

图 6-83　美国落基山的灌木-草本山地冻原
（沈泽昊摄）

**3. 我国的高山冻原**

　　由于我国地理位置偏南,没有水平地带的冻原植被,只在长白山(海拔 2100 m 以上)、阿尔泰山(海拔 3000 m 以上)的高山带寒冷湿润气候下发育高山冻原(图 6-84)。长白山高山冻原属于矮灌木-草本冻原,矮灌木主要有牛皮杜鹃、矮桦、圆叶柳、牙疙瘩、松毛翠和仙女木(亚灌木)等,它们大多为常绿种类,还有大量多年生草本植物。阿尔泰山的高山冻原气候相对较干,主要由镰刀藓、真藓和冰岛衣组成。

图 6-84　长白山高山冻原外貌
（肖笃宁摄）

# 6.10　极地荒漠和极地半荒漠

　　极地冻原以外的高纬极地,气候更加严酷,生长季只有 1.5～2.5 个月,7 月平均温度 3～6℃,日平均温度高于 0℃ 的积温 150～600℃,地表活动层只有 30～50 cm(细土)或 70～150 cm(砾质),发育极地荒漠和极地半荒漠,英语文献中又称为极地荒原(arctic barren ground)。

极地半荒漠盖度为 20％～80％不等,覆盖着垫状植物、禾草、苔藓和地衣,群落高度只有2～5 cm,并与裸露的岩石地面相间分布(图 6-85、图 6-86)。

图 6-85　斯瓦尔巴群岛的极地半荒漠
（沈泽昊摄）

图 6-86　加拿大西北班克斯岛的极地半荒漠
（吴万里摄）

极地荒漠包括格陵兰北部、新地岛(75°N 以北)、法兰士约瑟夫地群岛、北地群岛、新西伯利亚群岛的一部分及北冰洋中的其他岛屿。南极大陆也属极地荒漠(图 6-87、图 6-88)。极地荒漠不能进行成土过程,没有真正意义上的土壤。植物稀少,如新地岛 75°N 以北只有 80 种维管植物,壳状地衣和苔藓占优势,植被盖度仅 1％～5％。

图 6-87　斯瓦尔巴群岛地衣苔藓的极地荒漠
（沈泽昊摄）

图 6-88　南极长城站地衣的极地荒漠
（刘耕年摄）

# 6.11　灌丛植被

## 6.11.1　灌丛植被释义

灌丛植被系由高度小于 5 m、分枝很低的丛生木本植物构成的植被类型。这里主要指除荒漠和冻原之外由中生性灌木组成、灌木层覆盖度大于 30％(或 40％)的群落。灌丛有原生的,森林地带的灌丛绝大多数是次生性的。

灌丛植被具有重要的生态功能,对于生物多样性保护、景观多样性保护和水土涵养有重要意义。广义的灌丛还包括竹丛、肉质有刺灌丛等。我国灌丛类型十分丰富。

### 6.11.2 世界各地的次生灌丛

① 北方针叶林破坏后形成牙疙瘩灌丛、岩高兰灌丛(图 6-89)。

② 湿润温带落叶阔叶林破坏后形成欧石楠灌丛(图 6-90)。

图 6-89 贝加尔湖东岸的岩高兰灌丛
(崔海亭摄)

图 6-90 德国汉诺威附近的欧石楠灌丛
(刘鸿雁摄)

③ 栎林破坏后形成榛子、胡枝子、丁香落叶阔叶灌丛(图 6-91)。

④ 亚热带常绿林破坏后形成常绿阔叶灌丛,如杜鹃灌丛、竹丛等。

⑤ 地中海气候区硬叶常绿林破坏后形成硬叶常绿灌丛。如南非地中海气候下硬叶常绿林破坏后形成的密灌丛"芬博斯"(fynbos)(图 6-92)。

图 6-91 辽西山地落叶阔叶林破坏后的次生落叶灌丛
(郑成洋摄)

图 6-92 好望角的硬叶密灌丛
(朱梅湘摄)

### 6.11.3　我国灌丛的代表性类型

①　暖温带半干旱地区落叶阔叶灌丛：黄土高原有野瑞香灌丛和黄刺玫灌丛，草原带石质生境和沙地有小叶锦鸡儿灌丛(图6-93)、漏斗叶绣线菊灌丛和油蒿半灌木丛。

②　暖温带湿润-半湿润地区次生落叶灌丛：主要有平榛(图6-94)、胡枝子、黄栌、绣线菊、荆条等灌丛。

图6-93　内蒙古太仆寺旗的小叶锦鸡儿灌丛　　　　图6-94　北京延庆松山的平榛灌丛
（黄永梅摄）　　　　　　　　　　　　　（崔海亭摄）

③　亚热带湿润地区次生常绿灌丛：亚热带地区的常绿阔叶灌丛常见的有乌饭树＋细齿叶柃群落、杜鹃(映山红)灌丛、金背杜鹃灌丛；高山、亚高山带有密枝杜鹃灌丛、头花杜鹃灌丛和百里香杜鹃灌丛。

④　竹丛：高度一般不超过5 m的丛生竹类为主的植物群落。如箣竹丛、箭竹丛、玉山箭竹丛等。

⑤　南亚热带、热带次生常绿灌丛：低纬度地常见有桃金娘群落(图6-95)、假连翘群落和岗松群落(图6-96)。

图6-95　南亚热带的桃金娘灌丛　　　　　　　图6-96　南亚热带的岗松灌丛
（唐志尧摄）　　　　　　　　　　　　　（唐志尧摄）

⑥ 高山高寒灌丛：藏圆柏灌丛（图 6-97）、鬼箭锦鸡儿灌丛（图 6-98）和金露梅灌丛等。

**图 6-97　青藏高原的圆柏常绿针叶灌丛**
（引自侯学煜 等,2001）

**图 6-98　青藏高原的鬼箭锦鸡儿灌丛**
（金艳萍摄）

⑦ 肉质刺灌丛：热带海滨沙地和热带、亚热带干热河谷底部分布仙人掌、霸王鞭等肉质刺灌丛（图 6-99），多为次生性植物群落。

**图 6-99　三亚海滨沙地上的肉质刺灌丛**
（崔海亭摄）

# 6.12　非地带性植被

　　地球表面有一些植被类型,它们的分布不取决于大气候,不形成单独的植被地带,而是跨地带分布,例如草甸、沼泽和水生植被等,称为非地带性植被或隐域性植被。

## 6.12.1　草甸植被

　　草甸是由多年生、中生草本植物形成的植物群落。草甸景观给人的印象是绿草如茵、牧歌式的田园风光。1500 年前的《敕勒歌》写道:"敕勒川,阴山下。天似穹庐,笼盖四野。天苍苍,野茫茫,风吹草低见牛羊。"这里的"风吹草低见牛羊",指的正是阴山山麓冲积扇边缘茂密的芨芨草草甸,一般的草原或其他草甸是达不到隐没牛身的高度的。

**1. 草甸的一般特征**

草甸植被具有以下特征:

① 草甸土壤具有中等湿润条件,主要源于地形条件,因相对低洼而汇聚水分,或位于高海拔山顶,气候湿润,导致土壤水分充足;

② 草甸具有茂密的草群、种类组成丰富,除禾草、苔草类草本植物外,含有丰富的双子叶和单子叶植物,因而外貌华丽;

③ 草甸植物生活型组成以地面芽植物为主;

④ 草甸的生态类群除典型的中生植物外,还有旱中生植物、湿中生植物和盐中生植物。

**2. 草甸的类型**

(1) 按地形、生境分类

① 大陆草甸:冲积土上发育的草甸,或森林边缘的草甸。

② 低地草甸:潜水位较高的洼地,土壤营养丰富,草层较高。

③ 河漫滩草甸:受河水周期性泛滥影响,群落茂密、外貌华丽(图 6-100)。

④ 亚高山草甸:位于亚高山林线附近的山地草甸,种类组成十分丰富,含有许多双子叶有花植物,因而外貌华丽(图 6-101)。

图 6-100　大兴安岭的河漫滩草甸
（赵捷摄）

图 6-101　北京东灵山的亚高山草甸
（崔海亭摄）

⑤ 高山高寒草甸:亚高山草甸以上,寒冷、强风、强日照下的低矮、密集的草地,如嵩草草甸(图 6-102)。

(2) 按群落特征分类

① 典型草甸:禾草、杂类草草甸。

② 沼泽化草甸:芦苇草甸、藏嵩草草甸(图 6-103)。

图 6-102　青海海北海拔 3200 m 的嵩草高寒草甸

（唐志尧摄）

图 6-103　塞罕坝湖盆的苔草沼泽化草甸

（崔海亭摄）

③ 盐生草甸：芨芨草草甸、碱蓬草甸、羊草草甸等（图 6-104、图 6-105）。

图 6-104　吉林长岭的羊草盐生草甸中的盐碱斑

（崔海亭摄）

图 6-105　锡林郭勒盟的芨芨草盐生草甸

（崔海亭摄）

（3）按建群种的生活型分类

① 丛生草类草甸：碱茅草甸、嵩草草甸。

② 根茎草类草甸：拂子茅草甸、羊草草甸。

③ 杂类草草甸：如"五花草塘"，由地榆、裂叶蒿、野火球、歪头菜、大叶野豌豆、莓叶委陵菜、黄花菜、芍药、射干鸢尾、蓬子菜、无芒雀麦、柄状苔草等（图6-106）。

图6-106　东北地区山前平原的"五花草塘"（禾草、杂类草草甸）

（肖笃宁摄）

## 6.12.2　湿地植被

### 1. 湿地的定义

湿地系指不问其为天然或人工、长久或暂时的沼泽地、湿原、泥炭地或水域地带，带有静止或流动的淡水、半咸水或咸水水体者，包括低潮时水深不超过6 m的海域，还包括滩涂、水田等。

湿地具有重要的水文调节功能（调节地球表面的水循环），$CO_2$、$CH_4$ 的"源"或"汇"功能，维持生物多样性的功能（我国有1548种湿地植物）和景观美学功能等。

我国大约有天然湿地 $2.5 \times 10^7 \ hm^2$，其中沼泽 $1.1 \times 10^7 \ hm^2$，湖泊 $1.2 \times 10^7 \ hm^2$，滩涂和盐沼地 $2.1 \times 10^6 \ hm^2$，加上水稻田 $3.8 \times 10^7 \ hm^2$，共计 $6.3 \times 10^7 \ hm^2$。

### 2. 沼泽植被

（1）沼泽的概念

沼泽系指生境水分过剩，由沼生、湿生和水生植物组成的植物群落。

（2）沼泽的类型

在英语国家，对沼泽的理解如下：

① 木本沼泽（swamp）：以木本植物为主，如美国路易斯安那州河流泛滥地的落羽杉沼泽；

② 草本沼泽（marsh）：以草本植物为主，包括海滨的盐生草本沼泽；

③ 泥炭藓、石楠灌木沼泽(bog)：由泥炭藓或常绿的石楠灌木组成的沼泽。

（3）我国的沼泽

我国根据优势植物生活型和生态类型及群落结构等特征划分沼泽类型。

① 木本沼泽：发育在常年积水的低洼地上、由乔灌木组成的植物群落。例如，淤泥质海岸潮间带发育的红树林沼泽(图 6-107)，寒温带发育的黄花落叶松、沼生桦沼泽等。

**图 6-107 深圳福田的红树林沼泽**
（崔海亭摄）

② 草本沼泽：草本沼泽广泛分布于各地，又称低位沼泽，地势低洼，受地下水营养，养分充足。如苔草沼泽、藏嵩草沼泽(图 6-108)，河湖湿地的芦苇沼泽、南荻沼泽、香蒲沼泽等(图 6-109)。

**图 6-108 四川红原的苔草沼泽**
（崔海亭摄）

**图 6-109 西洞庭湖的芦苇、南荻沼泽**
（崔海亭摄）

③ 藓类沼泽：主要分布于高纬度、高山带山间沟谷盆地，如泥炭藓沼泽，由于泥炭藓不断累积加高，靠大气降水补给，又称高位沼泽，水体呈酸性(pH 3～5)，营养贫乏，常生长食虫植物，如茅膏菜、狸藻等。

**3. 水生植被**

水生植被系指长期生长于水中、由水生植物组成植被类型(图 6-110)。这里主要指水生维管植物组成的植物群落。根据水质又分为：淡水水生植被和咸水水生植被。

(1) 水生植被的特征

① 植物区系成分相似：组成的植物多为广布种或世界种,如眼子菜属、萍蓬草、睡莲属、莲属、香蒲属、川蔓藻属等。

② 生态类型相似：根据植物与水深、底质的关系,分为沉水植物、漂浮植物、浮叶植物、挺水植物。

**图 6-110 博斯腾湖的水生植被**

(崔海亭摄)

③ 水生植被的分布格局与水深、水体透明度和底质情况有关,在湖塘中多呈同心圆状分布,沿河流呈带状分布。

(2) 水生植被的类型

① 淡水水生植被。

a. 沉水植被：如眼子菜群落、金鱼藻群落、狐尾藻群落、黑藻群落、大茨藻群落等;

b. 漂浮植被：如槐叶萍群落、浮萍群落、品藻群落、大藻群落、凤眼莲群落等;

c. 浮叶植被：如莕菜群落、萍蓬草群落、野菱群落、睡莲群落等;

d. 挺水植被：如莲群落、慈姑群落等。

② 咸水水生植被。

咸水水生植被主要是滨海浅水域或内陆盐湖的维管植物组成的群落,如我国东部沿海的川蔓藻海草群落;还有北方沿海的大叶藻群落;热带海岸带的海神草群落、泰来藻群落。

# 6.13 植被分布的规律性

## 6.13.1 植被的水平地带性

俄国土壤学家道库恰耶夫根据俄罗斯平原从西北至东南气候、植被、土壤带状更替的现象提出了水平地带性学说(图 6-111)。由于该地区地形条件相对一致、岩性比较均一(黄土),从而很好地展现了水平地带性,水平地带性包括纬向地带性和经向地带性。

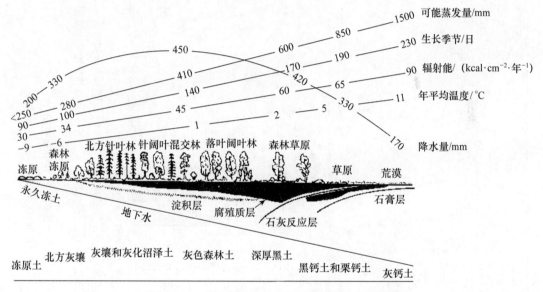

**图 6-111** 俄罗斯平原自西北至东南的水平地带性

(据沃尔特,1984)

## 6.13.2 世界植被地带的分布规律

世界植被图很好地反映了全球植被分布的规律性。欧亚大陆自南向北展现了从热带雨林—热带季雨林—亚热带常绿阔叶林—常绿阔叶与落叶阔叶混交林—暖温带落叶阔叶林—温带针阔叶混交林—北方针叶林—森林冻原—冻原—极地荒漠、极地半荒漠等全部的纬向地带。由于距海洋的远近不同,各大陆从沿海到内陆呈现明显的经向地带性。极高山和高原则表现为植被的垂直带性(图 6-112)。

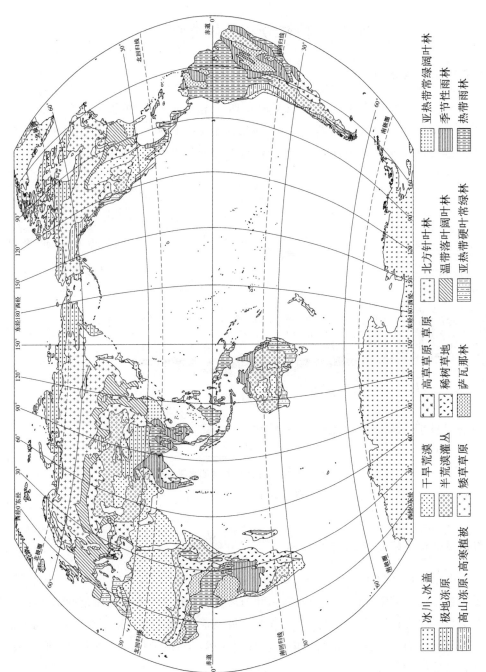

图6-112 世界植被图

(据Briggs and Smithson, 1985改绘)

### 6.13.3　中国植被的地带性

**1. 中国植被的纬向地带性**

我国东部从大兴安岭至海南的植被变化主要是沿着热量递增发生的纬向地带性(图 6-113)：

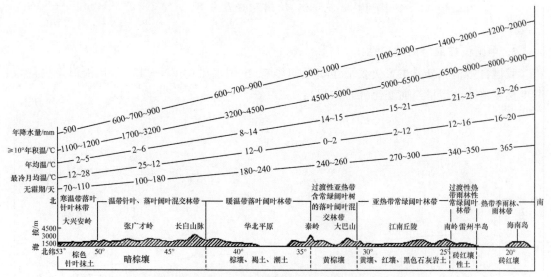

**图 6-113　中国东部自东北到华南植被水平分布与气候、土壤的关系**
(据 Hou，1983；转引自宋永昌，2017)

① 寒温带落叶针叶林带；

② 温带针叶、落叶阔叶混交林带；

③ 暖温带落叶阔叶林带；

④ 过渡性亚热带含常绿阔叶树的落叶阔叶混交林带；

⑤ 亚热带常绿阔叶林带；

⑥ 过渡性热带雨林性常绿阔叶林带；

⑦ 热带季雨林、雨林带。

由于长期的人为改造，东部地区的原生地带性植被难以保存，但农业景观和栽培植物仍能反映地带性变化。

陈毅元帅 1956 年 12 月沿京广线南行，写了一首纪事诗，形象地描述了我国东部暖温带至南亚热带的景观变化。

> 朝辞京华雪满天，夕过黄河冰塞川。
>
> 中原大地麦未绽，青山隐隐武胜关。
>
> 仲冬汉口看菊展，长沙红叶缀满山。

　　　韶山冲里览风物,霭霭青松赤壤嵌。

　　　清水池塘傍茅舍,鸢飞鱼跃竹万竿。

　　　……

　　　七日行抵广州地,郁郁苍苍浩无边。

　　　灼灼红花排满径,游踪疑在三月三。

**2. 中国植被的经向地带性**

我国自然地域分异主要受太平洋季风的影响,中国温带(40°N~45°N)从沿海至内陆,沿湿度梯度植被地带呈经向变化(图6-114):

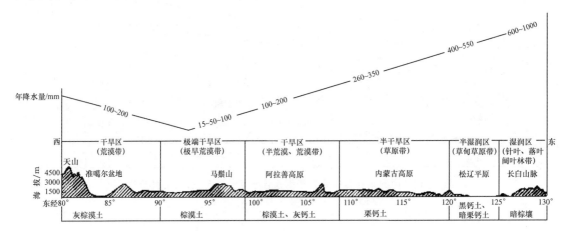

**图6-114　中国温带(40°N~45°N)植被水平分布的经向变化**

(据 Hou,1983;转引自宋永昌,2017)

① 温带针叶、落叶阔叶混交林带(长白山脉);

② 温带草甸草原带(松辽平原);

③ 温带典型草原带(内蒙古高原);

④ 温带半荒漠、荒漠带(阿拉善高原);

⑤ 温带荒漠带(准噶尔盆地);

⑥ 温带极旱荒漠带(马鬃山、河西走廊西段);

⑦ 暖温带极旱荒漠(新疆东部、南部)。

**3. 中国植被的垂直带性**

(1) 植被垂直带性

随着海拔升高,温度递减,降水量先随海拔增加,在某一临界高度又减少。植被沿垂直气候梯度的带状更替的现象称为植被垂直带性。

（2）植被垂直带谱的区域差异

① 东部湿润区的垂直带谱（图 6-115）：基带为各类森林，山地植被垂直带谱也以不同类型的森林为主。

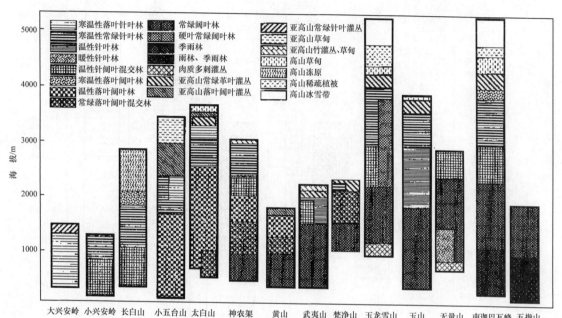

图 6-115　中国东部湿润区山地植被垂直带谱

（据陈灵芝,2015）

② 西北半干旱、干旱区山地植被垂直带谱（图 6-116）：基带为草原或荒漠,下半部受水分条件制约,类似植被水平地带由干旱区向湿润区过渡,上半部主要受温度制约,类似水平植被带向高纬度过渡。

③ 相同类型的植被垂直带,随着地理位置向南或向西而升高。

④ 植被垂直带不是水平植被地带的重复,而是基带自然地理位置、海拔高度和山体地形（山脉走向、坡向）的函数。

**4. 青藏高原地带性与山地植被垂直带谱**

青藏高原主体海拔超过 4000 m,从高原东南部向西北部,海拔逐步升高,植被垂直带由亚高山针叶林带—灌丛草甸带—高寒草甸带依次更替,同时在广袤的空间里植被表现出明显的水平过渡性,从高寒草甸带向西北过渡为高寒草原带、高寒荒漠带,这一垂直与水平结合的分布规律被称为青藏高原地带性。

青藏高原山地植被垂直带基带的性质自东向西从高山草甸向高山草原、高山荒漠过渡,垂直带谱的结构比较简单,以高山稀疏植被为主（图 6-117）。

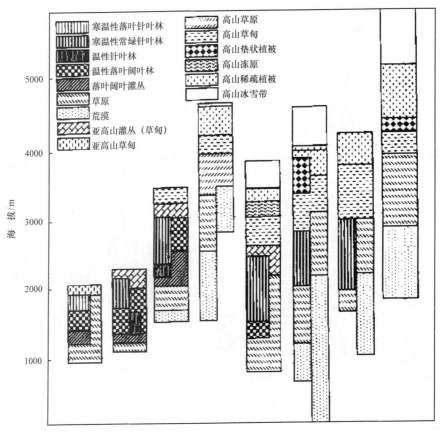

**图 6-116　中国西北干旱区山地植被垂直带谱**
（据陈灵芝,2015）

### 6.13.4　中国植被分区

我国地处太平洋西岸,疆域辽阔,内陆区域远离海洋,三级阶梯式的地势决定着中国自然地理分异的大格局:东部季风区域、西北干旱区域、青藏高寒区域,构成了中国植被地域分异的背景。中国植被分区主要有以下几个方案。

**1.《中国植被》分区方案**

根据植被类型及其组合、指示性种属的分布、栽培植物种类和耕作制度等进行植被分区。《中国植被》(1980)的植被分区方案分为三级:第一级,划分8个植被区域;第二级,植被亚区域;第三级,植被地带。

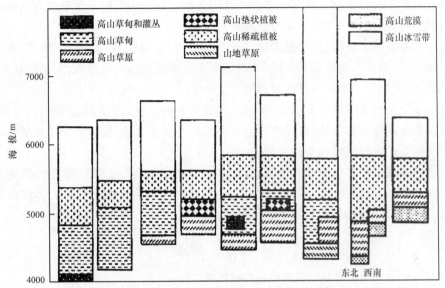

**图 6-117 青藏高原山地植被垂直带谱**
(据陈灵芝,2015)

8个植被区域为:Ⅰ—寒温带针叶林区域;Ⅱ—温带针阔叶混交林区域;Ⅲ—暖温带落叶阔叶林区域;Ⅳ—亚热带常绿阔叶林区域;Ⅴ—热带季雨林、雨林区域;Ⅵ—温带草原区域;Ⅶ—温带荒漠区域;Ⅷ—青藏高原高寒植被区域。

**2. 陈灵芝等植被分区方案**

陈灵芝主编的《中国植物区系与植被地理》(2015)一书在参考《中国植被》(1980)和《1∶1 000 000 中国植被图集》(2001)植被区划的基础上提出了新的植被分区方案。该方案保留了"八大区"的框架,区划系统共分四级:植被区域、植被地带、植被区、植被小区。

植被区域:根据水热状况的水平地带性、海陆关系影响下的植被分异划分;

植被地带:根据区域内因热量差异导致的植被分带划分;

植被区:根据地带内由于大地貌、地区气候差异引起的优势植被、植被垂直分布的不同划分,植被区之下可再分植被小区。

根据上述原则划分了 8 个区域、25 个地带(地带之下根据需要可分亚地带)、114 个植被区。

**3. 宋永昌植被分区方案**

宋永昌(2017)提出四级分区方案:第一级,分为 3 个植被区域;第二级,根据地带性植被划分 15 个植被带,植被带内根据东西南北水热条件进一步划分 34 个植被亚带;第三级,根据区域气候和大地貌条件划分植被区;第四级,根据占优势的低级植被分类单位划分植被小区。

　　世界植被的多样性是建立在气候多样性基础上的。柯本的气候分类系统真实地描述了世界各地气候的特征,根据气候特征即可推断植被类型。

　　中国植被是世界上最多样、最复杂的。不仅有寒温带、温带、暖温带、亚热带、热带完整的纬向水平地带性,而且有从沿海到内陆、从湿润到干旱鲜明的经向地带性,三级阶梯的地势、多山的地貌条件,更加强了中国植被的复杂性。

　　植被不仅是自然景观的重要组分,而且是景观最鲜明的标志。懂得植被的指示性原理,了解世界的植被及其分布规律性,可以知晓全球变化的生态学背景,掌握中国植被的知识便可进一步探索气候变化对我国景观变化的影响。

　　自然植被是生态系统中最重要的组成部分,一切生态规划与生态治理工程都离不开通过植被调控的途径。学习植被知识的目的在于应用,植物群落的自然属性才是师法自然的最好模板,掌握植被生态学知识,是景观规划师的基本功。

## 思　考　题

**6.1**　简述世界主要植被群区及其相应的植被类型。

**6.2**　热带雨林有哪些生态特点? 我国的热带雨林主要分布在哪里?

**6.3**　典型亚热带常绿阔叶林有哪些生态特点? 我国的亚热带常绿阔叶林主要分布在哪里?

**6.4**　举例说明我国亚热带常绿阔叶林的东西分异。

**6.5**　简述我国落叶阔叶林形成的气候条件及其主要类型。

**6.6**　我国的针阔叶混交林分布在哪? 它的群落组成结构有何特点?

**6.7**　什么是荒漠? 我国荒漠的主要类型有哪些?

**6.8**　我国草原的主要类型有哪些?

**6.9**　举出 5 种灌丛的名称,并指出它们所在地区的气候特征。

**6.10**　我国人工林建设取得了巨大成就,还有哪些值得重视的问题?

**6.11**　什么是草甸? 草甸植被的主要类型(按地形分类)有哪些?

**6.12**　草原与草甸的主要区别是什么?

**6.13**　水生植被的主要特征有哪些?

**6.14**　沼泽植被的主要类型有哪些?

**6.15**　什么是植被的水平地带性? 它们在中国的表现形式有何特点?

**6.16**　什么是植被的垂直地带性? 植被垂直带谱的结构受哪些因素影响?

**6.17**　什么是青藏高原地带性?

**6.18**　沿北纬 30°杭州—九江—重庆—成都—拉萨—日喀则—聂拉木一线穿越哪些植被类型?

# 第7章 区域自然景观系统

禹别九州,随山浚川,任土作贡。禹敷土,随山刊木,奠高山大川。

——《尚书·禹贡》

　　一切景观现象都带有浓重的区域色彩。我国是一个疆域辽阔的大国,古人已经认识到区域之间的差异,《尚书·禹贡》正是根据各地的土壤特征,遵循山川界线划分九州的。

　　本章有限的篇幅,不可能全面系统地讨论各地区的自然景观,只能提供纲要性的框架,帮助读者借助区域地理知识形成区域景观的大印象。

## 7.1　中国综合自然区划

### 7.1.1　区划的原则

　　区划是根据地域分异规律,对地表进行空间划分;区域是多种地理因子共同作用的空间。区划一般遵循以下原则:

① 地带性与非地带性相结合的原则;

② 区域自然发生的同一性和区内相对一致性原则;

③ 区域空间的连续性原则;

④ 综合分析与主导因素相结合原则;

⑤ 自然地理区与行政区界线相结合原则。

### 7.1.2　区划的等级系统

　　中国综合自然区划分为四级(郑度,2015):

① 大区:东部季风区、西北干旱区和青藏高寒区三大区。

② 温度带:寒温带、中温带、暖温带、北亚热带、中亚热带、南亚热带、边缘热带、中热带、赤道热带、高原亚寒带、高原温带 11 个温度带。

③ 干湿地区:按湿润地区、半湿润地区、半干旱地区、干旱地区,11 个温度带共划分 21 个干湿地区。

④ 自然区:全国共划分 49 个自然区。

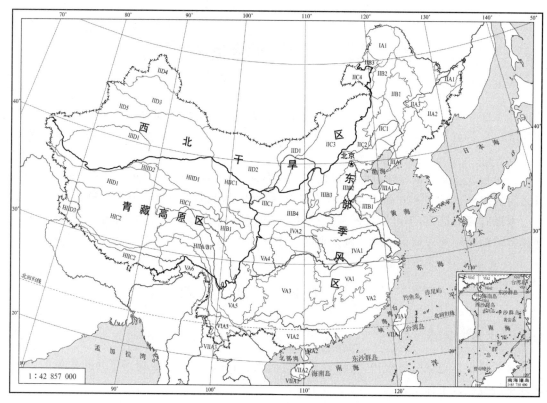

图 7-1　中国综合自然区划图
（据郑度，2015 改绘）

# 7.2　东部季风区

　　东部季风区占我国国土面积的 47.6％；占全国总人口的 95％；季风气候，雨热同季；地貌以低山丘陵和平原为主，大部分在海拔 500 m 以下；纬向地带性表现最为完整；水系发育，以雨水补给为主，河川水量丰沛；南方多酸性土，北方多碱性土，沿海有盐渍化土壤；植被以各类森林为主；是粮食与干鲜果品、蔬菜的生产基地；是中国城市化水平最高的区域。

## 7.2.1　寒温带和温带湿润、半湿润地区

　　寒温带和温带湿润、半湿润地区包括黑龙江省、吉林省的全部，辽宁省的北部及内蒙古自治区的东部边缘，基本上符合传统的东北地区的范围。包括的自然区见表 7-1。

表 7-1　寒温带/温带湿润、半湿润地区自然区

| Ⅰ | 寒温带 | A | 湿润地区 | ⅠA1　大兴安岭北段山地落叶针叶林区 | |
|---|---|---|---|---|---|
| Ⅱ | 中温带 | A | 湿润地区 | ⅡA1 | 三江平原湿地区 |
| | | | | ⅡA2 | 小兴安岭长白山地针叶林区 |
| | | | | ⅡA3 | 松辽平原东部山前台地针阔叶混交林区 |
| | | B | 半湿润地区 | ⅡB1 | 松辽平原中部森林草原区 |
| | | | | ⅡB2 | 大兴安岭中段山地森林草原区 |
| | | | | ⅡB3 | 大兴安岭北段西侧丘陵森林草原区 |

注：据郑度,2015。

**1. 湿润、半湿润温带大陆性季风气候**

≥10℃的积温 1400～3400℃,跨寒温带、中温带、暖温带三个热量带;年降水量为 400～900 mm(最高达 1000 mm);干燥度 1.0～1.2(西部)。

**2. 广阔的森林与草原**

森林主要分布在长白山、小兴安岭和大兴安岭;草原主要分布在松辽平原的中西部。

**3. 肥沃的黑土地**

山地土壤有灰土(落叶针叶林)、寒冻雏形土、冷凉淋溶土(针阔叶混交林);平原有湿润暗沃土(黑土、黑钙土)、暗色潮湿雏形土,腐殖质含量高,奠定了"东北大粮仓"的物质基础。

**4. 河流广布、水资源丰富**

降水和雪水共同补给,水量充足,黑龙江、乌苏里江、鸭绿江等国际河流发源于东北地区。沼泽面积广阔,三江平原 20%～30%为沼泽(多为草甸沼泽化后形成),山区多分布泥炭藓沼泽。

**5. 我国唯一存在冻土的水平地带**

多年冻土分布在大兴安岭北段,岛状冻土的南界大致在 48°N 一线。

**6. 纬向地带性与经向地带性同样明显**

寒温带针叶林灰土、寒冻雏形土地带—温带针阔叶混交林冷凉淋溶土地带—暖温带落叶阔叶林简育湿润淋溶土地带,反映南北热量带的变化;

温带针阔叶混交林冷凉淋溶土地带—温带森林草原简育湿润暗沃土地带—温带干草原暗厚干润暗沃土地带,主要反映东西湿度带的变化。

由于寒潮的影响,东北地区的针叶林带、草原带都比同纬度地区向南推进了 3°～3.5°。

**7. 生态保护问题**

长白山、小兴安岭、大兴安岭地区应严禁森林过伐。黑土地由于过垦,已经出现负面影响,土壤生态保护刻不容缓。五十多年来,三江平原的湿地从 $3.7×10^6$ hm² 减少到 $9.2×10^5$ hm²。湿地的丧失引起局地气候干旱、沙化和生物多样性减少! 亟待加强湿地保护。低平原、半内流区的涝灾(洪涝、春涝)日渐突显。区域性、季节性重污染天气增多。

**8. 寒温带和温带湿润、半湿润地区自然景观的大印象**

大森林:拥有我国最大的林区,主要是山地寒温带落叶针叶林和温带红松阔叶混交林。

大草原：东北平原主要是草甸草原(图 7-2),向西过渡到典型草原,但大部分已经开垦。

图 7-2　松辽平原西部的羊草草原
(梁存柱摄)

大湿地：三江平原湿地(图 7-3)、嫩江流域湿地和其他河湖湿地。

图 7-3　三江平原湿地卫星影像
(据童庆禧 等,2006)
注：暗色影像为已开垦湿地;淡色影像为现存湿地。

大粮仓：肥沃的黑土和黑钙土多已开垦为耕地,是全国最大的商品粮基地。近期气候暖湿化有利于农业生产的发展。

## 7.2.2　暖温带湿润、半湿润地区

暖温带湿润、半湿润地区即广义的华北地区,包括山西、河北、山东的全部,陕西、河南的大部分和辽宁的南部。包括的自然区见表 7-2。

表 7-2 暖温带湿润、半湿润地区自然区

| A 湿润地区 | Ⅲ A1 辽东胶东低山丘陵落叶阔叶林、人工植被区 |
|---|---|
| B 半湿润地区 | Ⅲ B1 鲁中低山丘陵落叶阔叶林、人工植被区 |
| | Ⅲ B2 华北平原人工植被区 |
| | Ⅲ B3 华北山地落叶阔叶林区 |
| | Ⅲ B4 汾渭盆地落叶阔叶林、人工植被区 |

注：据郑度，2015。

**1. 半湿润暖温带大陆性季风气候**

本区热量资源比较丰富，≥10℃ 的积温 3200～4500℃，年平均温度 8～14℃。年降水量 500～900 mm，集中于夏季，变率大于 20%，春旱多风沙。

**2. 两级阶梯的地势**

本区东部为中国地势的第三级阶梯，以平原、丘陵为主，西北部为中国地势的第二级阶梯，以高原、山地为主。

**3. 向心式的地理结构**

本区北、西、南三面是山地，燕山山脉、太行山脉、伏牛山脉、大别山脉围绕着广阔的黄淮海平原，中心是黄海-渤海盆地。

**4. 典型的落叶阔叶林**

本区广泛分布各种栎林，分为南北两个落叶阔叶林亚带，即以蒙古栎为代表的北落叶阔叶林亚带，以槲栎为代表的南落叶阔叶林亚带。中山上部分布寒温性针叶林（云杉林、落叶松林），南部的连云港附近可见南方常绿树种，西北部逐渐向灌丛草原带过渡。

**5. 湿润淋溶土、干润淋溶土为主**

在半湿润气候条件下，山地发育湿润淋溶土（棕壤）、干润淋溶土（褐土），平原发育淡色潮湿雏形土（潮土或草甸土）。

**6. 景观变化规律**

自东而西：暖温带落叶阔叶林棕壤景观—华北平原农作物、人工林草甸土景观—晋冀山地落叶林、灌丛草原褐土景观—黄土高原暖温带草原黑垆土景观。北部的渤海冬季结冰，华北南部可种茶，如青岛崂山（36°10′N）、日照（35°24′N）产茶，山西霍州的七里峪（36°30′N）也试种成功。

**7. 人工替代景观占优势**

本区是全国人口最稠密的地区之一。耕地占绝对优势（53%），林（12.5%）、牧（16.5%）用地少。历史悠久，垦殖率高，自然植被多已被人工植被代替。黄淮海平原是我国的粮食主产区之一，设施农业也十分发达。

**8. 区域生态面临的危机**

水是本地区生态问题的核心，本区为一典型的干湿过渡带，降水少且不稳定，由于过度开采，地下水位下降。华北是个少水区，如北京人均占有水量 100 m³，低于国际公认的人均占有水量 1000 m³ 的警戒线，成为全国最缺水的城市之一，近年来由于"南水北调"，用水紧张大大缓解。

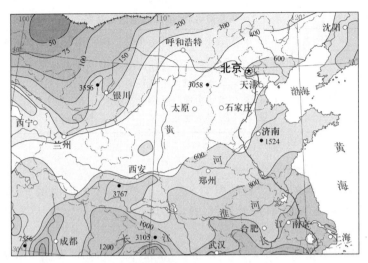

**图 7-4　华北地区年降水量介于 400～800 mm，为一缺水区**

（据王静爱、左伟，2010 改绘）

由于高耗能产业的发展，城市化进程加速，加之大地貌条件影响，冬春扩散条件不利，区域性大气污染加重。自 2013 年以来，加快淘汰落后产能，并加大大气污染治理的力度，大气污染程度已逐步下降。

渤海是一个内海，平均深度 18 m，面积 $7.7 \times 10^4$ km²，水量只有 1730 km³。这里是鱼虾的产卵场、越冬场和索饵场，年渔获量 $4.9 \times 10^5$ t，还哺育着 150 多种鸟类。渤海拥有两大湿地（辽河口湿地、黄河三角洲湿地），三大海湾生态系统（辽东湾、渤海湾、莱州湾）。环渤海经济区拥有四大油田（胜利油田、大港油田、下辽河油田、南堡油田）和海上油田，油田开发、港口建设和旅游业发展，导致沿海污染加重，影响沿岸生态系统的健康，渤海海洋生态保护已经刻不容缓。

**9. 暖温带湿润、半湿润地区的大印象**

山海拱卫的地理结构：以黄海与渤海为中心，高原、山地、平原、海盆相互嵌合，构成一个整体，是实现区域生态大保护的前提。

中华文明的摇篮：这里绝大部分属于黄河流域，孕育了马家窑、大地湾、大汶口、磁山、裴李岗、半坡等新石器文化，是中华文明的摇篮。

最大的城市密集区：全国四个特大城市有其二；全国 12 个城市密集区有其四（京津冀、山东半岛、中原、关中）。

日渐凸显的生态问题：由于经济发展和快速城市化，大气污染、水体污染和海洋污染逐渐显现，应从整体上制定区域生态环境保护战略，按照山-河-湖-海的生态系统，从源头到尾闾共同治理。应贯彻黄河流域生态保护和高质量发展的重大国家战略，共抓大保护，推进大治理。

### 7.2.3 北亚热带和中亚热带湿润地区

北亚热带和中亚热带湿润地区(东部亚区)分为两大部分:北部秦岭—淮河线与长江线之间为北亚热带湿润区,形成常绿落叶阔叶混交林景观;南部长江线与南岭山地之间为中亚热带湿润区,形成了典型的常绿阔叶林景观。包括的自然区见表7-3。

**表7-3 亚热带或中亚热带湿润地区自然区**

| Ⅳ | 北亚热带 | A | 湿润地区 | Ⅳ A1 | 长江中下游平原与大别山地常绿落叶阔叶混交林、人工植被区 |
|---|---|---|---|---|---|
| | | | | Ⅳ A2 | 秦巴山地常绿落叶阔叶混交林区 |
| Ⅴ | 中亚热带 | A | 湿润地区 | Ⅴ A1 | 江南丘陵常绿阔叶林、人工植被区 |
| | | | | Ⅴ A2 | 浙闽与南岭山地常绿阔叶林区 |

注:据郑度,2015。

**1. 湿润亚热带季风气候**

本区年降水量多在 1000~2000 mm 之间,但汉中盆地和南阳盆地不足 900 mm。年平均温度 13~20℃左右。≥10℃积温 4000~6500℃。

**2. 低山、丘陵与平原镶嵌的地貌**

包括长江中下游平原、东南沿海山地与丘陵、江南丘陵(图 7-5)与四川盆地。山川纵横、丘陵逶迤、冲畈交错,形成秀美多姿的地貌景观。

**图7-5 江南丘陵(南昌西北)的典型地貌**

(崔海亭摄)

**3. 湖泊众多、水资源丰富**

"茫茫九派流中国",长江支流众多,中下游湖泊罗列,有以下几大湖群:两湖湖群、赣皖湖群、苏皖湖群、太湖湖群和江淮湖群。

**4. 常绿阔叶林与橘茶之乡**

常绿阔叶林岛状分布于偏僻山区,广大山丘代之以马尾松为主的针叶林和竹林。山地发育简育湿润富铁土(红壤)、铝质常湿淋溶土(黄壤),湿润多雾的气候适宜种植柑橘、茶和油茶,是这三种作物的主产区。"扬子江心水,蒙山顶上茶"或许能说明茶在本区的地位。

**5. 气候灾害较多**

初夏梅雨,易造成江淮洪涝,有时盛夏又发生伏旱,近年来秋冬旱情加重,还存在冬春冻雨、冰雪灾害。

**6. 中国人的景观大道**

一方面,沿 30°N 的景观剖面,跨越了我国地势的三级阶梯,拥有最精彩的自然和文化景观,被称为"中国人的景观大道"。另一方面,这里又是残遗植被保护、湿地保护、珍稀水生物种保护(300 种鱼类,1/3 为特有)和文化景观保护的重点地区。

**7. 北亚热带和中亚热带湿润地区的大印象**

山-江-湖一统的"三元结构":山-江-湖是一个统一的大生态系统,是维系区域景观生态安全的生态基础设施。全球有 21 条河流生态恶化,长江名列第一! 整个长江流域必须贯彻"共抓大保护、不搞大开发"的方针。

厚重的自然、文化遗产:珍稀濒危物种分布集中、自然保护区和风景名胜区众多,因此,本区是我国生物多样性与文化多样性保护的重心。

中国经济增长的主轴之一:优越的气候条件、水资源和矿产资源,发达的文化科技,便利的水陆交通,形成以长三角为龙头的长江经济带。

面向海洋的区位条件:沿海形成我国最发达的产业带,拥有多个"海上丝绸之路"和"一带一路"的关键枢纽站,带来无限的发展生机。

## 7.2.4 中亚热带湿润地区

中亚热带湿润地区(西部亚区)受西南季风的影响,降水有明显的季节性;地形差异极大,高山深谷,植被垂直分带明显;植物区系组成与东部有同属替代种现象。本地区主要包括云南高原和贵州高原西部。四川盆地(ⅤA4)、湘黔山地(ⅤA3)的气候和植被与东部地区差别较小,可归入亚热带湿润地区东部亚区。另外,东喜马拉雅南翼(ⅤA6)降水极其丰富,植被景观极富热带特征,应归入热带湿润地区。包括的自然区见图 7-4。

表 7-4    中亚热带湿润地区自然区

| Ⅴ    中亚热带 | A    湿润地区 | ⅤA3    湘黔山地常绿阔叶林区 |
| | | ⅤA4    四川盆地常绿阔叶林、人工植被区 |
| | | ⅤA5    云南高原常绿阔叶林、松林区 |
| | | ⅤA6    东喜马拉雅南翼山地季雨林、常绿阔叶林区 |

注:据郑度,2015。

**1. 两大季风系统共同影响的气候**

本区东部湘黔山地主要受东南季风的影响,云南高原受西南季风影响,有明显的干湿季之分。大部分地区年平均温度在 14~24℃之间,年降水量在 1200~2000 mm 之间,最少 245 mm,近年来春旱不时威胁西南地区。本区西部横断山地区受大地貌条件影响,形成干热河谷(图

7-6)，这里热量充足，≥10℃积温超过 8000℃，可以种植热带作物。

### 2. 高原为主的地貌

云贵高原、横断山脉，自东南向西北逐级升高，过渡到青藏高原。构造大幅抬升，流水切割、冰川侵蚀，高山峡谷并列，是地震、滑坡、泥石流等地质灾害的多发区。

### 3. 江河并流，国际河流众多

河流众多（七大水系），位居长江水系与珠江水系的上游，雨水补给为主，流经横断山地区和西南部的河流有些受雪水补给；西部的许多大河为国际河流，如怒江、澜沧江、元江等。

### 4. 植被与土壤南北分异及垂直分带明显

云南是"植物王国"（拥有 13 278 种高等植物），种类丰富，古老残遗、特有种多。土壤主要有常湿富铁土（红壤）和铝质湿润雏形土（黄壤）。山地以常绿阔叶林为主（图 7-7），亚高山针叶林下发育常湿淋溶土（棕壤）。

图 7-6　怒江干热河谷的稀树草地景观
（崔海亭摄）

图 7-7　哀牢山的常绿阔叶林外貌
（水利部天津水利勘测研究院提供）

### 5. "水电开发热"与生物多样性和文化多样性保护的冲突

目前长江上游拟建、在建水坝 40 多座，据悉 20 年内长江上游将建上百座电站，许多大河将被梯级开发，流水变静水，水温降低、河谷淹没，必然对珍稀鱼类的保护以及其他生态系统产生负面影响。

**6. 兼具"通道作用"与"阻限作用"纵向岭谷区**

纵向岭谷区是气候和生物交流的通道,但逐步升高的地势又形成了天然阻限。

**7. 中亚热带湿润地区的大印象**

干湿交替的气候:受西南季风和太平洋季风共同影响,尤其是西南季风的影响,形成干湿交替的气候特征。

寒暖交汇、五方杂处的生物地理格局:高寒植物区系与热带植物区系在此交流;东洋界动物与古北界动物在此相遇。

三江并流大通道:澜沧江、怒江、金沙江不仅是气候的大通道,也是多民族文化交融的文化廊道,当地拥有 16 个少数民族、170 多万人。

茶马古道源远流长:历史上茶马古道连接着广阔的大西南,今天又是通往印度、巴基斯坦、缅甸、泰国,甚至西亚"一带一路"的起点。

### 7.2.5　南亚热带湿润地区

南亚热带湿润地区位于南岭以南、雷州半岛以北,东起台湾,西至云南盈江的狭长地带,包括台湾中北部、闽粤桂的低山平原、云南中南部,相当于广义的华南地区。包括的自然区见表 7-5。

表 7-5　南亚热带湿润地区自然区

| Ⅵ　南亚热带 | A　湿润地区 | ⅥA1　台湾中北部山地平原常绿阔叶林、人工植被区 |
| --- | --- | --- |
| | | ⅥA2　闽粤桂低山平原常绿阔叶林、人工植被区 |
| | | ⅥA3　滇中南山地丘陵常绿阔叶林、松林区 |

注:据郑度,2015。

**1. 温暖湿润、台风盛行的季风气候**

夏长无冬、偶有低于零下的低温,热量丰富,年平均温度 17～27℃。降水强度大、多暴雨。夏秋多台风(80%在华南登陆)。同时受东部季风和西部季风影响。气候的南北差异明显。南亚热带北界东部大致与 1 月份 10℃等温线、日平均温度≥10℃积温 6400℃等值线相符,西部与 1 月份 9℃等温线、日平均温度≥10℃积温 5000℃等值线相符;南界大致与 1 月份 16℃等温线、日平均温度≥10℃积温 8000℃等值线相符。

**2. 依山面海的地理结构**

闽粤桂低山平原交错分布,南临南海,海岸曲折、岛屿众多;西接贵州高原、滇中南高原、山地。地貌的东西分异明显:东部多列平行排列的中、低山地,除台湾中央山脉之外,海拔一般低于 1500 m;西部滇中南山原和高山峡谷并列,山地海拔多在 3000～3500 m。

**3. 河流众多、径流丰富**

东部除珠江外,河流大多短小,但河网密布,河川径流年际变化不大;西部大河多为国际河流。

#### 4. 常绿阔叶林、湿润富铁土、湿润铁铝土景观

南亚热带常绿阔叶林、铁铝土和富铁土构成景观的特色。南亚热带到处可见干季落叶的木棉树,带有热带季雨林景观的某些特点,向南(21°N)过渡为热带季雨林、雨林砖红壤景观。

#### 5. 海域广阔、海洋资源极为丰富

南海鱼类约有 800 种,海产品产量约占全国的 1/3,海水养殖产量将近全国之半。

#### 6. 灾害天气频发

本区是台风登陆最频繁和影响最大的地区,每年造成的经济损失约 290 多亿元;秋季和早春又容易发生旱灾。

#### 7. 我国生态保护的关键地区

南亚热带与热带之间过渡性的植被,古老和特有植物种类异常丰富。本区拥有戴云山、鼎湖山、黑石顶、南昆山、大明山、十万大山、弄岗、高黎贡山、哀牢山、黄连山、南滚河等国家级自然保护区,是生物多样性保护的关键地区。同时建有大批沿海湿地自然保护区,对于红树林的保护,南海珊瑚礁、鱼类和白海豚、儒艮等珍稀动物的保护具有重要意义。海岸带是一个完整的景观生态系统,应防止过度开发,着重保护沙滩、海水和海岛,保护景观生态安全。

图 7-8    北部湾的珍稀动物中华白海豚

(赵一摄)

#### 8. 南亚热带湿润地区的大印象

海上丝绸之路的重要起点:超过 10 000 km 的海岸线,曲折率为全国之首,面临南海、海域广阔。

回归高压带上的"翡翠":全球回归高压带均为干旱气候,唯独我国的华南地区由于受东南季风和西南季风影响,不出现干旱荒漠景观,而是发育季节性常绿阔叶林。

外向性的多元文化:岭南文化、侨乡文化、客家文化和港台文化在这里交融,具有包容性、多元性和与时俱进的特点。

世界最大的湾区:粤港澳的"九市二区"构成了世界最大的湾区,兼及海南自贸区和北部湾地区,是中国走向世界的门户,是中国经济发展的龙头之一。

### 7.2.6　边缘热带和热带湿润地区

　　边缘热带包括台湾南部、雷州半岛、广西南部、云南河口和西双版纳等地。喜马拉雅东段南翼（ⅤA6）亦应归入热带地区。海南岛南部，西沙、中沙和东沙群岛为中热带；南沙群岛为赤道热带。热带湿润地区全年温度较高，气温年较差较小，降水有一定季节性。土壤主要为湿润富铁土、湿润铁铝土。包括的自然区见表 7-6。

表 7-6　边缘热带和热带湿润地区自然区

| Ⅶ | 边缘热带 | A | 湿润地区 | ⅦA1　台湾南部山地平原季雨林、雨林区 |
| | | | | ⅦA2　琼雷山地丘陵半常绿季雨林区 |
| | | | | ⅦA3　西双版纳山地季雨林、雨林区 |
| Ⅷ | 中热带 | A | 湿润地区 | ⅧA1　琼南低地与东沙中沙西沙诸岛季雨林、雨林区 |
| Ⅸ | 赤道热带 | A | 湿润地区 | ⅨA1　南沙群岛礁岛植被区 |

　　注：据郑度，2015。

#### 1. 过渡性的热带气候

　　我国东部地形的阻隔作用相对较小，强烈的冬季风可长驱直入热带北部地区，冬季气温较低，年较差增大；夏秋台风频繁登陆，强台风、暴雨成灾。一方面，虽然≥10℃积温高达 7500～8500℃，但仍有寒、风、旱灾，不利于热带作物的生长。另一方面，由于近南北向河谷成为热带气流的通道，因而中国的边缘热带气候又比相邻国家更为偏北。

#### 2. 星罗棋布的岛礁

　　南海面积 $3.5 \times 10^6$ km²，其中 $2.07 \times 10^6$ km² 为我国所管辖，在我国海域内分布着 178 个岛礁。

#### 3. 雨林、季雨林与湿润铁铝土、富铁土景观

　　过渡热带分布热带季雨林和半常绿雨林（图 7-9 至图 7-11）；海南省中南部为中热带，分布季雨林和雨林；南海岛礁形成以莲海桐、海岸桐为代表的珊瑚礁常绿矮林灌丛；南沙群岛接近赤道，但因岛礁面积狭小、鸟粪层覆盖和受海浪冲击等因素，并未形成赤道雨林，而是形成由抗风桐、草海桐和海岸桐组成的珊瑚岛常绿林。

#### 4. 极为丰富的海洋资源

　　除了丰富的渔业资源外，海底油气资源和可燃冰蕴藏量丰富，对于我国的发展具有重要的战略意义。

#### 5. 国家安全的前哨

　　为了维护地区和平，我国提出"主权属我、搁置争议、共同开发"的主张，与周边国家签订了《南海各方行为宣言》，但是美国为了实现其遏制中国的战略图谋，不断干预南海事务，制造紧张局势，南海已成为中美博弈重点地区，是我国维护国家安全的前哨。

**图 7-9　广东阳江的残留季雨林**
（刘鸿雁摄）

**图 7-10　西双版纳的热带雨林**
（陈根茹摄）

**图 7-11　西藏墨脱的季雨林**
（沈泽昊摄）

### 6. 边缘热带和热带湿润地区的大印象

海疆远大于陆疆：我国陆地部分（包括台湾南部和海南）的热带景观占全国国土面积不足 1%，然而我国热带地区的海疆却有 $2.07 \times 10^6$ km²，约占我国国土总面积的 1/5。

生物多样性的"热点"区：海南和云南是动植物的宝库，海南约拥有全国高等植物的 1/6；西双版纳有高等植物 5000 多种，包含孑遗种 31 种，稀有种 135 种，重要野生遗传资源 28 种，两地区都是我国生物多样性的"热点"区。

大国崛起的关键地区：南海及南海诸岛具有十分重要的战略意义，是我国走向世界的门户和战略大通道；南海海洋资源丰富，尤其是可观的油气资源是我国实现跨越式发展的战略储备。因此，南海是中国实现大国崛起的重要地区。

# 7.3　温带西北干旱、半干旱区

温带西北干旱、半干旱地区包括中温带和暖温带的干旱区、极干旱区和半干旱区,即新疆、内蒙古、甘肃的河西走廊、宁夏大部、陕西的北部和青海的东部。面积占全国总面积的 29.8%,人口仅占全国总人口的 4.5%。地貌多高大山系分割的盆地和高原;绝大多数河流为内流河,雨水补给为主,也受冰川融水补给,湖水多为咸水;大部分土壤含盐碱、石灰,质地粗,多风沙土;植被为草原、荒漠,高山上有森林;土地利用方式以牧为主,具有发达的绿洲农业。

## 7.3.1　温带半干旱地区

温带半干旱地区主要包括内蒙古高原的东部和中部、黄土高原中北部和西部。自东而西,草甸草原景观—典型草原景观—荒漠草原景观依次更替;由北而南,从中温带典型草原景观逐渐过渡到暖温带典型草原景观。包括的自然区见表 7-7。

表 7-7　温带半干旱地区自然区

|  |  |  |
|---|---|---|
| C　半干旱地区 | ⅡC1 | 西辽河平原草原区 |
|  | ⅡC2 | 大兴安岭南段草原区 |
|  | ⅡC3 | 内蒙古高原东部草原区 |
|  | ⅡC4 | 呼伦贝尔平原草原区 |

注:据郑度,2015。

**1. 半干旱气候为主**

东部为半湿润气候,大部分属于温带半干旱气候,冬季漫长而寒冷,≥10℃ 积温 2000～3000℃。年降水量自东向西递减:500—400—300—200 mm。

**2. 高原为主的地貌**

内蒙古高原和缓起伏,海拔一般在 1000～1400 m。高原上分布着呼伦贝尔、科尔沁、浑善达克和毛乌素四大沙地。

**3. 草原植被与钙积土**

内蒙古高原的植被以草原为主,东部为草甸草原,中部为典型草原,西部为荒漠草原。半干旱气候和草原植被之下,发育钙积干润暗沃土(黑钙土)、钙积干润均腐土(栗钙土)、普通暗色潮湿雏形土(草甸土)和风沙土。

**4. 河流稀少、水资源分布不均**

本地区东部水资源较丰富。大兴安岭—阴山山脉—贺兰山形成内外流水系的分水岭。高原内部为内流水系。湖泊较少,较大的有呼伦湖、查干诺尔湖、达里诺尔湖、岱海和黄旗海。

**5. 灾害频发**

由于地处季风尾间地区,降水量变率较大,冬季受蒙古高压控制,大风日数多,容易发生旱灾、暴风雪和沙尘暴灾害。以草原为主的植被常发生虫害、鼠害,对农牧业生产危害较大。

### 6. 生态整治的重点区

草场退化、土地沙化和盐碱化是半干旱地区主要的生态问题;湿地与鸟类保护也面临诸多问题。随着农牧交错带的生态-生产范式的转变,生态退化正在得到遏制。只要人类学会过有节制的生活,就能实现水土平衡、畜草平衡和人地和谐。

包括本区在内的北方旱区在全球气候变化背景下出现干旱化趋势,应根据气候变化趋势调整三北防护林规划,真正做到适地适树,"宜林则林","宜灌则灌","宜草则草"(图 7-12、图 7-13)。

图 7-12 内蒙古四子王旗的退耕还林、还草
(崔海亭摄)

图 7-13 内蒙古四子王旗的京津风沙源治理措施
(崔海亭摄)

### 7. 温带半干旱地区大印象

连绵不断的高原:东西长 2000 多千米,南北宽 500 千米,由北而南分布呼伦贝尔高原、锡林郭勒高原、乌兰察布高原、巴彦诺尔高原和鄂尔多斯高原。

农牧交错的地理格局:农牧交错、南农北牧,北起呼伦贝尔,南至鄂尔多斯,占据着我国北方农牧交错带的主体部分(图 7-14、图 7-15)。

图 7-14 内蒙古四子王旗典型草原带的喷灌农业
(崔海亭摄)

图 7-15 内蒙古四子王旗中北部的草场
(崔海亭摄)

清洁能源的宝库：风能、太阳能储量丰富,风电、光伏发电(图 7-16)遍及各地,绝大多数盟、市煤炭资源丰富,是我国北方主要的能源基地。

**图 7-16　库布齐沙地的光伏发电**
(崔海亭摄)

天然的生态屏障：边缘山地的森林带和北方的草原带是两道天然的生态屏障。

草原文化源远流长：古老的草原文化连接着欧亚两大洲,"草尖上的文化"与"锄尖上的文化"长期碰撞、融合,演绎着我国几千年的文明史。

## 7.3.2　温带干旱地区

温带干旱地区以二连浩特—乌梁素海南端—鄂托克旗—甜水堡一线与温带半干旱区为界,包括乌兰察布高原西北部、巴彦淖尔市、阿拉善盟、河西走廊、宁夏中北部和新疆北部。总面积 $1.4 \times 10^6$ km$^2$,占全国陆地面积的 15% 左右。地表以波状起伏的戈壁荒漠为特征,其间分布一些山脉,如阿尔泰山、准噶尔西部山地、天山、马鬃山、贺兰山、桌子山。

塔里木盆地、吐鲁番盆地、哈密盆地、北山山地西部与河西走廊西段的瓜州—敦煌盆地为暖温带荒漠区。包括的自然区见表 7-8。

**表 7-8　温带干旱地区自然区**

| | |
|---|---|
| D　干旱地区 | ⅡD1　鄂尔多斯及内蒙古高原西部荒漠草原区 |
| | ⅡD2　阿拉善与河西走廊荒漠区 |
| | ⅡD3　准噶尔盆地荒漠区 |
| | ⅡD4　阿尔泰山地草原、针叶林区 |
| | ⅡD5　天山山地荒漠、草原、针叶林区 |
| D　干旱地区 | ⅢD1　塔里木盆地荒漠区 |

注：据郑度,2015。

**1. 独具特色的荒漠气候**

深居内陆、远离海洋、周围高山环绕,降水稀少,大部分地区年降水量都在 200 mm 以下,极旱荒漠地区年降水量不足 50 mm,但在亚高山和高山带降水较多,属于湿润和半湿润气候。

根据气候特征和动植物区系特征,如野骆驼和极旱灌木荒漠的存在,柴达木盆地与西北干旱区更为接近。

**2. 高山夹盆地的地貌格局**

阿尔泰山、天山和昆仑山三条山脉,形成三道自然屏障,中间夹着两大盆地(准噶尔盆地、塔里木盆地),越过昆仑山与青藏高原的高寒干旱区相接。极高山地分布冰川、冰缘地貌,山麓、盆地形成干燥剥蚀地貌与风沙地貌,自然景观的垂直分异明显。

**3. 内流水系为主的水文特征**

河流以冰川补给为主。有国内最大的内流水系(塔里木河),同时拥有我国唯一的北冰洋水系(北疆的额尔齐斯河)和印度洋水系(和田地区的奇普恰普河)的河流。

**4. 典型的荒漠植被**

盆地、山麓以灌木荒漠为主(温带荒漠和暖温带荒漠),沿着大河分布河岸胡杨林,山地以草原和草甸为主,亚高山有针叶林(图 7-17 至图 7-19)。人工植被为绿洲农业和人工林。

图 7-17　北疆塔城平原的蒿类荒漠景观
（唐志尧摄）

图 7-18　南疆喀什的假木贼荒漠
（唐志尧摄）

图 7-19　巩留山地天山云杉林
（唐志尧摄）

**5. 干旱土与沙质新成土**

低海拔分布钙积正常干旱土、盐积正常干旱土、干旱正常盐成土和干旱沙质新成土,山地分布钙积正常干旱土、钙积干润暗沃土和草毡寒冻雏形土。

**6. 全球气候变化的敏感区**

全球气候变化背景下,冰川-绿洲-荒漠生态系统(图 7-20)产生波动,冰川萎缩、雪线升高,干旱风沙,区域生态胁迫加剧,山地-绿洲-荒漠生态系统的保护和水资源合理分配亟待加强。

图 7-20    河西走廊的山地-绿洲-荒漠生态系统
(崔海亭摄)

**7. 温带干旱地区大印象**

亚洲的"旱极":东疆盆地、南疆盆地和河西走廊西端为极干旱气候,被称为亚洲的"旱极"。尽管近年来西部荒漠地区出现暖湿化趋势,但气候变化的不确定性和长期性仍是关注的焦点。

绿洲化与沙漠化并存的变局:近两千年来,绿洲不断扩展,沙漠化和生态退化面积也在增加,生态系统失调,必须加强以水资源调控为核心的生态系统优化,方能可持续发展。

陆上丝绸之路的枢纽:古老的绿洲文化和丝绸之路闻名于世,山地是生态屏障,山前过渡带是绿洲农业与丝路经济发展的沃土,盆地丰富的油气藏是区域可持续发展的保障。随着西部大开发战略的实施,正在成为最具活力的发展带,是我国开放的西部门户,欧亚大通道的枢纽,对于欧亚经济发展,乃至世界经济的繁荣将做出巨大的贡献。

# 7.4  青藏高寒区

青藏高寒区位于我国的青藏高原,面积约 $2.5 \times 10^6$ km$^2$,约占我国陆地总面积的 1/4。平均海拔在 4500 m 以上,是我国地势的第一级阶梯。高原上有一系列平行排列的高大山脉,许多超过雪线的山峰海拔在 6000~8000 m。行政上包括西藏自治区和青海省的大部、云南省西北部、四川省西部、甘肃省南缘、新疆维吾尔自治区的西南缘。包括的自然区见表 7-9。

**表 7-9 青藏高寒区自然区**

| | | | | | |
|---|---|---|---|---|---|
| HⅠ | 高原亚寒带 | B 半湿润地区 | HⅠB1 | | 果洛那曲高原山地高寒草甸区 |
| | | C 半干旱地区 | HⅠC1 | | 青南高原宽谷高寒草甸草原区 |
| | | | HⅠC2 | | 羌塘高原湖盆高寒草原区 |
| | | D 干旱地区 | HⅠD1 | | 昆仑高山高原高寒荒漠区 |

注：据郑度,2015。

## 7.4.1 高原亚寒带地区

### 1. 世界的第三极

由于印度板块向北俯冲,插入欧亚板块之下,导致青藏高原强烈隆升,形成平均海拔 4500 m 以上的巨大高原,与塔里木盆地、河西走廊和印度恒河平原相对高差分别达到 4000 m、3000 m 和 6000 m,被称为"世界的第三极"。高原之上山脉众多,阿尔金山-祁连山、昆仑山、唐古拉山、念青唐古拉山、喀喇昆仑山、冈底斯山、喜马拉雅山等极高山大致平行排列,构成了高原的骨架(图 7-21)。西端为阿里高原,内陆多湖盆(图 7-22),东南部为平行纵谷区。这些纵谷成为印度洋水汽进入青藏高原的大通道。

**图 7-21 世界之巅珠穆朗玛峰**
（金艳萍摄）

**图 7-22 羌塘高原湖盆区的色林错**
（黄永梅摄）

### 2. 特殊的高寒气候

巨大的海拔高度,形成垂直气候带的寒温带,气温低、气温日较差和年较差大;大气干洁、多晴天,太阳辐射强、日照时数多;气压低、大风多,八级以上日数超过 100 天;多对流性降水、降雪日多,西北部年降水量不足 50 mm。本地区 2/5 为半干旱区,1/3 为干旱区。青藏高原的隆起对我国的气候产生深刻影响:夏季,青藏高原加强了我国夏季风的势力;冬季,青藏冷高压又加强了冬季风的势力。

### 3. 广泛发育冰川、冻土

青藏高原是世界低纬度的寒冷中心,高出雪线的山峰众多,广泛发育现代冰川,冰川总面

积 $3.23×10^4$ km$^2$,占全国冰川总面积的 55%。青藏高原又是中低纬度面积最大的多年冻土区,以藏北高原分布最广,宽度达 500 km。青藏高原的地貌外营力以冰雪与寒冻作用为主。

**4. 独特的青藏高原地带性**

由于高亢的地势、巨大的体量,垂直地带性与水平地带性叠加效应,产生了青藏高原地带性,景观变化沿着东南-西北向的水热梯度展现:藏东南高山峡谷森林景观—高原东部高寒草甸景观—高原中北部高寒草原景观(图 7-23)—高原西部、西北部高寒荒漠景观。青藏高原的西北部成为世界的"寒旱中心"。

**图 7-23　羌塘高原区的高寒草原(紫花针茅)景观**
(黄永梅摄)

**5. 青藏高寒区大印象**

"亚洲的水塔":外流区包括亚洲许多大河,长江、黄河、印度河、恒河等均发源于青藏高原,被称为"亚洲的水塔"。内流区面积居全国第二位,还有近 800 个湖泊。由于全球变暖,冰川在加速消融,湖泊面积在缓慢增大。青藏高原的水资源合理利用与保护不仅关乎中国人民的福祉,还涉及亚洲许多国家人民的生计。

生态胁迫较轻的净土:青藏高原又被称为雪域高原、"佛国净土",不仅是因为它自然条件受损相对较少,更得益于藏传佛教的世界观。在藏族聚居区寺院里、居民家中都能看到《和睦四瑞图》(图 7-24),山清水秀,鲜花盛开、硕果累累和动物之间长幼有序的画面,传达着人与自然和谐吉祥的理念。

保护青藏高原特有的生物多样性和特有的文化景观是一项特殊的使命,是生态文明建设重要的组成部分。

"保护好青藏高原生态就是对中华民族生存和发展的最大贡献。""把生态文明建设摆在更加突出的位置,守护好高原的生灵草木、万水千山,把青藏高原打造成为全国乃至国际生态文明高地。"

图 7-24  香格里拉松赞林寺的《和睦四瑞图》
（胡金明摄）

## 7.4.2  高原温带地区

高原温带地区包括环绕青藏高原主体部分的阿里高原湖盆、昆仑山北翼中脊以北(海拔
1000～5000 m)、帕米尔高原东南端、柴达木盆地、阿尔金山-祁连山、青海湖盆地与河湟谷地、横
断山区、藏南高原湖盆与雅鲁藏布江上中游干支流谷地。地势西北高(海拔 3300～4300 m)、东南
低(海拔 2800～4000 m)。气候特点是：从东南部的温暖-温凉、湿润过渡为西北部的温凉-寒
冷、干旱。年平均温度、最热月平均温度偏低，但最冷月平均温度偏高。

由于大地貌分异明显、自然景观空间差别极大，很难概括本地区的"统一"特征，莫如进行
分区概述。包括的自然区见表 7-10。

表 7-10  高原温带地区自然区

| H II 高原温带 | A 湿润地区<br>B 半湿润地区 | H II A/B1  川西藏东高山深谷针叶林区 |
| | C 半干旱地区 | H II C1  祁连青东高山盆地针叶林、草原区<br>H II C2  藏南高山谷地灌丛草原区 |
| | D 干旱地区 | H II D1  柴达木盆地荒漠区<br>H II D2  昆仑山北翼山地荒漠区<br>H II D3  阿里山地荒漠区 |

注：据郑度，2015。

**1. 川西藏东高山深谷针叶林区**

（1）高山峡谷相间的地貌

受金沙江、澜沧江、怒江和雅鲁藏布江切割，在青藏高原东南部形成高山峡谷、山川并列的地貌，自西向东平行排列。受东南季风和西南季风影响，高山降水丰沛，发育了规模巨大的海洋性冰川。

（2）温暖湿润-亚湿润的气候

年平均温度 8～12℃。≥10℃日数 150～180 天，最暖月平均温度 10～18℃，年降水量600 mm 左右。受山脉走向影响，横断山脉西部三江（金沙江、澜沧江、怒江）中游形成干旱河谷，雅鲁藏布江下游河谷则成为西南季风水汽的大通道。

（3）径流量极其丰富的河流

金沙江、澜沧江、怒江年径流量很大，分别达 $1.5465 \times 10^{11}$ m³、$7.4 \times 10^{10}$ m³、$6.889 \times 10^{10}$ m³，藏东南地区的帕隆藏布、尼羊曲水量也很丰富。

（4）五光十色的高山植被

山地针阔叶混交林带分布高山松林、高山栎林和铁杉林；亚高山暗针叶林构成本区的景观特色，由多种云杉、冷杉及圆柏组成；森林带以上，分布着高山灌丛草甸带，主要由雪层杜鹃、髯花杜鹃、高山柳、金露梅、箭叶锦鸡儿等组成灌丛，由各种嵩草、圆穗蓼、珠芽蓼、龙胆、凤毛菊等组成草甸。自雅鲁藏布江谷地的朗县至东部的岷江上游谷地，分布着一系列不同类型的干旱河谷植被，如河谷底部的白刺花、鼠李、灰毛莸、角柱花等灌丛；海拔更低的干热河谷分布仙人掌、金合欢、清香木组成的肉质多刺灌丛。

（5）淋溶土为主的土壤

云冷杉暗针叶林下发育简育湿润淋溶土（棕壤）；河谷灌丛草原环境，发育简育干润淋溶土（褐土）。

（6）生态建设的重点

① 本区是全球 25 个生物多样性热点地区之一，应加强已设自然保护区的管理，恢复重建森林生态系统，限制开发，提高生物多样性保护及生态防护功能。

② 本区水能资源蕴藏量丰富，多条河流均已梯级开发水电，应在开发的同时做好生态评估和生态保护，尤其要重视国际河流的保护。

③ 本区山多坡陡、坡耕地面积大、水土流失严重，应实施"坡改梯"，加强荒山绿化，发展木本油量植物，加强对水土流失的综合治理。

④ 本区新构造运动活跃，地质灾害频发，应加强预测预报，健全减灾防灾系统，保护人民生命财产的安全。

**2. 青东、祁连山地草原区**

（1）褶皱山地与纵谷盆地相间的地貌

青藏高原北部的祁连山系，由一系列北北西向近于平行的褶皱山脉和所夹的盆地构成，形成岭谷（盆）相间的地貌。

（2）寒冷干旱的高原温带气候

受海拔高度影响，东部谷地盆地年平均温度 0.6℃，7 月平均温度 12.3℃，≥10℃年积温在 1000℃ 以上，年降水量在 300～400 mm，湿润系数 0.67～0.25，属半干旱气候。中段、西段气温较低，属寒温带。海拔 2600～3200 m 为山地半湿润气候；3200～3900 m 为山地寒温性湿润气候；海拔 3900～4200 m 为寒冷湿润气候，年降水量 550～600 mm；海拔 4200 m 以上属寒冻气候，常年积雪、有冰川覆盖。

（3）内外流水系并存

内流水系包括进入河西走廊的黑河、北大河、昌马河；流入柴达木盆地的巴音郭勒河、格尔木河、鱼卡河、柴达木河等；还有流入青海湖的许多河流。外流水系主要有大通河、湟水。

（4）东西差异、垂直分异明显的植被

植被的东西差异十分明显，东段海拔较低，以草原植被为主，主要有长芒草、短花针茅和阿尔泰针茅；中段祁连山发育高寒草原，主要是紫花针茅草原和硬叶苔草草原；祁连山西段发育高寒荒漠草原，主要有硬叶苔草群落、垫状驼绒藜群落。

植被的垂直变化明显：温性半干旱山地草原带—温性半湿润落叶阔叶林与草甸草原带—高山草甸带（落叶灌丛草甸、嵩草草甸）—垫状植被带。

（5）干旱的草原、荒漠土壤

东段主要发育黏化钙积干润均腐土（山地栗钙土）。中段基带为石膏正常干旱土（灰棕漠土），随海拔升高发育钙积干润均腐土、暗厚干润均腐土，更高海拔发育草毡寒冻雏形土和寒冻雏形土。西段基带土壤为石膏正常干旱土，向上是简育钙积正常干旱土、钙积寒性干旱土和石膏寒冻新成土。

（6）生态治理的重点

① 进行土地结构调整，搞好国土资源空间规划。祁连山东段应退耕还林还草，限制陡坡开垦；中段发展水源涵养林，搞好水土保持；中西段加强防风固沙，封育轮牧。

② 中西段防治草场退化，以草定畜，控制牲畜数量，调整畜群结构，扩大草场基础设施建设，建围栏，实行轮牧，促进畜牧业可持续发展。

③ 加强祁连山中段天然林保护。这里的水源涵养林对于河西走廊的生态安全具有深远意义。搞好封育，严禁采伐中幼林，恢复重建退化林地，实行林分改造，促进水源涵养功能持续增强。

**3. 藏南山地灌丛草原区**

藏南山地灌丛草原区是指喜马拉雅与冈底斯山之间的狭长地带，包括喜马拉雅北麓的高原、湖盆，雅鲁藏布江中上游谷地。气候偏干，大部分地区已开垦为农用土地，是西藏的主要农区。

（1）高山宽谷的地貌

冈底斯山—念青唐古拉山一线是内外流水系的分水岭，也是本区北部的一条自然界线，南有喜马拉雅山脉。雅鲁藏布江谷地南侧，有切割破碎的拉轨岗日山脉，山脉以南是藏南湖盆区,海拔多在4000 m以上。雅鲁藏布江谷地宽阔,海拔在3500～4000 m(西部)之间,河谷不对称,北侧平均宽度84.5 km,南侧平均宽度37 km。

（2）日照丰富、干湿交替的半干旱气候

本区降水主要来自沿谷地上溯的水汽,西部的日喀则年降水量为400 mm,藏南高原湖盆区受喜马拉雅山脉影响,形成"雨影区",年降水只有200 mm。本区干湿季分明,6月至9月降水占全年的90%,10月至翌年4月为旱季。夏季温暖,最暖月(6、7月)平均气温10～16℃,最冷月(1月)平均气温－12～0℃。日照时数多,拉萨年日照时数为3021 h。

（3）水资源丰富

雅鲁藏布江是世界流经海拔最高的大河,年径流总量$1.4×10^{11}$ $m^3$,是黄河流域年平均径流量的两倍多。全区人均占有水量20 160 $m^3$,是北京人均占有水量的20多倍。

（4）灌丛草原为主的植被

典型的灌丛草原景观分布于雅鲁藏布江中游阶地、冲积扇和低山带,主要是狼牙刺灌丛与三刺草草原;较低海拔谷地沙性土地段分布固沙草和白草草原;上游海拔超过4500 m的谷地分布紫花针茅草原。

（5）山地灌丛草原土与高山草原土

山地灌丛草原土与高山草原土均有一定淋溶作用,$CaCO_3$在土层深处淀积,腐殖质积累作用明显,表层有机质含量在2%左右。两类土壤多已开垦。

（6）环境脆弱性与生态建设

气候干旱的背景、长期的放牧和农业开发使本区出现草场退化、水土流失和土地沙化等生态问题。应调整土地利用结构,保护山地森林,保护水源涵养林。建立和完善耕地防风固沙林和农田防护林;发展农区草产业,绿肥饲草与农作物复种,保养耕地,提供优质饲草,促进生态农业发展;改良天然草地,发展人工草地,大力培育蛋白质含量高的豆科牧草及青稞等经济作物,根据市场需要,发展优势产业;发展生态旅游,加强生态文明建设,保护自然生态系统和传统文化。

**4. 柴达木盆地荒漠区**

柴达木盆地是青藏高原地区唯一具有温带特色的大型盆地,又是青藏高原矿产、能源、社会经济发展的重要依托,生态区位十分重要。

（1）高原内部大盆地套小盆地的地貌

柴达木盆地是在青藏高原整体抬升过程中形成的大型断陷盆地,内部又被若干低山阻隔,它们与周围高大山系间形成许多较小的山间盆地,构成一个包括许多小盆地的高原内陆大盆地。

（2）降水稀少、大风多的温带气候

柴达木盆地年平均温度0～4℃,最热月平均温度15～17℃,最冷月平均温度－15～－10℃,日平均气温≥10℃积温可达2292.5℃。柴达木盆地多大风,年大风日数超过20天,平均风速在3 m·$s^{-1}$。西北部强风区年均风速达5.1 m·$s^{-1}$,茫崖大风日数多达109.9天。

（3）冰雪补给的河湖

河湖水源均来自盆地周围的高山冰雪融水,盆地共有 70 多条河流,全部为内流水系。由于昆仑山冰川储量大于祁连山,因此,水资源分布西部多于东部。

（4）荒漠为主的植被

干旱是柴达木盆地植被的特色。由于降水东西差异,以脱土山—怀头他拉连线为界,此线以东属于温带干旱荒漠草原,此线以西为温带极干旱高寒荒漠,并构成柴达木盆地植被的主体。主要由超旱生灌木、小半灌木组成,如合头草、红砂、驼绒藜、膜果麻黄(图 7-25)、梭梭、沙拐枣(图 7-26)等,盖度不足 10%。山地植被垂直带谱为高寒荒漠—高寒荒漠草原—高寒草原—高寒草甸—寒漠及冰川。

图 7-25　柴达木盆地西部的膜果麻黄荒漠
（黄永梅摄）

图 7-26　柴达木盆地西部的沙拐枣荒漠
（黄永梅摄）

（5）盐泽广布的土地

柴达木盆地为一积盐盆地,西部荒漠区成土母质为洪积物,成土过程聚集石膏,发育钙积正常干旱土(灰棕漠土);另外,受水盐动态影响,从湖沼低地至盆地边缘,依次分布盐湖沼泽—沼泽盐土—草甸盐土—灰棕荒漠土(图 7-27)。

图 7-27　柴达木盆地西部的盐爪爪荒漠
（黄永梅摄）

纵观柴达木盆地的土地类型,绿洲占 0.4%,河湖滩地、湿地占 12.4%,山前平原占 11.7%,山间沟谷占 0.4%,台地、沙地、戈壁分别占 3%、10.6%、17.2%,低山丘陵占 4%,中山、高山、极高山占 39.4%,水体占 0.9%,整体表现为荒漠环境特征。

（6）生态与环境保护

最大的生态问题是干旱和沙漠化。据统计,1959—1994 年,沙漠化土地由 $5.8 \times 10^6$ hm$^2$ 增至 $1.0254 \times 10^8$ hm$^2$,沙丘面积增加了 3 倍;由于水资源利用不合理导致绿洲生态系统的退化。

合理分配生态用水、农业用水、工业用水和城市用水,在搞好流域规划与节水措施的基础上,有计划地实行调水工程。健全排灌系统,加强工程改盐措施,发展耐盐高价值经济植物。

绿洲带集中了 95% 的人口和 90% 的产值,应运用现代技术,协调人口、资源、环境与发展的关系,促进绿洲带的可持续发展。

**5. 昆仑北翼山地荒漠区**

（1）塔里木盆地南缘的弧形山地

昆仑山脉的山峰与盆地高差达 5000 m 左右,是现代冰川发育的中心之一,构成塔里木盆地南部河流的水源地,滋润着山麓的绿洲。山麓极干旱气候下,形成风蚀和流沙地貌。

（2）干寒的荒漠气候

年平均温度 0~6℃,1 月平均温度 −4~−12℃,7 月平均温度 12~20℃,日照丰富,年日照时数 3000~3600 h,年降水量不足 100 mm,径流深度极小。终年吹强劲的偏西风。

（3）微弱的成土过程

寒冻和干旱限制了土壤发育,普遍处于原始成土阶段。发育简育寒冻雏形土（寒冻土）和寒漠土,后者粗骨性强、土体干燥地表聚盐,铁质化和石膏聚集现象明显;高山草甸土分布于 3500~3900 m 的阴坡;高山草原土分布于 3300~4200 m。

（4）稀疏的荒漠植被

昆仑北翼的荒漠植被上限在 3200~3500 m,主要以合头草、红砂、驼绒藜、蒿叶猪毛菜和高山绢蒿为主。向上是山地草原,由沙生针茅、短花针茅、紫花针茅、座花针茅和银穗羊茅组成。高处还有嵩草属、苔草属组成的高山草甸和垫状植被。昆仑山西段局部地段海拔 2900~3600 m 有天山云杉林分布。3000 m 以下的山间盆地可种植农作物。

（5）环境与生态建设

以水利为中心,防止水土流失,搞好农田与草地基本建设,调整农牧业内部结构,促进水土草畜平衡。保护天然林（天山云杉林、昆仑圆柏林）,保护野生动物的栖息地和珍贵的种质资源。科学有序地发展各类采矿业（玉石、煤炭、石油、金属）。

**6. 阿里山地半荒漠、荒漠区**

（1）山地与湖盆宽谷相间的地貌

阿里山地半荒漠、荒漠区位于西藏最西端,为冈底斯山脉与喜马拉雅山脉之间的狭长地区,西北有班公错谷地,冈底斯山脉与阿依拉山脉之间的噶尔藏布宽谷和"两湖盆地"（玛旁雍错、拉昂错）为一构造凹陷带。札达盆地发育土林地貌。

（2）西藏最干旱的地区

本区由西南向东北降水逐渐减少，西南部的札达、普兰年降水量 134 mm，森格藏布（狮泉河）65 mm，日土只有 40 mm，向北翻越昆仑山之阿克赛钦仅 20 mm。无霜期短、气温年较差、日较差大，冬春多大风。

（3）地下水补给的河流

北部的森格藏布和南部的朗钦藏布（象泉河）属印度洋水系，地下水补给均占有较大比例。

（4）以灌丛草原、荒漠草原为主的植被

海拔 6000 m 以上为冰雪带；4600～5000 m 为山地灌丛草原带；4600 m 以下宽谷盆地为荒漠草原带；札达盆地分布驼绒藜、灌木亚菊占优势的温性荒漠植被。在上述植被条件下，发育山地荒漠草原土和山地荒漠土。

（5）环境脆弱性与生态建设

干旱多风的自然条件、过度放牧，导致土壤石砾化、植被退化；草场利用时间短，农牧业生产水平低；旅游人数增加，影响到当地生物种的生存。

应实行轮牧，减少放牧压力；建立人工饲草基地，解决冷季饲草不足问题；合理利用与保护土地资源，防止草场退化、防治荒漠化；保护候鸟栖息地和特有鱼类，保护独特的土林地貌景观。

## 思 考 题

**7.1**  我国用 40 年时间（1978—2018 年）在东北西部、华北北部和西北地区实施了三北防护林工程，同时开展了退耕还林、还草工程。如何评价这一生态工程？

**7.2**  如何解决我国西北干旱区的水问题备受关注，有人提出修建 6800 多千米的红旗河，将青藏高原的水引到北方干旱区和塔里木盆地，你对此设想有何见解？

**7.3**  当前我国正在进行的国土空间规划和生态文明建设与区域地理背景的关系是什么？

# 附录 1  植被生态学的基本概念

天地虽大，其化均也；万物虽多，其治一也。

——《庄子·天地篇》

这段古文的意思是：天地虽然大，但是它们的运动和变化却是均衡的；万物虽然多，但是它们的条理却是一致的。因此，学习植被生态学，必须掌握植物多样性及其变化的规律性。

## （一）植物的生存环境

"离离原上草，一岁一枯荣。野火烧不尽，春风吹又生。"白居易的四句诗，通俗易懂地诠释了植物与环境的关系。围绕植物并影响其生存的全部要素的总和称为植物的生存环境。但是，这些要素并非具有同等重要的作用。

**1. 生态因子**

对植物生长有直接影响的环境要素称为生态因子。其中包括非生物因子、生物因子和人为因子。

① 非生物因子：光照、热量、水分平衡、气体交换、土壤养分和火干扰。

② 生物因子：动物对植物的影响，植物对植物的影响，微生物对植物的影响。

③ 人为因子：人为因子的影响是多方面的，有能动的方面，如管理植物，使其有利于人类的需求；保护植物，维系植物的健康生长和生物多样性。但是，人为因素影响也包括人类造成的胁迫，如过度采伐、人为污染对植物产生负面影响等。

**2. 生存条件**

植物生长所必需的生态因子称为生存条件，如氧气、二氧化碳、光、能量、水、无机盐类，它们缺一不可，决定着植物的生存。

"好雨知时节，当春乃发生。随风潜入夜，润物细无声。"水是植物生长最重要的生存条件之一，根据植物对水分的依赖程度，可分为以下几类。

（1）水生植物

水生植物指能长期在水中正常生活的植物，由于适应水生环境，它们或有发达的通气组织，以保证植物对氧气的需要；或根系退化为丝状，叶片退化成带状、丝状或极薄，以利植物的吸收；植物体柔软而富有弹性，以利抵抗水流的冲击。根据它们在水中生长状态又分为附图 1 所示的几种。

① 沉水植物：即植物体全部沉入水中，只在开花授粉时才将部分植物体举出水面的植物，如金鱼藻、眼子菜和黑藻等。

② 固着浮叶植物和漂浮植物：即植物的根固着于水下泥土之中，叶片漂浮于水面的植物，如睡莲、荇菜和萍蓬草等。不固着，叶片浮于水面的称为漂浮植物，如浮萍。

③ 挺水植物：即植物根固着于水下泥土中，茎一部分泡在水中，大部分茎叶露在空气中的植物，如莲、芦苇和香蒲等。

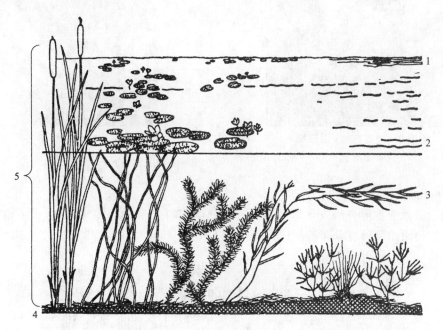

1. 漂浮植物；2. 固着浮叶植物；3. 沉水植物；4. 固着水底植物；5. 挺水植物。

**附图1 水生植物的类型**

（据王伯荪，1987；转引自宋永昌，2017）

（2）湿生植物

湿生植物为能在水分饱和、过饱和土壤中正常生长的陆生植物，它们抗旱能力差，不能长时间忍耐缺水，如薄荷、水稻等。

（3）中生植物

中生植物为生长于土壤水分充足或适中生境中的陆生植物，其形态结构和适应性介于湿生植物与旱生植物之间，如蒲公英、地黄、萱草等，大多数陆生植物和农作物属于中生植物。

（4）旱生植物

旱生植物为能较长时间忍耐大气或土壤干旱的植物。又分为以下两种。

① 硬叶旱生植物：植物体干硬、含水分较少者，或叶退化为刺状，如角果藜；或叶退化为鳞片状、枝条绿色，代行光合作用，如梭梭、麻黄等。

② 肉质旱生植物：植物体肉质化、含大量水分者，肉茎植物如仙人掌、霸王鞭（附图2）等，肉叶植物如芦荟、燕子掌（附图3）等。

**附图 2　肉茎植物：霸王鞭**

（崔海亭摄）

**附图 3　肉叶植物：芦荟**

（崔海亭摄）

（5）植物的水分生态序列

植物沿着水分梯度自然分布的序列称为水分生态序列。2000 多年前《管子·地员篇》已经揭示了植物沿水分梯度分布的规律性（附图 4）。

茅（白茅）　崔（益母草）　薛（莔草）　萧（艾）　芛（扫帚草）　蒌（蒌蒿）　藋（旱生小芦苇）　苇（芦苇）　蒲（香蒲）　莞（荆三棱）　蘩（菱角）　叶（荷）

**附图 4　微地形引起的植物水分生态序列**

（据夏纬英，1958；转引自宋永昌，2017）

## （二）植物生态适应的综合性

各种生态因子是综合作用于植物的，植物生态适应是一种进化的群体反应，既有趋同进化现象，也有趋异进化现象。

### 1. 生活型

不同种类的植物，长期适应某种气候环境，致使形态、生活习性相近、趋同适应进化的现象称为生活型（life forms）。一般是按度过不利季节时更新芽所处的高度和适应方式划分（附图 5）。如热带、亚热带地区以高位芽植物为主，干旱、寒冷地区以地面芽和隐芽植物为主。某一地区各类生活型的百分比可指示该地区的气候。

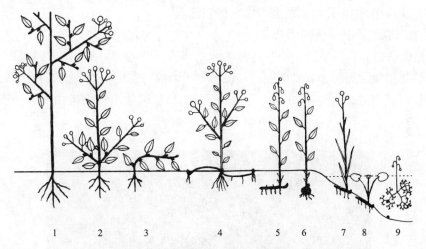

1. 高位芽植物；2、3. 地上芽植物；4. 地面芽植物；5、6. 隐芽植物；7. 沼生植物；8、9. 水生植物。

**附图 5　Raunkiaer 的生活型分类**

（据 Raunkiaer,1937；转引自宋永昌,2017）

与生活型相近的概念生长型(growth form)是按植物的生长形态和生长习性划分的,如乔木(常绿的、落叶的、针叶的),灌木(常绿的、落叶的),多年生草本,一年生草本和短命植物等(附图 6)。

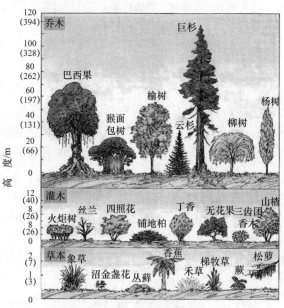

**附图 6　植物的生长型**

（据 Marsh and Dozier,1981；纵轴括号中数据单位为英尺,1 米＝3.28 英尺）

在实际应用中,往往是将生活型与生长型相结合。

**2. 植物"逃避"不利季节的适应**

(1) 短命植物

短命植物指生活周期十分短促(几周或一两个月)的一年生植物,如独行菜,在北京地区 3 月开始生长,4 月开花、结实(附图 7),5 月上旬干枯,然后以种子形式埋在土中,翌年春季重新萌发。

**附图 7　短命植物独行菜 4 月已经结实**

(崔海亭摄)

(2) 类短命植物

类短命植物指生活周期十分短促的多年生植物,它们利用短促的降雨迅速完成生活周期,然后以地下根茎、鳞茎等器官度过一年中的不利季节,一遇降水再萌发。如新疆伊犁河谷新疆绢蒿荒漠中的球茎早熟禾(*Poa bolbosa*),可利用当地短暂的春雨完成生活周期。澳大利亚西部荒漠里的金头菊(*Podotheca gnaphaloides*)在每年的有利季节迅速开花,金色的原野只持续几周。

(3) 植物的生态型

生态型(ecotype)是同一种植物长期在不同环境中生长,在形态、生态习性方面产生差别,趋异分化(地理分化)的结果。因此,生态型可以理解为植物的"地方型"。一个经典的例子:生长在美国加利福尼亚州海岸山脉的蓍草(*Achilea*),长期适应某一海拔高度产生形态(高矮)分化,即便是移栽到别处,其形态特征仍不会改变(附图 8)。

自然界还有许多生态型的分化,如陆稻与水稻、粳稻与籼稻、6 月开花的栾树与 8 月开花的栾树、灌木状酸枣和乔木状酸枣,都是不同的生态型。

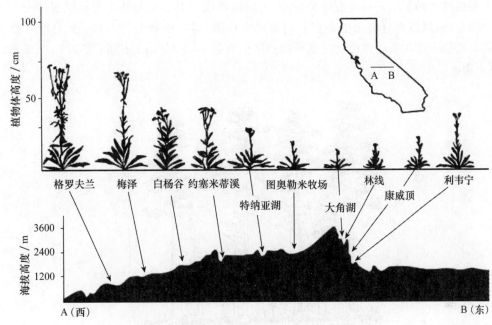

附图 8 加利福尼亚州海岸山脉薹草的生态型分化

(据 MacDonald,1971)

## (三) 植物群落与植被的概念

### 1. 植物群落

植物群落是由一定植物种类组成、具有一定的结构和外貌、占据一定生境的植物有规律的结合,同时又是一个功能集合体,具有独立的生态功能。如北京低山阳坡的荆条灌丛,阴坡的绣线菊灌丛是两个不同的植物群落类型。

(1) 种类组成

① 单优势种的群落:如毛竹林、油松林、桉树林和农作物。生境条件较差的沙生植物群落、草原植物群落、荒漠植物群落的种类组成也比较简单。

② 多优势种或共优势种的群落:如热带雨林、亚热带常绿阔叶林,种类丰富,群落结构复杂。

群落物种多样性包含物种丰富度和物种多样性,前者指单位空间内的物种数,后者指一个群落中物种的数目以及各物种个体数目分配的均匀程度。

(2) 群落的结构

① 垂直结构:主要指群落的成层现象,不同生活型的植物占据不同的垂直空间,不仅有地上的分层性,还有地下(根系)的分层性(附图 9)。分层性是植物长期进化、相互适应的结

果。上层的植物对下层的植物有保护作用,下层植物也为上层植物的生长提供了养分。各层植物空间互补,得以充分利用生态资源。如兴安杜鹃、落叶松林分为三层:兴安落叶松＋白桦—兴安杜鹃—多年生草本植物。热带雨林结构复杂,乔木层可以分为3层至4层,下有灌木层、草本层。

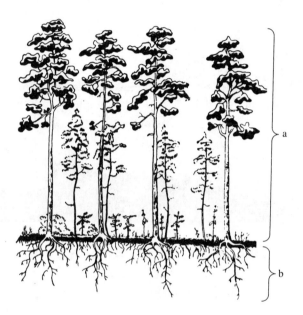

**附图9　森林群落的垂直结构:(a)地上成层现象;(b)地下成层现象**

(据宋永昌,2017)

② 水平结构(镶嵌性):水平结构是指群落内部植物在水平空间上配置,是由微地形和种间生态特性(耐阴的、喜光的)的差异形成的。植物的分布格局有随机分布、均匀分布、集群分布和镶嵌分布等(附图10)。

③ 层片结构:除了成层性之外,还有一种功能性结构。一个群落中包含不同生活型的植物,相同生活型的植物结合成的功能单元称为层片。

不同层片在群落中不仅占有一定的空间,还利用一定的时间,使同一群落的植物能够更充分地利用各种生态资源。例如,温带红松阔叶混交林含有四个层片:落叶阔叶乔木层片、常绿针叶乔木层片、落叶灌木层片、多年生草本层片。

(3) 群落的动态

① 群落季相:是植物群落一年之内外观的季节性变化,优势生活型和优势层片决定着群落的外观印象。随着季节更替,植物群落优势成分的物候节律形成了群落的季相。古代有许多形容季相的精妙诗句,如"草色遥看近却无"(草地早春季相),"接天莲叶无穷碧"(莲群落的夏季季相),"万木霜天红烂漫"(落叶阔叶林的秋季季相),"寒林空见日斜时"(落叶林的冬季季相)。

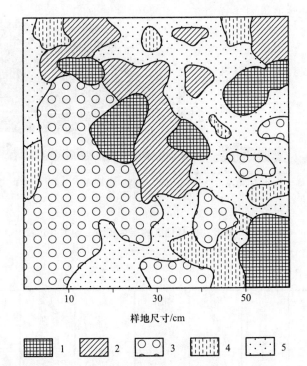

样地尺寸/cm

1　2　3　4　5

1. 两性花岩高兰；2. 笃斯越橘；3. 纤细桦；4. 毛叶苔；5. 地衣。

**附图 10　石楠群落的水平结构**

（据 Knapp,1971；转引自宋永昌,2017）

②　群落波动：是群落内部种类组成数量特征的弹性变化,如环境因子波动(气候、土壤、水文)、动物活动(鼠害、虫害)、人类活动强度差异(刈割强度)、群落内部植物结实率波动(大小年现象)等影响的结果。波动过程中群落的组成成分、类型没有改变,但群落结构和外貌发生了某些可逆性的变化。如一片草甸,干旱年份以无芒雀麦、匍匐冰草占优势,湿润年份则以看麦娘占优势,二者可交替出现。

③　群落演替：自然情况下,一定地段的植物群落被另一个植物群落逐渐代替的过程称为群落演替。

a. 原生演替：从原生裸地(冷凝的熔岩表面、海中新生成的岛屿、冰川消融后的地面)上开始的演替,是从没有植物到先锋植物的定居、种类逐渐丰富、形成稳定的群落的过程(附图11)。最终形成与大气候条件、土壤条件一致的稳定性群落,称为顶极群落(climax)。

b. 次生演替：从次生裸地(采伐迹地、火烧迹地、耕地、退化草地)上开始的演替。次生演替迹地的土壤未遭受破坏,土壤中含有原来群落植物的种子。次生演替受群落生境基质的影响,可以形成不同的演替系列,如水生演替系列、旱生演替系列等(附图12)。

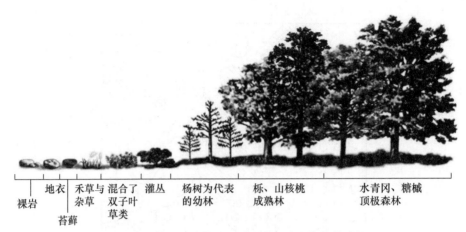

**附图 11  落叶阔叶林地区的原生裸地上的演替过程**

(据 Kaufman and Franz，2000)

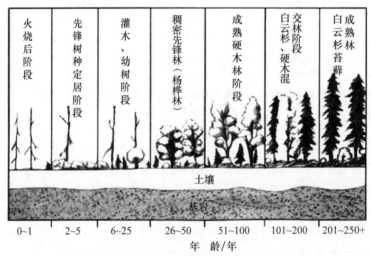

**附图 12  火烧迹地上的次生演替**

(据 Kaufman and Franz，2000)

**2. 植被的概念**

(1) 什么是植被

植物群落是组成植被的基本单元，植被即一定地区植物群落的总称，例如，中国植被、北京植被。植被是一个集合概念，因此"植被群落"的提法是错误的、多余的。

(2) 植被分类的原则

植被分类方法很多，中国植被生态学家根据我国植被的特征，提出植物群落学-生态学的分类原则。

① 种类组成：即兼顾群落的建群种（优势种中的最优者，如大针茅草原的建群种为大针茅）、优势种、共优势种（如亚热带常绿阔叶林，又称樟、栲林）和特征种（亚洲热带雨林常以龙脑香科植物作为特征种）。

② 外貌和结构：优势种的生活型决定着群落的外貌，如根据外貌分为常绿针叶林（云杉林、冷杉林）、落叶针叶林（落叶松林）和落叶阔叶林（蒙古栎林）。

③ 生态地理特征：主要考虑群落的生态习性和地理分布特征，例如亚热带常绿阔叶林根据东部和西部气候差异分为湿润常绿阔叶林和干性常绿阔叶林。

④ 动态特征：区分原生的演替顶极群落和演替系列群落，区分原生的群落与次生的群落。例如，灌丛被破坏后形成的灌草丛，进一步将演替为灌丛，故将其归为灌丛植被。

## （四）生态系统的基本概念和运行机制

### 1. 生态系统的基本概念

生态系统是一定地域全部生物与它们栖息环境相互作用的生态功能单元。其中生物成分与非生物成分通过物质循环和能量流动相互作用、相互联系；自养生物（生产者绿色植物）与异养生物（消费者动物、分解者微生物和真菌）通过营养级相联系、相互依存。例如，栎树林生态系统中第一营养级为自养生物生产者栎树；第二营养级为异养生物初级消费者毛虫；第三营养级为异养生物次级消费者食毛虫的山雀等；第四营养级为异养生物食肉的黄鼬；最终的异养生物为分解者细菌和真菌（附图 13）。植被是生态系统中最重要的组分。

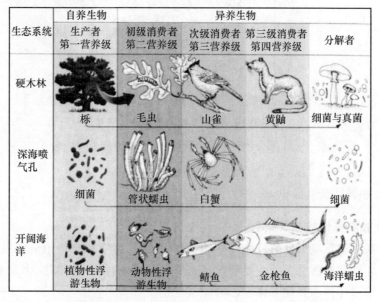

**附图 13　不同生态系统的营养级、食物链：自然界的生产者与消费者**

（据 Postlethwait and Hopson，1989）

**2. 生态系统的运行机制**

陈昌笃（曲格平 等，1987）将生态系统的运行机制总结为以下六条法则：

① 物物相关：生态系统各组分之间错综复杂的相互关系，牵一发而动全身。

② 相生相克：生态系统中的物种相互依赖、彼此制约、协同进化，消除某一物种会对系统造成不良影响。

③ 能流物复：能量只能通过生态系统一次，物质则可以反复循环利用（附图14）。

④ 负载定额：任何生态系统的生物生产力都有一定上限，抗外来干扰也有一定限度。

⑤ 协调稳定：生态系统的稳定性随生物多样性增大、食物链增多而相应增加。生态系统的稳定主要靠结构、功能的协调，物质输入、输出平衡来决定。

⑥ 时空有宜：每一个地方都有其特定的自然和社会经济条件组合，构成了独特的区域生态系统。因此，一切生态建设必须因地制宜。

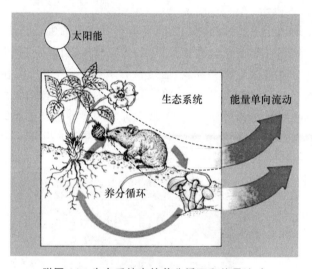

**附图 14　生态系统中的养分循环和能量流动**

（据 Postlethwait and Hopson，1989）

## （五）生物多样性及其保护

**1. 生物多样性的基本概念**

根据联合国环境规划署（UNEP），生物多样性是生物和它们组成的系统的总体多样性和变异性。生物多样性的三个主要层次是：基因多样性、物种多样性、生态系统多样性。此外，还包括群落多样性和景观多样性。

生物多样性的核心是基因多样性，但基因是赋存于物种的，基因和物种又是以群落和生态系统为存在条件的。因此，保护植物群落和生态系统，是生物多样性保护的基础。

如上文所述,物种多样性包含物种丰富度和物种多样性,前者指单位空间内的物种数,后者指一个群落中物种的数目以及各物种个体数目分配的均匀程度。

全球基本的生态系统类型有：森林生态系统、草地生态系统、荒漠生态系统、农田生态系统、湿地生态系统、海洋生态系统、城市生态系统等。各种生态系统平均生物量约为 6 kg·m$^{-2}$,其中 89% 为高等植物的生物量,植被是生态系统中最重要的组分。例如北京山前过渡带的景观(附图 15),包括低山森林生态系统、低山灌丛生态系统、山前人工林生态系统、乡村生态系统和农田生态系统。

**附图 15　北京山前过渡带的景观**
(崔海亭摄)

地球表面最显著的特征是景观多样性,生态系统的多样性是构成景观多样性的基础,正是生态系统的地区组合构成了丰富多彩的景观,演绎出大千世界。

**2. 生物多样性的价值**

(1) 使用价值

使用价值即人类作为资源利用的直接使用价值,如为人类提供食物、纤维、建材、药物、工业原料等等。除了消费价值外,还有提供人类精神需要的价值。另外,生物的强大调节功能,影响大气活性气体的组成,控制地表温度以及沉积物的氧化还原过程,调节地表水文过程,调节气候等属于间接使用价值。

(2) 选择价值

选择各种生物的遗传信息,从科学、教育和商业的角度看,具有巨大的潜在价值,如保护种质资源,以适应全球气候变化的不利影响,以期在不同气候条件下保持其生产力。

**3. 生物多样性保护的重大意义**

我国是生物多样性最丰富的国家之一,已知生物种数占世界总种数的 1/10,生物多样性居世界第八位、北半球第一。拥有高等植物 30 000 多种,居世界第三位;同时拥有极为丰富的特有种和起源古老的残遗种,高等植物中特有种占 10.3%;栽培植物及其野生亲缘的种植资源异常丰富;生态系统更是丰富多彩;生物多样性的空间格局复杂多样。因此,我国的生物多样性保护对于全球生物多样性保护具有举足轻重的地位。

由于人口剧增,全球生物多样性正在受到空前的威胁,据世界自然资源保护联盟(IUCN)估计,1996—1998 年濒危物种数为 5328 种,截至 2013 年达到 9820 种。据不完全统计,我国蕨类植物中,濒危种和受胁种占总种数的 30%;裸子植物中,濒危种和受胁种占总种数的 28%;被子植物中,珍稀和濒危的植物约 1000 种,占总数的 1/4(《中国生物多样性国情研究报告》编写组,1998)。据科学家估计,由于人类活动的强烈影响,现在的物种至少以 1000 倍于自然灭绝的速度在消失。物种灭绝、遗传多样性丧失、生态系统退化瓦解,都在直接或间接危及人类的生存基础。保护生物多样性是一项刻不容缓的任务。

**4. 生物多样性保护与可持续利用**

(1) 制定生物多样性保护战略

为了有效地保护生物多样性,面对物种大量灭绝的灾难,必须动员全球力量。1991 年联合国环境规划署发起制定了"生物多样性计划和实施战略"。1992 年在巴西里约热内卢联合国环境与发展大会上,150 多个国家的元首或政府首脑签署了《生物多样性公约》(以下简称《公约》),1993 年 12 月 29 日《公约》生效,目前共有包括我国在内的 196 个缔约方。2021 年 10 月和 2022 年上半年分两阶段在我国昆明召开《公约》缔约方大会第十五次会议(COP15),主题为"生态文明:共建地球生命共同体"。

为了有效保护生物多样性与可持续利用,必须在国家层面上制定林业、畜牧业、渔业、农业、旅游业、土地管理系统的全面协调发展与保护战略。还要加强立法、执法和广泛深入的生态教育,树立生态文明的理念。

(2) 实施有效的保护

由于保护的对象空间分布不均匀,有些地区保护对象比较集中,称为生物多样性保护的关键区域(critical regions),《中国生物多样性国情研究报告》提出了 11 个陆地类生物多样性保护的关键区域:① 横断山南段;② 岷山—横断山北段;③ 新青藏交界处高原山地;④ 滇南西双版纳地区;⑤ 湘黔川鄂边境山地;⑥ 海南岛中南部山地;⑦ 桂西南石灰岩地区;⑧ 浙闽赣交界山地;⑨ 秦岭山地;⑩ 伊犁—西段天山山地;⑪ 长白山地。湿地类三大区、30 个关键区域;海洋类 3 个关键海区。

特别要保护对整个生态系统有控制作用的关键种(keystone species)和关键种集(clusters of keystone species),对其进行就地保护与迁地保护。如划出一定区域设立生态系统保护区、国家公园等,有些物种在动物园、植物园、水族馆、基因库、种子库和繁育中心进行保护。

**(六) 植物和植被的指示性**

美国著名植物生态学家、近代植被指示现象研究的开创者克莱门茨(Clements)指出:"每一个植物或群落是它生长其中的条件的尺度。"根据植物或植物群落的某些特征确定一定生态条件的现象叫作植物指示现象。

人类早就通过植物认知环境条件。成书于西周的《禹贡》利用植物群落描述了华北平原至长江三角洲的景观变化：兖州的植被景观呈"厥草惟繇,厥木惟条"(疏林草地景观),徐州变为"草木渐包"(草木丛生),扬州一带则是"筱簜既敷,厥草惟夭,厥木惟乔"(茂林修竹,草木茂盛)。成书于战国的《管子·地员篇》中有"凡草土之道,各有谷造,或高或下,各有草土"。表明2000多年前我们的祖先已经掌握了根据植物指示土壤特性的知识。

**1. 植物指示性的原理**

作用于植物的全部自然要素处于相互联系、相互影响之中,它们之间具有很强的共轭性,一个要素的改变会引起其他要素的相应变化,因此,可以利用其中一个要素来认识其他要素。但并非全部自然要素具有同等的指示意义,独立性最强的是气候,独立性较弱的是土壤,独立性最弱的是植被,即对其他要素(气候、土壤、岩性、水文)的依赖性最强,所以,植被是景观最好的标志。

① 指示体：经常与一定生态条件相联系的植物(种、亚种、变种或变型)和植物群落称为指示体,前者称为种指示体,后者称为群落指示体。

② 指示特征：可以作为环境条件的标志的植物特征叫作指示特征,又分为种指示特征和群落指示特征。种指示特征包括形态的(大小、颜色、生活型、生态类群、年轮、畸形变异等)、生理的(代谢特点、蒸腾强度、渗透压、水分含量、发育节律等)和化学的(含盐量、化学成分等)。群落指示特征包括成层性、层片结构、多度、盖度、频度、群落内各个种的分布特征等。

③ 指示对象：根据植物指示体或指示特征界定的自然要素或个别特性称为指示对象。指示对象可分为：a. 自然体的类型,如土壤类型或亚类;b. 某一要素的理化特性,如土壤的机械成分、化学组成,潜水的矿化度等;c. 在对植物有效的范围内某种化学元素或化合物的分散状况;d. 自然综合体或自然要素的空间分布格局,例如潜水埋藏深度的空间变化;e. 某些自然过程,如盐渍化过程、区域性干旱化过程、污染物扩散过程。

**2. 植物指示现象的类型**

(1) 气候的植物指示体

植被的特性取决于一定的气候条件,许多学者尝试利用植被进行气候分类,如柯本(Köppen,1918)基于自然植被以及温度与降水编制了理想的全球气候图;桑斯维特(Thornthwait,1948)根据月均温 $T$、热量指数 $I$ 计算了可能蒸散系数($E_0$),反映降水和温度对植被的有效性,以生态学原则进行气候分类。植物或植物群落往往可以作为气候类型的指标,例如杉木的自然分布区与我国湿润亚热带气候区的界线相吻合,因此杉木林可以作为湿润亚热带气候的指示体;椰子正常开花结果,可以作为热带气候的指示体。

在局地范围内,由于地形影响(阴阳坡)导致植被差异。例如,青海省祁连县境内祁连山南坡,阴坡分布青海云杉林,阳坡为山地草原(附图16)。

附图 16　祁连山阴阳坡的小气候差异：阴坡分布青海云杉林；阳坡为草原
（崔立农摄）

（2）土壤的植物指示体

土壤的肥力、酸度、石灰性、氮含量、水分含量、机械成分等直接或间接影响植物的分布。因此，可以根据在土壤上生长的植被查明土壤的特性。这在野外调查中简便易行，因此得到广泛应用（附图 17）。

附图 17　北戴河海滨的旗形树指示海陆风的存在
（崔海亭摄）

① 土壤肥力。

植物可以作为土壤肥力等级评定的标志。适应于肥沃土壤，且在肥沃土壤上发育最好的植物称为富养植物（eutrophic），如葎草（*Humulus scandens*）；有的植物适应于中等养分的土壤,如蓬子菜(*Galium verum*),称为中养植物(mesotrophic);有的植物能够适应贫瘠的土壤,称为贫养植物(oligotrophic),如干沼草(*Nardus stricta*);还有的植物对于土壤的肥力状况不敏感,称为随遇广养植物(indeferent),如灯芯草(*Juncus effusus*)。

② 土壤酸度。

各种植物适应的土壤酸度阈值不同,其中适应范围最狭小的具有更强的指示性,如广泛分布于我国热带、亚热带强酸性土区的铁芒萁(*Dicrannopteris dichotoma*)、杜鹃、马尾松、石松等指示所在土壤的 pH 为 3.0~5.0;但同一地区分布的蜈蚣草(*Pteris vittata*)只出现于黑色石灰土、紫色土和石灰性冲积土上,指示土壤 pH 为 7.0~8.0(附图18)。有些随遇植物对于土壤酸度适应范围很广,如猫尾草(*Phleum pratense*)既可出现在酸性土上,也可出现在中性土,甚至碱性土上。

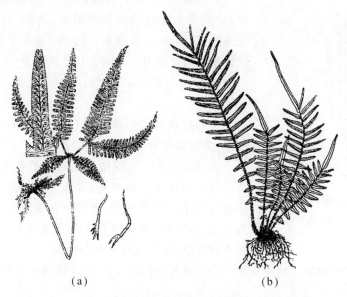

(a) (b)

**附图 18 (a) 酸性土指示植物铁芒萁;(b) 石灰土指示植物蜈蚣草**
(据北京大学 等,1980)

③ 土壤的石灰性。

石灰性土含 $CaCO_3$ 量 3% 以上,可以中和土壤酸度,破坏铝盐、重金属以及 $NaCl$、$MgCl_2$、$MgSO_4$ 等盐类的危害。在酸性土壤中施用石灰,可增大磷肥的有效性,加强土壤的吸收能力。碳酸盐还能改善土壤的物理性质,促使腐殖质层和团粒结构的稳定,有利于土壤的通气和排水。如分布于华北、华中石灰岩山地或石灰性土壤上的青檀(*Pteroceltis tatarinowii*)、小叶朴(*Celtis bungeana*)、侧柏(*Platycladus orientalis*)等都是石灰性土指示植物。

a. 喜钙植物:专门分布在含钙丰富的土壤上的植物,如柏木、甘草。

b. 嫌钙植物:只有在缺钙的酸性土壤上才能正常生长的植物,如杜鹃、越橘。

c. 随遇植物:对土壤的化学性质要求不严格的植物。

④ 土壤氮含量。

a. 喜氮植物：在含氮量丰富（$NO_3^- > 0.01\%$）的土壤上生长最好，个体大、多度也最大的植物，如反枝苋（*Amaranthus retroflexus*）、荨麻（*Urtica dioica*）、蝎子草、骆驼蓬（*Peganum harmala*）、杂配藜（*Chenopodium hybridum*）、葎草等属于喜氮植物。

b. 贫养植物：能生长在营养物质贫乏的土壤上的植物，如瓦松。

c. 中养植物：对土壤营养物质要求中等的大多数植物。

⑤ 土壤盐碱性。

植被能够反映土壤中有害盐类的组成、离子类型及其后果。易溶盐类（$NaCl$、$MgCl_2$、$CaCl_2$）对植物的伤害最大，难容盐类（$MgSO_4$、$CaSO_4$、$CaCO_3$）实际上是中性的。

**附图 19　典型盐土指示体盐角草**
（据北京大学 等，1980）

有些植物适应于强盐渍土，在非盐渍化土壤不见生长，它们是土壤盐渍化真指示体，例如，我国内陆干旱区的盐角草（附图19）、盐穗木、盐节木、盐爪爪属于此类，它们形成的群落可适应 0～30 cm 土层含盐量 10% 以上的典型盐土。盐土以 $NaCl$ 和 $Na_2SO_4$ 为主，土壤 pH 一般为 8.0～9.0。

有的植物指示弱至中等盐渍化条件，如獐茅、胡杨、芨芨草、多枝柽柳等，所在土壤的含盐量一般为 1%～5%。

植被还能指示土壤盐渍化的离子类型，如盐节木、盐角草为氯化物盐土指示植物；盐爪爪、盐穗木、粗毛柽柳为硫酸盐-氯化物盐土指示体；獐茅群落往往与苏打盐土相联系。新疆北部的樟味藜为碱化土壤的指示体。碱土以 $Na_2CO_3$ 和 $NaHCO_3$ 为主，pH 一般$>9.0$。

霸王属、假木贼属的一些种类称为喜石膏植物（gypsophile），新疆的戈壁藜是土壤石膏性的指示体。

植物适应盐碱的途径：a. 泌盐，如红树植物叶片通过盐腺分泌盐分，柽柳等通过结构性脱落排除盐分；b. 聚盐，如碱蓬肉质化的茎叶中可聚集盐分；c. 不透盐植物，如芦苇通过植物细胞结构避开盐分。

有些植物虽然生长在盐渍土上，但具有深的根系，根系所在的潜水层为非盐渍环境，这类植物称为潜水植物（phreatophyte），如芦苇、骆驼刺、铃铛刺等。

⑥ 土壤机械组成。

a. 黏重土壤：持水能力强，透水性差，毛管性能强，在湿润地区形成水分过剩，在干旱地区引起水分不足。新疆龟裂土上生长的盐地假木贼（*Anabasis salsa*）属于黏重干旱土壤的指示体。

b. 沙质土：生境的特点是植物易被风沙掩埋，通常养分不足，温度变化剧烈，持水性差，毛管性能差，沙层下部能含蓄一定水分。

沙生植物的适应特征是：克隆生长,例如毛乌素流动沙地上的沙竹以根茎繁殖适应流沙环境;生长迅速,如沙芥的种子可在雨季来临时迅速萌发并快速生长;叶片缩小或退化;根系浅;果实和种子依靠风力传播;干旱季节休眠。分布于我国干旱区的白梭梭、多种沙拐枣、沙米等都是流动沙地指示植物。

c. 石质土：指直径大于 $3\sim10$ cm 的石砾超过 $10\%\sim20\%$ 的土壤。此类土壤导热性高,热容量小,温度波动剧烈,表层很干、深层保持水分。有一种猪毛菜(*Salsola medusa*),只生长于高寒山地的岩屑锥上;半干旱草原区石质土壤上有石生齿缘草;北方山顶碎石坡上的小丛红景天,等等,都是石质土指示植物。

(3) 潜水的植物指示体

利用深处的潜水生活的植物称为潜水植物。在干旱和半干旱区,植物与潜水的关系很早就引起人们注意,并成为判定潜水埋藏深度和矿化度的标志。

在荒漠地区,潜水植物的根系可达到 20 m,个别植物根系甚至达到 30 m,但一般潜水植物根系的活动部分集中于 $5\sim7$ m 深处。淡土潜水植物有胡杨、沙枣、黑枸杞、骆驼刺、欧亚甘草等。盐生的潜水植物有里海盐爪爪、盐穗木、盐节木等。

利用植物群落可以提高水文指示的准确性,例如,单株的多枝柽柳所指示的潜水深度与矿化度变化范围很大,但多枝柽柳群落只出现在 $0.5\sim0.7$ m 潜水深度和矿化度 $3\%\sim15\%$ 范围之内。

(4) 岩性、有用矿产的植物指示体

① 岩性：蛇纹岩和橄榄岩上发育的土壤,往往含有过量 Mg、Ni、Cr 的有毒化合物,往往引起特殊植被出现。如 Spence(1957)发现,在设得兰群岛,根据石生拟碎米荠(*Cardaminopsis petraea*)、蝶须(*Antennaria dioica*)、变黑卷耳(*Cerastium nigrescens*)的出现可以确定蛇纹岩的出露范围。

② 有用矿产：在我国长江中下游,密集生长的海州香薷(*Elsholtzia haizhowensis*)与高含铜量的土壤相联系,成为这一地区有效的铜矿指示植物;分布在我国铀矿区的戟叶堇菜(*Viola betonicifolia subsp. nepalensis*),可在植物体内富集铀,因此成为寻找铀矿的标志。运用生物地球化学方法寻找有用矿产,已经成为生物地球化学的重要内容。

(5) 环境污染的植物指示体

植物的抗污染能力存在差异,只有对污染物敏感的植物才能作为环境污染的指示体。敏感植物指在污染环境中最易受害或受害最重、受害临界值最低的植物。环境污染指示特征主要有以下三类：

① 伤害症状：植物受有害气体影响,在叶片上出现伤斑,例如,君迁子受 HF 伤害后,叶片尖端出现淡棕黄色干尖;椴树叶片受 $SO_2$ 污染,破坏叶绿素,引起组织脱水,叶片边缘出现褐斑,并逐渐扩大;臭氧使葡萄叶片上表面出现斑点和刻画。

② 生理失调：受污染植物蒸腾率降低、呼吸作用增强、叶绿素含量减少、光合强度下降、生长发育受限。如唐菖蒲接触 2.4 ppm 的 HF 25 天,叶片的呼吸率增加 61.4%。

③ 化学成分异常：据日本测定，受 $SO_2$ 污染的梨树叶片中硫含量增高近一倍；另据江苏省中国科学院植物研究所测定，受氟污染的大叶黄杨叶片中氟含量比正常值高 4 倍。

**3. 植物指示现象的可靠性与综合性**

（1）植物指示性的可靠性

具有普遍意义的指示植物是比较少见的，普遍指示体只有指示锌矿的堇菜（*Viola calaminaria*），指示高潜水位的芦苇，指示氯化物盐土的碱蓬，指示流动沙地的沙竹、沙米等。实际上可靠性是个相对的概念，在实际应用中只求"满意"和"实用"。指示现象带有一定的地方性，只有在地理环境一致的地区才是可靠的。

（2）植物指示性的综合性

自然综合体包含许多要素，彼此相互联系，指示现象本身是复杂的。例如，气候指示体不单反映气候特征，同时与一定的土壤条件相联系，指示体分为气候的、土壤的、水文的完全是为了分析问题的方便，实际上任何植被指示现象都具有综合性。

## 思　考　题

**1.** 什么是植物的生态因子？

**2.** 什么是植物的生存条件？

**3.** 简述植物的水分生态序列。

**4.** 简述植物生活型的概念。

**5.** 简述植物生态型的概念。

**6.** 简述植被与植物群落的关系。

**7.** 什么是植物群落演替？

**8.** 简述生态系统的基本概念。

**9.** 简述生物多样性的基本概念。

**10.** 简述指示植物的概念及应用。

| 地质时代（界） | | | 同位素年龄/Ma | | 大阶段 | 构造阶段 | | 生物演化阶段 | |
|---|---|---|---|---|---|---|---|---|---|
| 代（界） | 纪（系） | 世（系） | 时代间距 | 距今年龄 | | 阶 | 段 | 动物 | 植物 |
| 新生代 Cz | 第四纪 Q | 全新世 Qh | 0.01 | 0.01 | 联合古陆解体 | 喜玛拉雅阶段 | 新阿尔卑斯阶段 | 人类出现 | 被子植物繁盛 |
| | | 更新世 Qp | 2.59 | 2.60 | | | | | |
| | 新近纪 N | 上新世 N₂ | 2.7 | 5.3 | | | | 哺乳动物繁盛 | |
| | | 中新世 N₁ | 18 | 23.3 | | | | | |
| | 古近纪 E | 渐新世 E₃ | 8.7 | 32 | | | | | |
| | | 始新世 E₂ | 23.5 | 56.5 | | | 老阿尔卑斯阶段 | | |
| | | 古新世 E₁ | 8.5 | 65 | | | | | |
| 中生代 Mz | 白垩纪 K | 晚白垩世 K₂ | 31 | 96 | | 燕山阶段 | | 爬行动物繁盛 | 裸子植物繁盛 |
| | | 早白垩世 K₁ | 41 | 137 | | | | | |
| | 侏罗纪 J | 晚侏罗世 J₃ | 68 | 205 | | | | | |
| | | 中侏罗世 J₂ | | | | | | | |
| | | 早侏罗世 J₁ | | | | | | | |
| | 三叠纪 T | 晚三叠世 T₃ | 22 | 227 | 联合古陆形成 | 海西—印支阶段 | 印支阶段 | | |
| | | 中三叠世 T₂ | 14 | 241 | | | | | |
| | | 早三叠世 T₁ | 9 | 250 | | | | | |
| 古生代 Pz（晚古生代 P₂） | 二叠纪 P | 晚二叠世 P₃ | 7 | 257 | | | 海西阶段 | | |
| | | 中二叠世 P₂ | 20 | 277 | | | | | |
| | | 早二叠世 P₁ | 18 | 295 | | | | 两栖动物繁盛 | |
| | 石炭纪 C | 晚石炭世 C₂ | 25 | 320 | | | | | 蕨类植物繁盛 |
| | | 早石炭世 C₁ | 34 | 354 | | | | | |
| | 泥盆纪 D | 晚泥盆世 D₃ | 18 | 372 | | | | 鱼类繁盛 | 裸蕨植物繁盛 |
| | | 中泥盆世 D₂ | 16 | 386 | | | | | |
| | | 早泥盆世 D₁ | 24 | 410 | | | | | |

注：生物演化阶段中"无脊椎动物继续演化发展"贯穿多个时代。

续表

| 地质时代、地层单位及其代号 | | | 同位素年龄 /Ma | | 构造阶段 | | 生物演化阶段 | |
|---|---|---|---|---|---|---|---|---|
| 代（界） | 纪（系） | 世（统） | 时代间距 | 距今年龄 | 大阶段 | 阶段 | 动 物 | 植 物 |
| 古生代 Pz（早古生代 Pz₁） | 志留纪 S | 末志留世 S₄ | 28 | | 联合古陆形成 | 加里东阶段 | 海生无脊椎动物繁盛 | 藻类及菌类繁盛 |
| | | 晚志留世 S₃ | | | | | | |
| | | 中志留世 S₂ | | | | | | |
| | | 早志留世 S₁ | | 438 | | | | |
| | 奥陶纪 O | 晚奥陶世 O₃ | 52 | | | | | |
| | | 中奥陶世 O₂ | | | | | | |
| | | 早奥陶世 O₁ | | 490 | | | | |
| | 寒武纪 Є | 晚寒武世 Є₃ | 10 | 500 | | | | |
| | | 中寒武世 Є₂ | 13 | 513 | | | | |
| | | 早寒武世 Є₁ | 30 | 543 | | | | |
| 新元古代 Pt₃ | 震旦纪 Z | 晚震旦世 Z₂ | 87 | 630 | | | 硬壳动物出现 | |
| | | 早震旦世 Z₁ | 50 | 680 | | | 裸露动物出现 | |
| | 南华纪 Nh | 晚南华世 Nh₂ | 120 | | 地台形成 | 晋宁运动 | | |
| | | 早南华世 Nh₁ | | 800 | | | | |
| | 青白口纪 Qb | 晚青白口世 Qb₂ | 100 | 900 | | | 真核生物出现 | |
| | | 早青白口世 Qb₁ | 100 | 1000 | | | | |

续表

| 地质时代、地层单位及其代号 | | | | 同位素年龄/Ma | | 构造阶段 | | 生物演化阶段 | |
|---|---|---|---|---|---|---|---|---|---|
| 宙(界) | 代(界) | 纪(系) | 世(系) | 时代间距 | 距今年龄 | 大阶段 | 阶段 | 动物 | 植物 |
| 元古宙 PT | 中元古代 P₂ | 蓟县纪 Jx | 晚蓟县世 Jx₂ | 200 | 1200 | 地台形成 | 晋宁运动 | | 藻类及菌类繁盛 |
| | | | 早蓟县世 Jx₁ | 200 | 1400 | | | | |
| | | 长城纪 Ch | 晚长城世 Ch₂ | 200 | 1600 | | | | 真核生物出现（绿藻） |
| | | | 早长城世 Ch₁ | 200 | 1800 | | | | |
| | 古元古代 P₁ | 滹沱纪 Ht | | 500 | 2300 | | 吕梁运动 | | 原核生物出现 |
| 太古宙 AR | 新太古代 Ar₃ | | | 200 | 2500 | 陆核形成 | | | |
| | 中太古代 Ar₂ | | | 300 | 2800 | | | | |
| | 古太古代 Ar₁ | | | 400 | 3200 | | | 生命现象开始出现 | |
| | 始太古代 Ar₀ | | | 400 | 3600 | | | | |
| 冥古宙 HD | | | | | 4600 | | | | |

注：①本表同位素年龄及地质时代划分据全国地层委员会《中国区域年代地层（地质年代）表》说明书，2002；转引自朱春青、邱维理、张振青，2005。

②本表只列出地质时代单位，地层单位则把宙、代、纪、世改为宇、界、系、统，同时把早、中、晚，顶，如早志留世、中志留世、晚志留世、顶志留世所形成的地层改为下志留统、中志留统、上志留统、顶志留统；此类推；但是，太古宙和新元古宙中各代所形成的地层，只把代改为界，分别称为新太古界、中太古界、古太古界、始太古界，新元古界、中元古界、古元古界。

③本表震旦纪、南华纪、青白口纪、蓟县纪、长城纪、滹沱纪只限于国内使用。

# 附录 3　地　震　强　度<sup>*</sup>

地震强度用震级和烈度来表示,但二者的概念并不相同。

## （一）震级

震级表示地震本身大小的等级划分,它与地震释放出来的能量大小相关。震级是根据地震仪记录的地震波最大振幅经过计算求出的,它是一个没有量纲的数值[①]。由于每次地震所积蓄的能量是有一定限度的,所以地震的震级也不会无限大。一次地震只有一个震级。用里氏的测算方法计算,目前已知最大的地震是 2004 年 12 月 26 日在印度尼西亚苏门答腊岛附近海域发生的 9 级地震。最小的地震已可用高倍率的微震仪测到 1～3 级。震级相差 1 级,能量相差很多倍(附表 1)。如一个 7 级地震相当于 32 个 6 级,或为 1000 个 5 级地震。

按照震级大小,可以把地震划分为超微震、微震、弱震、强震和大地震。

（1）超微震:震级小于 1 的地震,人们不能感觉,只能用仪器测出。

（2）微震:震级大于 1 小于 3 的地震,人们也不能感觉,只有靠仪器测出。

（3）弱震:又称小震,震级大于 3 小于 5 的地震,人们可以感觉到,但一般不会造成破坏。

（4）强震:又称中震,震级大于 5 小于 7 的地震,可以造成不同程度的破坏。

（5）大地震:指 7 级及以上的地震,常造成极大的破坏。

附表 1　震级($M$)和震源发出总能量($E$)的关系

| $M$ | $E/\mathrm{J}$ | $M$ | $E/\mathrm{J}$ |
|---|---|---|---|
| 1 | $2.0 \times 10^{6}$ | 6 | $6.3 \times 10^{13}$ |
| 2 | $6.3 \times 10^{7}$ | 7 | $2.0 \times 10^{15}$ |
| 3 | $2.0 \times 10^{9}$ | 8 | $6.3 \times 10^{16}$ |
| 4 | $6.3 \times 10^{10}$ | 8.5 | $2.0 \times 10^{17}$ |
| 5 | $2.0 \times 10^{12}$ | 8.9 | $1.0 \times 10^{18}$ |

一次大地震所释放的能量是十分巨大的,例如,一个 8.5 级地震所释放的能量,大约相当于一个 $10^{6}$ kW 的大型发电厂,连续 10 年发出电能的总和。

---

\* 据宋春青、邱维理、张振青,2005。

① 震级的标度最初是美国地震学家里克特(Richter C F)于 1935 年研究加利福尼亚地方性地震时提出的,规定以震中距 100 km 处"标准地震仪"(或称安德生地震仪)所记录的水平向最大振幅(单振幅,以微米计)的常用对数为该地震的震级。例如,水平向最大振幅为 10 mm 即 10 000 $\mu$m 时,其常用对数为 4,则该地震的震级为 4 级;如为 1 $\mu$m,则该地震为 0 级。根据计算所依据的地震记录,又有面波震级、体波震级等类别。目前一般都使用面波震级,即通常所说的里氏震级,面波震级符号用 $M_s$ 表示。

## (二) 地震烈度

地震对地表和建筑物等破坏强弱的程度,称为地震烈度。一次地震只有一个震级,如海城-营口地震是 7.3 级,唐山大地震是 7.8 级。但同一次地震对不同地区的破坏程度不同,地震烈度也不一样。如同一个炸弹,其所含炸药量相当于震级,炸弹爆炸后对不同地点的破坏程度有大有小,相当于地震烈度。

地震烈度是根据人的感觉、家具及物品振动的情况、房屋及建筑物受破坏的程度和地面的破坏现象等进行划分的。目前世界许多国家都有自己的地震烈度表,烈度划分的标准并不完全一致。1883 年意大利罗西(De Rossi M S)和瑞士佛瑞尔(Forel F A)首先制定地震烈度表,划分为 Ⅻ 级,称罗西-佛瑞尔烈度表。世界各国烈度表大都以此为基础并结合本国具体情况规定。日本采用从 0 到 Ⅶ 的 8 级(阶)烈度表;也有国家采用 Ⅹ 级烈度表。新中国第一个烈度表发表于 1957 年,主要是根据中国历史地震资料编制的,共分 Ⅻ 度,与世界上各种 Ⅻ 度表相当。1980 年在此表基础上重新修订,制成中国地震烈度表(附表 2)。

**附表 2  中国地震烈度表(1980)**

| 烈度 | 人的感觉 | 一般房屋 | | 其他现象 | 参考物理指标(水平向) | |
|---|---|---|---|---|---|---|
| | | 大多数房屋震害程度 | 平均震害指数 | | 加速度 /(cm·s⁻²) | 速度 /(cm·s⁻¹) |
| Ⅰ | 无感 | | | | | |
| Ⅱ | 室内个别人可感 | | | | | |
| Ⅲ | 室内少数人感觉到 | 门、窗轻微作响 | | 悬挂物微动 | | |
| Ⅳ | 室内多数人可感;室外少数人可感;少数人梦中惊醒 | 门、窗作响 | | 悬挂物明显摆动,器皿作响 | | |
| Ⅴ | 室内人普遍可感;室外多数人可感;多数人梦中惊醒 | 门窗、屋顶、屋架颤动作响,灰土掉落,抹灰出现微细裂缝 | | 不稳定器物翻倒 | 31(22~44) | 3(2~4) |
| Ⅵ | 惊慌失措,仓皇逃走 | 损坏:个别砖瓦掉落;墙体微细裂缝 | 0~0.1 | 河岸和松软土上出现裂缝;饱和砂层出现喷砂冒水;地面上有的砖烟囱轻度裂缝、掉头 | 63(45~89) | 6(5~9) |
| Ⅶ | 大多数人仓皇逃出 | 轻度破坏:局部破坏、开裂,但不妨碍使用 | 0.11~0.30 | 河岸出现塌方;饱和砂层常见喷砂冒水;松软土上地裂缝较多;大多数砖烟囱中等破坏 | 125(90~177) | 13(10~18) |

续表

| 烈度 | 人的感觉 | 一般房屋 | | 其他现象 | 参考物理指标(水平向) | |
|---|---|---|---|---|---|---|
| | | 大多数房屋震害程度 | 平均震害指数 | | 加速度 /(cm·s⁻²) | 速度 /(cm·s⁻¹) |
| Ⅷ | 摇晃颠簸,行走困难 | 中等破坏:结构受损,需要修理 | 0.31~0.50 | 干硬土上亦有裂缝;大多数砖烟囱严重破坏 | 250(178~353) | 25(19~35) |
| Ⅸ | 坐立不稳,行动的人可能摔跤 | 严重破坏:墙体龟裂,局部倒塌,修复困难 | 0.51~0.70 | 干裂土上有许多地方出现裂缝,基岩上可能出现裂缝;滑坡、塌方常见;砖烟囱出现倒塌 | 500(354~707) | 50(36~71) |
| Ⅹ | 骑车人会摔倒;处于不稳定状态的人会摔出几尺远,有抛起感 | 倒塌:大部倒塌,不堪修复 | 0.71~0.90 | 山崩和地震断裂出现;基岩上的拱桥毁坏;大多数砖烟囱从根部破坏或倒毁 | | |
| Ⅺ | | 毁灭 | 0.91~1.00 | 地震断裂延续很长;山崩常见;基岩上拱桥毁坏 | | |
| Ⅻ | | | | 地面剧烈变化,山河改观 | | |

注:① Ⅰ~Ⅴ度以地面上人的感觉为主,Ⅵ~Ⅹ度以房屋震害为主,Ⅺ~Ⅻ度的评定需要专门研究。

② 一般房屋包括用木构架和土、石砖墙构造的旧式房屋和单层的或数层的未经抗震设计的新式砖房。对于质量特别差或特别好的房屋,可根据具体情况,对表列各烈度的震害程度和震害指数予以提高或降低。

③ 震害指数以房屋完好为 0,"毁灭"为 1,中间接表列震害程度分级。平均震害指数指所有房屋的震害指数的总平均值而言,可以用普查或抽查方法确定之。

④ 使用本表时可根据地区具体情况,作出临时的补充规定。

⑤ 在农村可以自然村为单位,在城镇可以分区进行烈度评定,但面积以 1 km² 左右为宜。

⑥ 烟囱指工业或取暖用的锅炉房烟囱。

⑦ 表中数量词的说明,个别:10%以下;少数:10%~50%;多数:50%~70%;大多数:70%~90%;普遍:90%以上。

此表经中国地震烈度表(1980)审定会 12 月 4 日通过,国家地震局科研处以(80)震科字第 054 号通知试行。

# 主要参考文献

北京大学,等.植物地理学[M].北京:人民教育出版社,1980.

陈安泽.旅游地学大辞典[M].北京:科学出版社,2013.

陈灵芝.中国植物区系与植被地理[M].北京:科学出版社,2015.

地质矿产部地质辞典办公室.地质辞典[M].北京:地质出版社,1983.

格蒂斯 A,格蒂斯 J,费尔曼.地理学与生活[M].黄润华,韩慕康,孙颖,译.北京:后浪出版公司,2013.

侯学煜,等.1:1 000 000 中国植被图集[M].北京:科学出版社,2001.

库姆塔格沙漠综合考察队.库姆塔格沙漠研究[M].北京:科学出版社,2012.

联合国粮农组织土地及水利开发处土壤资源开发及保护科.土地评价纲要[M].罗马:联合国粮农组织,1976.

李凤麟,冯钟燕,厉大亮.人类的家乡——地球[M].南京:江苏科技出版社,2003.

李吉均,文世宣,张青松.青藏高原隆起的时代、幅度和形式的探讨[J].中国科学,1979(6):608-616.

刘鸿雁.植物地理学[M].北京:高等教育出版社,2020.

刘嘉麒.泥火山沸腾的土地[J].中国国家地理,2009(10):336.

马溶之.中国土壤的地理分布规律[J].土壤学报,1957(1):1-17.

南京大学,等.土壤学基础与土壤地理学[M].北京:人民教育出版社,1980.

曲格平,等.中国自然保护纲要[M].北京:中国环境科学出版社,1987.

施雅风,崔之久,苏珍.中国第四纪冰川与环境变化[M].石家庄:河北科技出版社,2006.

世界资源研究所,等.世界资源报告 1990—1991[M].北京:中国环境科学出版社,1991.

宋春青,邱维理,张振青.地质学基础[M].4 版.北京:高等教育出版社,2005.

宋永昌.植被生态学[M].2 版.北京:高等教育出版社,2017.

苏宗明,等.广西植被:第一卷[M].北京:中国林业出版社,2014.

汤懋苍.理论气候学概论[M].北京:气象出版社,1989.

田端英雄.里山の自然[M].大阪:保育社,1997.

田明中,等.克什克腾世界地质公园科学综合研究[M].北京:地质出版社,2007.

童庆禧,等.北京一号小卫星影像图集:宇视大地[M].北京:中国地图出版社,2006.

王静爱,左伟.中国地理图集[M].北京:中国地图出版社,2010.

王明星. 大气化学[M]. 北京：气象出版社,1991.

沃尔特. 世界植被：陆地生物圈的生态系统[M]. 中国科学院植物研究所生态室,译. 北京：科学出版社,1984.

伍光和,等. 自然地理学[M]. 3 版. 北京：高等教育出版社,2000.

熊毅,李庆逵. 中国土壤[M]. 2 版. 北京：科学出版社,1987.

徐启刚,等. 土壤地理学教程[M]. 北京：高等教育出版社,1991.

杨景春,李有利. 地貌学原理[M]. 北京：北京大学出版社,2005.

中国大百科全书总编辑委员会,《中国地理》编辑委员会,中国大百科全书出版社编辑部. 中国大百科全书：中国地理[M]. 北京：中国大百科全书出版社,1993.

詹尼. 土地资源：起源与现状[M]. 李孝芳,等,译. 北京：科学出版社,1988.

赵济,等. 中国地理[M]. 北京：高等教育出版社,2000.

郑度. 中国自然地理总论[M]. 北京：科学出版社,2015.

中国科学院《中国自然地理》编辑委员会. 中国自然地理：土壤地理[M]. 北京：科学出版社,1981.

《中国生物多样性国情研究报告》编写组. 中国生物多样性国情研究报告[M]. 北京：环境科学出版社,1998.

中国植被编辑委员会. 中国植被[M]. 北京：科学出版社,1980.

AMBROGGI R P. Water[J]. Scientific America,1980,243(3)：91-104.

BORKIN D B,KELLER B A. Environment Studies：The Earth As A Living Planet[M]. Toronto：Bell and Howell Co. ,1982.

BRIGGS D,SMITHSON P. Fundamentals of Physical Geography[M]. London：Hutchinson,1985.

HAMBLIN W K. Earth's Dynamic Systems[M]. 6th ed. New York：Macmillan,1992.

HORNE R A. Marine Chemistry：The Structure of Water and the Chemistry of the Hydrosphere[M]. New York：Wiley,1971.

KAUFMAN D G,FRANZ C M. Biosphere 2000：Protecting Our Global Environment[M]. 3rd. ed. New York：Happer Collins Publisher,2000.

KIOUS W J, TILLING R L. This Dynamic Planet：The Story of Plate Tectonics[M]. Rochester：Applied Image Inc,1996.

KÖPPEN W. Klassifikation der Klimate nach Temperatur,Niederschlag und Jahreslauf[J]. Petermanns Mitteilungen,1918,64(193)：193-203.

MACDONALD G. Biogeography：Space, Time and Life [M]. New York：John Wiley & Sons,Inc. ,1971.

MARSH W M,DOZIER J. Landscape：An Introduction to Physical Geography[M]. New York：Anddison-Wesley,1981.

MONTGOMERY C W. Environmental Geology[M]. 2nd ed. New York：McGraw-Hill Pub. Co. ,1986.

O'HARE G. Soils,Vegetation,Ecosystems[M]. Edinburgh：Oliver & Boyd,1988.

PEEL M C,FINLAYSON B L,MCMAHON T A. Updated world map of the Köppen-Geiger climate classification[J]. Hydrology and Earth System Sciences,2007,11：1633-1644.

PLUMMER C,MCGEARY D,CARLSON D. Physical Geology[M]. 9th ed. New York：McGraw-Hill Pub. Co. ,1999.

POSTLETHWAIT J H,HOSPON J L. The Nature of Life [M]. New York：McGraw-Hill Pub. Co. ,1989.

PRESS F,SIEVER R. Understanding Earth[M]. 3rd ed. New York：W H Freeman and Company,2001.

STRAHLER A N. Physical Geography[M]. New York：Wiley,1981.

TARBUCK E, LUTGENS F. The Earth：An Introduction to Physical Geology[M]. 2nd ed. Columbus：Merrill Publishing Company,1987.

THORNTHWAITE C W. An approach toward a rational classification of climate[J]. Geographical Review,1948,38(1)：55-94.

WAllACE J M,et al. Atmospheric Science：An Introductory Survey[M]. New York：Academic Press,1977.

# 后　记

　　《景观自然系统与评价——景观设计地学基础》终于付梓，但意犹未尽。因为自然景观在一天天减少，人为替代景观还在以燎原之势增长，放不下的是家国情怀。

　　建设美丽中国从何做起？首先要从了解国情入手。爱之深方能关之切，关之切方能心向往，心向往方能回归这片热土。

　　景观规划与设计是舶来品，但是"天人合一"的理念却是植根于中华沃土的。二者的融合需要生长的土壤，它来自对于中国自然与人文景观的深刻理解。

　　这让我们想起印度诗人泰戈尔的一段话：

　　　　让我祖国的地和水，空气和果实甜美起来，我的苍天。
　　　　让我祖国的家庭和市廛，森林和田野充盈起来，我的苍天。
　　　　让我祖国的应许和希望，行为和言语真实起来，我的苍天。
　　　　让我祖国儿女们的生活和心灵一致起来，我的苍天。

崔海亭　黄润华

2021 年仲夏于燕园